相関関係を知る

直接は確かめられないような仮説も，データを調べることによって実証されることがある。

例えば「宇宙は膨張している」という仮説を考えてみよう。風船が膨らむ様子を観察するように宇宙が膨張する様子を外から観察できれば，この仮説を直接確かめたことになるだろう。

しかし，このような観察方法は今のところ見つかっていない。遠方の銀河を観察して得られたデータを調べると，光の赤方偏移と地球からの距離の間に正の相関が見いだされる。

このエビデンスは，宇宙が膨張しているという仮説を支持するものであると考えられている。

10⁰

まえがき

本書は，高校数学の現今の教育課程（または，それに相当する内容）を修めた人が，大学以降で統計学を学ぶための教科書ならびに参考書として，日常的に使用することを想定して書かれている。特に，次の点は本書の特徴である。

・高校数学から大学数学への自然で連続的な接続を図っている。

・読み手それぞれのニーズに合わせて多様な読み方ができる。

最初の点については，この教科書が，高校数学の教科書や参考書を長年にわたり手がけてきた出版社から出版されることによる利点が，最大限に活かされている。紙面の多くの場所で，高校数学の復習や，大学数学への橋渡しを行うための工夫がなされている。また，高校教科書と同じ体裁で組版されていることも，本書の特徴である。これらによって，高等学校で読み慣れてきた教科書の自然な延長として，読者はすぐにこの教科書に親しんでもらえるものと思う。

また，ひとくちに統計学と言っても，読み手の専門や学修の状況に応じて，学びのスタイルは多様であろう。例えば，基本的な計算方法や概念的手法を手早く習得したいという読者もいるであろうし，数学の定理の証明やその仕組みまでじっくり学びたいという人もいるだろう。また，当初は必要ないと思われたことが，何年も後になって必要になるということもあるかもしれない。そういう場合，過去に読み慣れた教科書に，その先のことがちゃんと書いてあると，新たに別の本を読み始めるよりも理解は早いものである。このような多様な読み方に，これ一冊で応えるために，この教科書はある程度〈自己完結的〉であることが意識されている。したがって，本書は，最初に統計学を一通り学修する段階ではそのすべてを読む必要はないが，その先のことも同じトーンで書いてあるので，最初の学修以後も必要に応じて日常的に参照できるであろう。このような多様な読み方ができるところも，本書の特徴である。

このように，本書にはさまざまな〈使い方〉がある。大学の統計学との最初の出会いから，大学卒業後も日常的に読まれる参考書として，本書が長く読まれることになれば，著者として幸甚である。

丸茂幸平

目次

手引き

章トビラ　各章のはじめにその章で扱う節レベルの話題を抜粋した。

そして，その章で扱われる主題への導入をはかった。

 本文の理解を助けるための具体例である。

 基本的な問題，および重要で代表的な問題である。

「解答」や「証明」は，解答の簡潔な一例である。

練習
1
例・例題の内容を反復学習するための問題である。

よって，例・例題を学んだのち，まず学習者自身で練習することが望ましい。

章末問題　各章の終わりにある。その章で学習した内容の全体問題である。計算問題と証明問題を扱っている。

注意　本文解説を補い，注意喚起を促す。

(Review)　高校数学からの話題で復習するとよいことをまとめる。

＋1ポイント　大学数学の微分積分や線形代数からの話題をまとめる。

Column
コラム　本文の内容に関連した興味深い話題を取り上げた。

＊本文中の練習や章末問題の答えは巻末に記載してある。そこでは証明問題などの解は略されているが，これらも本書の姉妹書『チャート式シリーズ 大学教養 統計学』の中では詳しく解説されている。

＊本文中の [1]〜[13] は *p.* 334 の参考文献を示す。

学習の目安

本書は，半期（クオータ制），および通年の講義に対応する「統計学」の教科書である。

まえがきにもあるように，自己完結的になっているので，大学1年時から，大学卒業後に日常的に読むようなすべての読者の要求にこたえられるようになっている。

大学では主に座学（オンライン講義であることもある）で統計学を学ぶことになるため，以下に，その読書や学習の進度の目安を示す。

第1回 0-1，0-2節 統計学を学ぶ意義の説明を行う。

第2回 1-1，1-2節の途中まで クロスセクショナルなデータについて説明する。

第3回 1-2節 仮説の立て方の概要について説明する。

第4回 2-1節 数値データの分布について説明する：記述統計（1変量）

第5回 2-3，2-4，2-5節 数値データの代表値について説明する：記述統計（1変量）

第6回 2-7節 2変量の数値データの比較の仕方について説明する：記述統計（2変量）

第7回 2-8節 相関について説明する：記述統計（2変量）

第8回 3-1節 確率論の公理など，その基礎について説明する。

第9回 3-2，3-3節 確率の計算，計算を支える理論の背景（確率変数）について説明する。

第10回 3-3，3-4節 確率分布，確率変数の変換について説明する。

3-5節 分散，標準偏差の計算について説明する。

第11回 3-6節 多変数の確率変数について説明する。

（3-5，3-6節 大数の法則，中心極限定理の説明も行う。）

第12回 4-1，4-2，4-3節 モデル構築，およびパラメータ推定の準備について説明する。

第13回 4-4，4-5，4-6節 推定値の導出，推定量の分布の評価について説明する。

第14回 5-1節 仮説検定の手順について説明する。

第15回 5-2節 仮説検定の手順について説明する。

＊通年講義の場合，それぞれを2回以上に渡って行えばよい。

第 0 章
統計学を学ぶに当たって

　現在の日本の教育課程では，私たちは高校まで数学の一部として統計学を学ぶ。ただし，統計学は，数学の他の分野と違って，現実とのつながりを明示的にもっている。私たちは，現実から切り取ったデータという断片から，統計学の方法を使って，現実に対する知見や，判断の材料を得ようとする。統計学の方法は，このように特定の目的のために使われる道具である。本章では，こうした統計学の方法を使った作業のロードマップを示す。

　技術の発展とともに人工知能や機械学習などの新しい方法も実用化されており，また，データサイエンスという言葉も一般的になっている。本書で扱うのは，こうした新しい方法ではなく，いわゆる伝統的な統計学の方法であるが，本章では新しい方法と伝統的な方法の関係についても簡単に考察する。

1　高校までの確率と統計

ここでは，本書で学ぶ確率と統計が，高校までで学ぶものとどのように関係するのかを簡単にまとめる。

◈高校までに触れる内容と本書

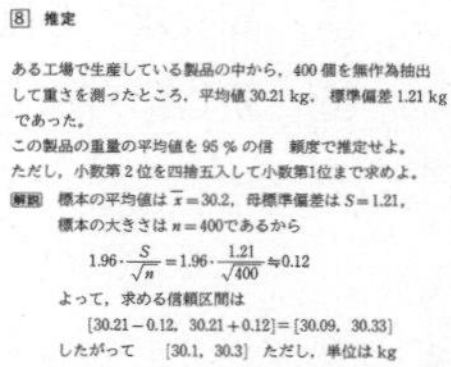
8　推定

ある工場で生産している製品の中から，400 個を無作為抽出して重さを測ったところ，平均値 30.21 kg，標準偏差 1.21 kg であった。
この製品の重量の平均値を 95 % の信　頼度で推定せよ。
ただし，小数第 2 位を四捨五入して小数第1位まで求めよ。

解説　標本の平均値は $\overline{x}=30.2$，母標準偏差は $S=1.21$，
標本の大きさは $n=400$であるから

$$1.96\cdot\frac{S}{\sqrt{n}}=1.96\cdot\frac{1.21}{\sqrt{400}}\fallingdotseq 0.12$$

よって，求める信頼区間は

$$[30.21-0.12,\ 30.21+0.12]=[30.09,\ 30.33]$$

したがって　　[30.1, 30.3]　ただし，単位は kg

図 1　高校数学の問題例

たとえば，データから平均値（本書では **標本平均** と呼ぶことにする。第 2 章 3 節参照。）を計算する方法は中学や高校の数学で学ぶ。また，「今回の試験の平均点は 60 点だった」というように，平均は日常的にも使われる。同じように，**確率** についても高校までの数学で学ぶ。このように，標本平均や確率といった統計学の基本的な道具については高校までに学んでいる。こうした道具を教科書通りに使うだけであれば高校までで学んだ知識で十分である。

しかし，私たちが自分で調査や研究を始めるときに，どのやり方が妥当かを検討したり，他の人が書いたレポートや論文を読んだときに，そこでの統計学の方法の使われ方が妥当かを判断するには，高校までの知識では不十分な場合もある。

たとえば，次節や後の章で確認するように，私たちは，値がわからない量を **推定** するときに標本平均を使うことがある。このやり方が，どういうときに妥当で，どういうときにそうでないのかを判断するには，まず標本平均の計算の仕方と確率の話（数学の分野としては **確率論**）がどう関係するのかを知る必要がある。さらにいうならば，「妥当」というのがどういう意味なのかも重要な問題といえる。しかし，高校までの数学では，標本平均の計算の仕方と，確率論の関係について，あまり深く触れることはない。

本書で学ぶ事柄は，標本平均や確率はもちろん，高校までの数学で学ぶものと概ね同じといえる。ただし本書では，それらの間の関係や意味について高校までの数学よりも深く考察する。私たちの疑問を出発点として，統計学の方法を使って結論を得るまでの道のりを辿り，これらの事柄を説明していく。

$\boxed{2}$ 統計的な実証分析

　ここでは，統計的な実証分析のロードマップと，基本的な用語を確認する[1]。

◆ 統計学の方法

　統計学の方法は，実証分析の中でよく使われる。**実証分析** というのは，私たちのもつ **仮説** を，観察された事実と **整合的** なものと **矛盾** するものとに分類する作業を指す。作業の中で統計学の方法を使うものを統計的な実証分析という。

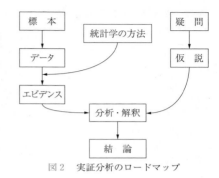

図2　実証分析のロードマップ

◆ 疑問

　私たちが調査や研究を行う出発点は疑問である場合が多いだろう。

 講義形式と学習効果—疑問　A大学では，昨年まですべての科目で対面形式で講義が行われていたが，今年試験的に一部の科目の講義がリモート形式で行われた。A大学では来年以降どのような形式で講義を行うかが検討されていて

q_1：リモート形式での講義で，対面形式の講義と同等の学習効果が得られるだろうか。

図3　リモート形式の講義

という疑問に，何かしらの結論を得ようとしているとしよう。

　疑問にはいくつか種類があり，それぞれ結論を得るための方法が異なる。たとえば，数学に関する疑問のように抽象的な疑問であれば，考察をしたり計算をすることで結論を得ようとする。また，「ティラノサウルスに羽毛は生えていたのだろうか？」のように具体性をもった疑問であれば，化石を観察することで結論を得ようとするかもしれない（参考文献 [1] など参照）。疑問の中に曖昧さや不確実性が含まれている場合もある。こうした場合，私たちは，多数の対象を観察し，統計学の方法を利用して結論を得ようとすることがある。

---

1) より詳しくは，たとえば [7] の1章などを参照。

後述するように，$p.7$ の例1の疑問 q_1 にも曖昧さが含まれており，統計学の方法によって結論が得られる可能性がある。本書ではこのように曖昧さや不確実性を含む疑問を扱う。

注意　**因果関係に関する疑問**　私たちはしばしば **因果関係** に関する疑問をもつ。例1の疑問 q_1 も，講義形式を原因，学習効果を結果とする因果関係に関するものと考えることができる。因果関係に関する疑問には曖昧さが含まれていることが多い。このことから，こうした疑問が統計学による実証の対象と考えられることもある。しかし，どのような方法を使おうと，因果関係の実証は容易ではない場合が多い。これは，因果関係という言葉で表されるものが，現実の何を表しているのかが曖昧であるからである。具体例について，仕組みや経緯が観察されれば，因果関係が実証されることもあるが，こうした場合そもそも統計学の方法は必要ない[2]。

◆ **仮説**

　調査を始める前に，疑問に対する可能な答えを **仮説** の形でいくつか並べておくとよい。ただし，可能な答えをすべて挙げつくすことはふつう不可能である。

講義形式と学習効果—仮説　例1の疑問 q_1 の場合，単純なものでは
h_0：対面形式とリモート形式の講義で，学習効果に違いはない
h_1：対面形式の講義の方が，リモート形式の講義よりも学習効果が高い
h_2：リモート形式の講義の方が，対面形式の講義よりも学習効果が高い
などの仮説が考えられる。しかし，これら以外にも
h_3：どちらの学習効果が高いかは，科目によって異なる
h_4：どちらの学習効果が高いかは，受講生によって異なる
など，仮説はいくらでも考えることができ，挙げつくすことは不可能である。

　前項のティラノサウルスの疑問でも，「羽毛が生えていた」「羽毛は生えていなかった」という単純な仮説以外にも「子供には生えていたが成長した個体には生えていなかった」「寒冷地に住む個体には生えていた」など複雑なものはいくらでも考えることができ，挙げつくすことはできない。

---

2) 因果関係の実証に関しては，例えば [7] の1章などを参照。

◆ 事実と仮説

前項のように仮説を整理したら，観察を行う。そして，私たちの仮説を，観察された事実と突き合わせる。いわゆる科学的な考え方では，観察された事実と**矛盾**する仮説をすべて考慮から外す。そうして，**整合的**な仮説のみを結論とする（後で学習する $p.18$「分析・解釈と結論」の項参照）。前項のティラノサウルスの例では，羽毛が確認できる化石が1つ見つかれば，結論はただちに得られるかもしれない。

しかし，私たちが統計学の方法を利用するのは，特定の対象を観察することでは結論が得られない場合である。仮説が整合的か矛盾するかを，特定の対象の観察によって確認することが不可能だったり，そもそも最初の疑問が問うていることが曖昧な場合である。

講義形式と学習効果—観察可能性 例1の場合，対面形式の講義とリモート形式の講義それぞれにおける学習効果を観察すれば，結論はただちに得られる。

しかし，私たちが学習効果と呼ぶものを直接観察することはできない。さらにいうならば，学習効果と呼ばれるものが現実の何を指すのかは曖昧である。

◆ 標本とデータ

観察する対象を**事例**と呼ぶことにする。統計的な実証分析では，ある特定の事例でなく，多数の事例を集めた集合を観察することによって結論を導こうとする[3]。当然だが，事例は，仮説と関係があるように集める必要がある（$p.31$ の第1章 ② 節参照）。

用語 0-1　標本
観察のために集めた事例の集合を標本という。

---

[3] ある特定の事例を詳しく観察する方法を **ケース・スタディ**という。また，特定の事例を時間を追って観察する方法を **時系列分析** というが，これは統計学の方法の1つに分類される（$p.28$ の注意参照）。

講義形式と学習効果—標本　*p.*8 の例 2 の仮説の場合を考えてみよう。学習効果は——それが何であれ——受講生に現れると期待できる。したがって，対面形式の講義とリモート形式の講義それぞれの受講生の集合を標本とすることが自然であろう。すなわち，

標本 P：昨年に対面形式で講義が行われた科目 B の受講生全員の集合。

標本 R：今年リモート形式で講義が行われた科目 B の受講生全員の集合。

として，両者を比較することが考えられる。

用語 0-2　観測値とデータ

標本に含まれるある事例を観察して得られた情報を，その事例の**観測値**，あるいは**値**という。標本に含まれる事例のすべてから得た観測値を整理した記録を，その標本の**データ**という。

講義形式と学習効果—データ　私たちが，学習効果と，受講後の試験の点数が関連すると信じるならば，例 4 で考えた標本から

データ P：昨年に対面形式で講義が行われた科目 B の受講生全員の試験の点数を記録したもの。

データ R：今年リモート形式で講義が行われた科目 B の受講生全員の試験の点数を記録したもの。

のようにデータを得ることが考えられる。ただし，試験の点数を学習効果そのものと考えることは適当ではない。試験の点数は学習効果以外の要素とも関連することが考えられるからである。すなわち，試験の点数には，個々の受験生のもともとの能力，試験問題との相性，運など，さまざまな要素と関連していると考えるのが自然であろう。

また，学習効果を捉えるためにデータを得る方法はこれだけに限らない。たとえば受講生の主観が重要であると考えるならば，講義の満足度や有用性についてアンケートをとってデータを得ることなども考えられる。

◆ 統計学の方法の利用

データを得た後は，それに統計学の方法を当てはめる。

注意 統計学の方法を当てはめる目的は，次の2つにまとめられる：

   (1) データがもつ特徴や傾向を見出すこと。

   (2) 見出した特徴や傾向が偶然によるものといえそうかを調べること。

用語 0-3　エビデンス

データから見出された特徴や傾向をエビデンスという。

上の注意の(1)のために用いられるのが **記述統計** と **モデル** の **推定** と呼ばれる方法である。(2)のためには，**統計的仮説検定** と呼ばれる手続きが使われる。こうした事柄については後の章で確認をするが，次の項では概要に触れておく。

◆ 記述統計の利用

データがもつ特徴や傾向——つまりエビデンス——を見出すためによく使われるのが記述統計である。

用語 0-4　記述統計

記述統計とは，標本の特徴を1つの数字に要約したり，グラフによって視覚化したりする方法の総称である。

記述統計はさまざまな方法を含んでいるが，データを代表する値としてよく利用されるのが **標本平均** である。高校までに学んだ通り，標本平均は，データに含まれるすべての値の和を，標本に含まれる事例の数で割ることで計算される。

講義形式と学習効果—標本平均の利用　標本平均の値（標本平均値）がデータを代表するものと考えてみよう。例5で得たデータから次のように標本平均が計算されたとする：

   ・データPの標本平均値：60

   ・データRの標本平均値：66

この一連の例では，点数の標本平均値を平均点と呼ぶことにしよう。ここからは

e_1：リモート形式で行われた講義の受講生の平均点の方が6点高かった

というエビデンスが得られる。

標本平均を使うと，複数のデータの比較が容易になる。ただし，標本平均はデータの1つの側面に過ぎないことには注意が必要である。後で学習するように，標本平均のみから結論を導くのではなく，他の特徴にも目を向けることが重要な場合がある。

◆ モデルの利用

モデル（日本語で模型）という言葉はさまざまな分野で使われるが，統計学の分野での意味は概ね次のように理解できる。

> **用語 0-5　モデル**
> 私たちのもつ考えや仮説，見込みを，数式の形で表現したものをモデルという。

本書でも，これに倣うものとする。

モデルは，私たちの考える仮説と関係するように構築する。

講義形式と学習効果―モデルの構築　例5で挙げたさまざまな要素を，受講生全員に共通する要素と，個々の受講生に固有の要素の2つにまとめよう。私たちが注目している学習効果は共通する要素に含まれていると考える。

これらの要素が点数にどのように影響しているのかを知ることはできないが，ここでは

[ある受講生の試験の点数]

　　＝[受講生全員に共通の要素]＋[その受講生に固有の要素]

のような単純な和で表されるとしよう。これを，記号を使って書き直す。

まず $p.10$ の例4で考えた

標本P：昨年に対面形式で講義が行われた科目Bの受講生の集合

に含まれる i 番目の受講生の試験の点数を y_i^{P} で表すことにしよう。このとき，次の等式

$$y_i^{\mathrm{P}} = \mu^{\mathrm{P}} + e_i^{\mathrm{P}} \tag{1}$$

がモデルである。

ただし右辺の記号 μ^{P} と e_i^{P} には次のような意味をもたせる。

μ^{P} は昨年に対面で講義が行われた科目Bの受講生全員に共通の要素を表す。対面での講義の学習効果はこの中に含まれていると考える。

$e_i{}^{\mathrm{P}}$ は受講生の中で i 番目の者に固有の要素を表す。ここに i 番目の受講生のもともとの能力や，試験との相性，運などが含まれると考える。

この式の中で，μ^{P} は全受講生に共通の要素なので，受講生番号 i がついていないことに注意する。

同じように，標本Rに含まれる j 番目の受講生の試験の点数 $y_j{}^{\mathrm{R}}$ についても次のモデルを考えることができる。

$$y_j{}^{\mathrm{R}} = \mu^{\mathrm{R}} + e_j{}^{\mathrm{R}} \tag{2}$$

このようにモデルを考えておけば，μ^{P} と μ^{R} の値を比べることで，対面形式の講義とリモート形式の講義の学習効果が比較できることになる。

注意　**モデルと記号**　例7のように，モデルは **方程式** の形——すなわち，左辺と右辺を等号（＝）でつないだもの——で書かれることが多い。

方程式を作るとき，さまざまな量をアルファベットやギリシャ文字などを使った記号で表すことがあるが，これらの記号は **変数** とか **パラメータ** などと呼ばれる。変数とパラメータの間に数学的な区別はなく，文脈によって呼び方を使い分けることが多い。呼び方の区別を理解する必要はないが，統計学の分野では次のように説明されることがある。

- 注目する事例を指定するために使うような記号は **変数** と呼ばれる。例7の (1) でいうと，記号 i は何番目の受講生かを指定するためのものなので，変数である。

- 個々の事例によって値が異なるような量を表す記号も **変数** と呼ぶことがある。例7の式 (1) でいうと，試験の点数 $y_i{}^{\mathrm{P}}$ と，固有の要素 $e_i{}^{\mathrm{P}}$ は受講生によって値が異なるので，変数と考えることができる。なお，このような量は，変量と呼ばれることもある。

- モデルの特徴を決める量を表す記号を **パラメータ** と呼ぶことがある。

- すべての（あるいは少なくともいくつかの）事例に共通の量を表す記号も **パラメータ** と呼ぶことがある。例7の (1) でいうと，受講生全員共通の要素 μ^{P} はパラメータといえる。

ただし，これらの区別は厳密ではない。ある記号を変数と呼ぶか，パラメータと呼ぶかよりも，それが表す値が既知なのか未知なのかの方が重要である。

<table>
<tr><td>例
8</td><td></td></tr>
</table>

講義形式と学習効果—未知の量と既知の量　*p.* 12 の (1) は対面形式で受講した i 番目の受講生の試験の点数を表すモデルである。この中で、記号 i, y_i^P, e_i^P は変数、μ^P はパラメータと考えられる（前ページの注意）。これらを既知と未知のものに分けてみよう。

まず変数 i は受講生の番号を指定するためのものなので値はモデルのユーザーが指定すればよい。たとえば4番目の受講生に注目したければ、$i=4$ のように i に4を代入することができる。したがって、変数 i の値は（定まっていないが）既知である。

たとえばデータ上で4番目の受講生の試験の点数が79であったとしよう。このとき、$i=4$ として、$y_4^P=79$ がわかる。したがって、変数 y_i^P の値も（i の値を指定すれば）既知である。

$y_4^P=79$ を (1) に代入すると $79=\mu^P+e_4^P$ が得られる。

この式からは、μ^P と e_4^P の和が79であることがわかる。しかし、79点のうち何点が μ^P で、何点が e_4^P か、という内訳まではわからない。

したがって、パラメータ μ^P と変数 e_i^P の値は（i の値を指定しても）未知である。私たちは、学習効果が含まれていると考えられる μ^P の値に興味があるが、このようにモデルを構築しただけではこの値は未知のままである。

例8のように、未知のパラメータの値が重要である場合、パラメータの値をデータから **推定する** 必要がある。

用語 0-6　推定

「パラメータの値が何であれば、モデルは、利用したデータを生み出すか」を考えることを、「パラメータを（あるいはモデルを）推定する」という。同じ意味で、「モデルをデータに当てはめる」といういい方もされる。

用語 0-7　推定値

推定によって得られたパラメータの値を推定値という。

注意　**推定の非一意性**　推定値はただ1つに決まらないことがある。これは、用語 0-6 の問「パラメータの値が何であれば、モデルは、利用したデータを生み出すか」への答えが、仮定や考え方によって多少異なるからである。

<table>
<tr><td>例
9</td><td></td></tr>
</table>

講義形式と学習効果—推定とエビデンス　$p.8$ の例 2 で考えた仮説を実証するためには $p.12$ の例 7 で考えたモデルに含まれるパラメータ μ^{P} と μ^{R} の値を推定する必要がある。後の章で確認するが，いくつかの仮定のもとでは，パラメータ μ^{P} の推定にはデータ P の **標本平均値** を使うことが適当と考えられる。$p.11$ の例 6 では，データ P の標本平均値は 60 であった。すなわち，パラメータ μ^{P} の値は（未知だが），例 6 で得たデータ P の標本平均値 60 付近にあると推定される。同じように，パラメータ μ^{R} についても 66 付近にあると推定できる。

両者の差 66−60＝6 より

$e_1{}'$：リモート形式の講義の学習効果の方が，試験の点数にして 6 点程度
　　　高いことが推定される

というエビデンスが得られる。

Column
コラム
モデル

$p.12$ の用語 0-5 から明らかなように，モデルは，私たちが現実に対してどのような見込みをもっているのかに依存する。モデルは私たちの見込みを正確に表現するかもしれない。しかし，それが現実を正確に描写していることを期待するべきではない。例 7 で考えたモデルでは，試験の点数を，受講生全員に共通の要素と個人に固有の要素の単純な和で表したが，これが試験の点数の付き方の正確な描写であることは期待できない。実際の試験の点数は，正答した問題への加点を積み上げたものであるが，「どの加点が受講生に共通の要素を表し，どの加点が個人の固有の要素を表す」のような区別はない。

モデルを構築したり利用したりするとき，私たちは，それが，現実のある側面を主観的に単純化した表現であることを意識する必要がある。（英国の統計学者 George E. P. Box は「すべてのモデルは間違っているが，中には便利なものもある」"All models are wrong, but some are useful" と述べたと言われている。）

◆共通の要素の推定

　例 9 では，いくつかの仮定のもとでは受講生全員に共通の要素 μ^{P} を推定するのに試験の点数の標本平均値を使うことが適当であると述べた。

この推定に標本平均値が利用できる理由は，第4章で詳しく見るが，直感的には次のように説明できる。試験の点数は，$p.\,12$ の (1) のように，共通の要素 μ^{P} と，各受講生に固有の要素の和で表されると仮定する。これが1つ目の仮定である。さらに，固有の要素は受講生同士で互いに影響しあうことなくバラバラに決まるとする。すなわち，ある受講生はその固有の要素が正の値をもち，そのおかげで高い点数が得られ，また他の受講生はその固有の要素が負の値をもち，それによって点数が低く抑えられてしまうことを仮定する。これが2つ目の仮定である。

　これらの仮定のもとで点数の標本平均値（すべての受講生について点数の合計を計算し，受講生の人数で割った値）を計算することを考えよう。上の1つ目の仮定から点数の合計は

　　　　［点数の合計］＝［共通の要素の合計］＋［固有の要素の合計］

のように表すことができる。

　右辺の［共通の要素の合計］は共通の要素を受講生の人数分足したものであるから

　　　　［共通の要素の合計］＝［共通の要素］×［受講生の人数］

である。

　その一方で，［固有の要素の合計］を計算すると，2つ目の仮定から，正のものと負のものが互いに打ち消しあい（完全に消えてしまわないまでも），あまり大きくない値になることが期待できる。

　これらを受講生の人数で割って点数の標本平均値を計算すると

$$［点数の標本平均値］$$

$$=\frac{［点数の合計］}{［受講生の人数］}=\frac{［共通の要素］×［受講生の人数］}{［受講生の人数］}+\frac{［固有の要素の合計］}{［受講生の人数］}$$

$$=［共通の要素］+\frac{［固有の要素の合計］}{［受講生の人数］}$$

のようになる。

　最右辺の［固有の要素の合計］／［受講生の人数］の値は大きくないことが期待できるので，点数の標本平均値が共通の要素に近いことが期待できる。以上が，標本平均値を共通の要素の推定に利用できる理由である。

◆ 統計的仮説検定の利用

　記述統計やモデルの推定から得られたエビデンスは，それだけでは「今回使っ
たデータが偶然そういうエビデンスを見せただけではないか」という批判に応え
ることができない。

講義形式と学習効果—エビデンスと偶然　*p.* 11 の例 6，*p.* 15 の例 9 で
見出したエビデンスから「リモート形式の講義の方が学習効果が高い」
と結論することは短絡的である。特に，「今回比較した受講生の標本平均
には 6 点の差が見られたが，それは偶然であり，他の標本を調べると違
う特徴が見られるのではないか」という批判に応えることができない。

注意　**エビデンスと偶然**　「見出されたエビデンスが偶然によるものなのではないか」
という批判の背後にあるのは **確率論** の考え方である。確率論については第 3 章
で説明をするが，ここでは次のように理解すればよい。
　試験の点数などの観測値は，潜在的にはさまざまな値をとり得たと考える。試験
を受け採点を行うなど，観察を行うことでその **実現値** が定まるが，どのような
値が実現するかには **偶然** が関与すると考える。このような観測値を集めたデー
タから見出されたエビデンスは，偶然の影響を受けていることが考えられる。

　こうした批判へのある程度の耐性を得るために，**統計的仮説検定** という作業
が行われる。詳しくは後の章で学習するが，概要は次の注意のように説明できる。

注意　**統計的仮説検定**　統計的仮説検定では，見出されたようなエビデンスが，見出さ
れたエビデンスを自然に生み出すようなものではないモデルを仮定する。そのう
えで，全くの偶然によってエビデンスが実現する確率を考える。そうして，その
値によって次のように判断する。
- この確率が，あらかじめ決めておいた値（5 % や 1 % など）よりも小さけれ
ば，「エビデンスが偶然によるもの」とは考えにくいと判断できる。このと
き，「このエビデンスは **有意** である」と報告できる。
- この確率が，あらかじめ決めておいた値よりも大きければ，「エビデンスが
偶然によるもの」という仮説を **棄却** できない。このとき，データからはこ
れ以上の判断はできない。

例11 **講義形式と学習効果—統計的仮説検定** 対面形式の講義と，リモート形式の講義の間に学習効果の違いがないと仮定する。

そのうえで，例6，例9のエビデンス e_1，e_1' と同じか，より大きな差異が全くの偶然によって実現する確率を計算したところ，0.05（すなわち，5％）よりも小さいことがわかったとしよう。

このとき，エビデンス e_1，e_1' は偶然によるものとは考えにくく，有意であると報告できる。

注意 **統計的仮説検定と確率論** 前ページの注意（統計的仮説検定）からわかるように，統計的仮説検定を行うには偶然を表現する必要がある。また，$p.12$ のモデルの利用の項の作業で，モデルの中に偶然の要素を取り入れることも多い。

偶然を表現するためにはふつう **確率論** の道具が使われる。本書でも，モデルやその推定，統計的仮説検定の前に確率論の概要に触れる。

◆分析・解釈と結論

有意なエビデンスが得られたら，$p.8$ の仮説の項の作業で挙げた仮説と突き合わせる。エビデンスと矛盾する仮説はデータによって **反証** されたと考えることができる。そうして，反証されなかった仮説のみを結論に残すことができる。

> **用語0-8 分析・解釈**
> 私たちの仮説を，得られたエビデンスと整合的なものと矛盾するものに分類する作業を，エビデンスの分析，あるいは解釈という。

> **用語0-9 エビデンスと仮説の整合性**
> 仮説 h が正しいと仮定したとき，その仮定のもとで，エビデンス e が得られることが説明できるならば，仮説 h とエビデンス e は整合的であるという。
> 同じ意味で次のような表現も使われる。
>
> 　　仮説 h はエビデンス e を説明できる。
> 　　エビデンス e は仮説 h を支持している。

用語 0-10　エビデンスと矛盾する仮説

仮説 h が正しいと仮定すると，エビデンス e が得られるという説明がつかないとき，仮説 h とエビデンス e は互いに矛盾するという。同じ意味で次のような表現も使われる。

　　仮説 h はエビデンス e を説明できない。

　　エビデンス e は仮説 h を反証する。

注意　**分析と主観**　用語 0-9，用語 0-10 からわかるように，エビデンスと仮説が整合的か矛盾するかの判断は主観的なものである。仮説 h とエビデンス e を結びつける（自然な）**物語** を思いつけばそれらは整合的といえるし，そうでなければ矛盾すると判断できる。

また，ある仮説からエビデンスを説明する物語は人によって異なる可能性がある。さらに，他の人が考えた説明を受け入れられるかも主観的である。

講義形式と学習効果—分析　例 11 のように有意なエビデンス

e_1：リモート形式の受講生の平均点の方が 6 点高かった

が得られたとする。$p.\,8$ の例 2 の仮説

h_2：リモート形式の講義の方が，対面形式の講義よりも学習効果が高い

が正しいと仮定すると

　　　リモート形式の受講生の方が（個人差があるにせよ）より高い学習効
　　　果を享受し，対面形式の受講生よりも平均点が高くなり，エビデン
　　　ス e_1 が実現する

という物語でエビデンス e_1 を説明できる。したがって，仮説 h_2 とエビデンス e_1 は整合的である。

その一方で，仮説

h_0：対面形式とリモート形式の講義で，学習効果に違いはない

h_1：対面形式の講義の方が，リモート形式のものよりも学習効果が高い

が正しいとすると，そのもとでエビデンス e_1 が得られるという説明ができない。したがって，仮説 h_0，h_1 はエビデンス e_1 と矛盾すると判断できる。

得られたエビデンスと整合的な仮説は，結論として報告することができる。ただしこのときに，その仮説が証明されたような書き方は避けるべきである。

注意 結論 前ページについての理由は次の2点である。

- 得られたエビデンスと整合的な仮説は，ふつう複数存在する。私たちが挙げた以外にも，得られたエビデンスと整合的な仮説が将来考え出される可能性もあるが，それを予見することは不可能である。
- 私たちが挙げた仮説が，現在利用可能なエビデンスと整合的であっても，将来新たな観察によって，私たちの仮説と矛盾するようなエビデンスが得られる可能性がある。

$p.\,19$ の例12で考えたように，エビデンス e_1, $e_1{}'$ が仮説 h_2 と整合的であったとしよう。このことは，仮説 h_2 が正しいことが証明されたことを意味しない。

講義形式と学習効果—結論 仮説 h_3, h_4 もエビデンス e_1, $e_1{}'$ と矛盾しない。今後さらに詳しい調査が行われ，仮説 h_2 と矛盾し，仮説 h_3 か仮説 h_4 と整合的なエビデンスが得られる可能性もある。

したがって，結論には

今回の調査では，リモート形式の講義の受講生の試験の平均点の方が対面形式の講義の受講生のものよりも有意に高かった。このことは，リモート形式の講義の方が学習効果が高い可能性を示唆している

など断定的でない表現を使うべきである。

こうした一連の手順の中で，統計学の方法の役割――エビデンスを見出し，統計的仮説検定で有意性を判断すること――は重要な役割を担っているが，そのすぐ外側にある部分――どのようにデータを得るか，とか，見出されたエビデンスの分析を行うこと――も同じくらい重要といえる。

こうした部分の検討には，一般常識や，その分野の専門知識が有用である。

③ 新しい方法と伝統的な方法

　②節で確認したのは，いわゆる伝統的な統計学の方法である。近年では，人工知能／機械学習といった比較的新しい方法も私たちの生活に欠かせないものになっている。

◆ 機械学習

　②節で学習したように，伝統的な方法は仮説の実証に利用されることが多いが，それに対して新しい方法は，予測を行ったり，人間が行う判断を手助けするために使われることが多い。

補足　**ニューラルネットワークによる機械学習　機械学習** と呼ばれる方法では，**ニューラルネットワーク** が利用されることがある。厳密な説明は [5] など専門書にゆずるが，ニューラルネットワークとはある種の **関数** で，特徴としてその柔軟性を挙げることができる。*p.* 12 のモデルの利用の項で学習したように，伝統的な方法では，モデルを使って何かを表現するとき，私たちのもつ見込みや仮説をもとにする。たとえば，ある店舗の来店者数を考えるとしよう。

著作者：rawpixel.com／
出典：Freepik
図 4　ニューラルネットワーク

まず曜日，時間帯，気温，天候といった要素が来店者数にどのように影響しそうか，という見込みをもとに関数の形を決めて，モデルを構築する。そうして，来店者数，曜日，時間帯，気温，天候の実績から得たデータから，必要なパラメータを推定する。

ニューラルネットワークも（伝統的なモデルと同じような）ある種の関数と考えることができるが，これを利用する場合，私たちは個々の要素がどう影響するかを明示的に考える必要がない。ニューラルネットワークは，含まれるパラメータ（しばしば **ウェイト** と呼ばれる）の値を調整することで，さまざまな影響の形を表現できるような柔軟性をもっている。ウェイトをうまく調整すれば，「こういう条件がそろった場合の来店者は何人」というデータに合うように，条件と来店者数の関係を表現できる。

なお，データに合うようにウェイトを調整することを（推定とは呼ばず）**学習** という。

人間が行う通常の意味での学習と区別するために **機械学習** と呼ばれることもある。伝統的なモデル，ニューラルネットワークは，どちらも与えられた条件から来店者数を予測することができる。伝統的な方法で作ったモデルの中身は，曜日や時間帯などの条件が来店者数にどのように影響しうるのかがわかりやすい形で表現されている。しかしニューラルネットワークの場合，私たちが中身を理解することは容易ではない。

新しい方法の有用性は疑うべくもないが，伝統的な統計学の方法も依然として重要な役割をもっている。伝統的な方法は，いくつかの面で新しい手法よりも手軽といえる。必要なデータの大きさでいえば，2個から30個の事例を観察して得たデータから，重要な示唆が得られることはよくある。その一方で機械学習の場合——もちろん状況に大きく依存するが——満足な結果を得るためには，伝統的な方法の何倍もの事例が必要となることが多い。

理解が容易であることも伝統的な方法の利点である。モデルに含まれるパラメータの意味は直感的に理解しやすい。しかし多くの場合，機械学習で用いられるニューラルネットワークに含まれるウェイトが何を意味しているのかを私たちが理解することは難しい。

新しい方法と伝統的な方法の間で役割分担を考えることが可能である。すなわち，巨大なデータが利用可能で，しかも私たちの興味が予測や判断にあるが，データを処理する過程を理解することがそれほど重要でない場合，新しい方法はとても強力であるといえる。

その一方で，利用可能なデータの大きさが限られていたり，データがどのように処理されるのかを理解することが重要な場合には，伝統的な方法の利用を検討するべきであろう。また，新しい方法が使われる中にあっても，伝統的な方法が併せて利用される場面は多い。たとえば，本格的なデータ収集を始める前に少数の事例を観察して小さいデータを作り，それにモデルを当てはめて予備的な調査を行うことは有用である。また，巨大なデータがすでにある場合でも，その全体像を把握するために伝統的な方法を利用することには意味がある。

以降，本書では，主に伝統的な統計学の方法の基礎を，例を使いながら確認していく。特に断りがない場合，「統計学の方法」は伝統的な方法を指す。

第0章のまとめ

① 重要用語

実証分析　仮説を，観察された事実と整合的なものと矛盾するものに分類する作業を指す。

事例　観察する対象。

標本　観察のために集めた事例の集合。

観測値（値）　標本に含まれる1つの事例を観察して得られた情報。

データ　標本に含まれる事例のすべてから得た観測値を整理した記録。

エビデンス　データから見出された特徴や傾向。

モデル　仮説，見込みを，数式の形で表現したもの。

エビデンスの分析・解釈　仮説を，得られたエビデンスと整合的なものと矛盾するものに分類する作業。

② 統計的な実証のロードマップ

①調査や研究を行う出発点は疑問であることが多い。

②調査や研究を始める前に，疑問に対する可能な答えを仮説の形で並べておくとよい。

③仮説を整理して，観察を行う。

④観察で得られた情報を整理してデータとする。

⑤データが得られた後，統計学の方法に当てはめる。

⑥記述統計・統計的仮説検定を利用して，データがもつ特徴や傾向を見出す。

⑦モデルを作り，パラメータの値をデータから推定する。

⑧得られたエビデンスと整合的なものと矛盾するものとに分類し，エビデンスを分析（解釈）する。

⑨得られたエビデンスと整合的な仮説は，結論として報告する。

章末問題

1. 統計的な実証分析において事例を集める際，仮説と関係があるように集める必要が
   ある。その理由を答えよ。

2. 統計的な実証分析においてデータを得た後，統計学の方法に当てはめる目的と，こ
   のとき用いられる方法にはどのようなものがあるかを答えよ。

3. 統計的な実証分析を経て得られたエビデンスと整合的な仮説は，結論として報告で
   きる。このとき，仮説が証明されたと断定することは避けるべきである理由を答えよ。

4. 統計的な実証分析を行う際，記述統計などの伝統的な統計学の方法と人工知能や機
   械学習などの新しい方法を用いることができる。それぞれの方法にはどのような利点
   があり，どのように使い分けるべきかを答えよ。

第1章

標本とデータ

① クロスセクショナルなデータ／② 仮説と標本

　統計的な実証分析の大きな特徴は，多数の事例からなる標本を観察して，結論を得ようとすることである。観察のための事例をどのように集めるか（あるいは選ぶか）は，導き出した結論に当然影響する。

　一言でいうならば，事例の集め方は，結論が信頼できる範囲を決定する。私たちは，同じ集団から，同じやり方で集められた事例でできた標本からは，同じような結論が得られる，という仮定は受け入れられるのではないだろうか。たとえば，ある木から無作為に採った5個のミカンを標本として重さや糖度を調べ，グレードを判定したとしよう。その同じ木から別の5個をやはり無作為に採って，新しい標本とした場合，それを調べなくても「新しい標本のグレードも，調べてみれば最初の標本と同じかあるいは近いグレードと判定されるだろう」と仮定することは，ミカンに関する専門知識がない多くの人にとって自然ではないだろうか。新しい標本の中のミカンを1個も調べていないにもかかわらずこのように仮定できるのは，事例（この場合ミカン）を集めるもとの集団（この場合ミカンの木）と集め方（この場合無作為）が同じだからであろう。別の集団から，あるいは別のやり方で集めた標本から同じような結論が得られるかどうかは，「場合による」とか「わからない」としか言いようがない。別の斜面に生えている別の木からミカンを採ったり，同じ木からでも梢ばかりからミカンを採って標本とした場合のグレードがどうなるかは（ミカンに詳しい人でない限り）わからないだろう。

　このように，調査や研究の結論が無条件に信頼できるのは，同じ集団から同じやり方で集められた場合のみである。その結論が，その外側にどこまで一般化できるかは，集め方の違いを慎重に検討して判断するほかない。

1 クロスセクショナルなデータ

　p. 9 の標本とデータの項で示したように，観察のために集めた事例の集合を **標本** という。また，標本を観察して得られた情報を整理した記録を **データ** という。標本 の観察や整理の仕方によって，データをいくつかの種類に分類することができる。中 でも，クロスセクショナルという種類のデータは，統計学の方法と相性がよい。この ため，統計学を初めて学ぶ際の題材として最適である。

◆クロスセクショナルなデータとは

　まずはじめに，クロスセクショナルなデータと，それに関連する用語を確認し よう。

> **用語 1-1　クロスセクショナルなデータ**
> 標本に含まれる事例のすべてから得た観測値を，どの事例のどの属性のもの かがわかるように整理した記録を，**クロスセクショナルなデータ**という
> (*p.* 10 の用語 0-2 を参照)。

　クロスセクショナルなデータは，例 1 で示すように，事例を行に，属性を列に， それぞれ対応させた表の形に整理できる。

架空の講義　昨年，対面形式で講義が行われた科目Ｂの受講生全員（87 人）を **標本** としよう（*p.* 10 の例 4 参照）。この場合，個々の受講生が用 語 0-2，用語 1-1 で定めた **事例** になる。
　まず，受講生に 1 から 87 まで **番号** をつけた。そして，それぞれの受講 生に対して，5 つの **属性**，入学年度，氏名，性別，出席率，試験点数， を記録し，表 1 の形に整理をした。これは **クロスセクショナルなデータ** である。
　この表では，1 つの行が 1 人の受講生に対応しており，観察した属性が 列に対応している。

No	入学年度	氏名	性別	講義形式	出席率	試験点数
1	20XX	xxx xxx	男	対面	0 %	0
2	20XX	xxx xxx	女	対面	7 %	0
3	20XX	xxx xxx	女	対面	87 %	100
⋮	⋮	⋮	⋮	⋮	⋮	⋮
87	20XX	xxx xxx	男	対面	60 %	60

表1

クロスセクショナルなデータに関連する用語を確認しよう。

用語 1-2　クロスセクショナルなデータに関連する用語

標本の大きさ　標本に含まれる事例の数を標本の大きさという。また，その標本を観察してデータを得たとき，標本の大きさと同じ意味でデータの大きさという表現が使われることもある[1]。

番号　標本に含まれるすべての事例に通し番号をつけておくとよい。ただし，番号には個々の事例につけたラベル以外の意味がないものとする。

項目　観察した属性を項目という。

注意　**観測値の種類**　用語 0-2 で定めたように，観察によって得られた情報の本体を**観測値**，あるいは **値** という。観測値にはいくつかの種類がある。伝統的な統計学が扱うことを得意とするのは，(表 1 の性別のように) **カテゴリカル** な観測値と，(出席率や試験点数のように) **数値** のものである (詳しくは，第 2 章で解説する)。これら以外の観測値の種類としては氏名のような固有名詞や文章で書かれるようなものもある。文章を扱う方法として **テキストマイニング** と呼ばれるものが利用されることもある。

例 1 のデータについて，用語は例 2 のようにまとめられる。

架空の講義—用語　標本の大きさ　標本の大きさは 87 である。
番号　表 1 では最初の列に記した数である。
項目　入学年度，氏名，性別，出席率，試験点数の 5 個である。
観測値　3 番目の受講生の試験点数の観測値は 100 である。

---

1) 情報の分野でのデータサイズという言葉は，記憶媒体上でそのデータが占める記憶容量の大きさを指し，ここでいうデータの大きさとは異なる。

表のデータについて次の問いに答えよ。

No	重さ (g)	糖度 (%)	キズ
1	85	11.8	あり
2	89	10.5	なし
3	88	10.2	なし
4	92	10.7	なし
5	83	11.2	なし

(1) 標本の大きさはいくつか答えよ。
(2) 記録されている項目をすべて答え よ。
(3) 観測値が数値である項目をすべて 答えよ。また，観測値がカテゴリカ ルである項目をすべて答えよ。

注意 **時系列データ** クロスセクショナル以外の形式の代表的なものが **時系列データ** である。時系列データは，単一の事例を時間をおいて複数回観察して得られた情 報を，観察時間ごとに記録したものである。

時系列データ 株式の市場での取引価格を取引日ごとに記録したもの。 ある店舗の月間の売り上げを月ごとに記録したもの。 アナログの音声信号からサンプリングしたデジタル音声データ。

Column
コラム   標本の大きさ

後に学習するように，ある仮定のもとでは，標本は大きいほどよりよい **推定** がで き，また，**統計的仮説検定** ではっきりとした結論が得られやすい。
この意味では，事例の数は多ければ多い方がよいといえる。しかし，事例の数をい くらでも増やせる場合は稀であろう。実験や観測にはコストがかかり，それが制約 になる場合が多いと考えられる。また，日本の都道府県や，証券取引所に上場して いる企業のように数が決まっておりそれ以上増やせないこともある。
p.10 の例 4 では，すでに終わってしまった講義の受講生の数を増やすことは不可 能である。
標本の大きさがいくつ以上であればよい，という基準をあらかじめ設けることは難 しいが，このことについては，第 5 章でふたたび考える。

◆クロスセクショナルなデータの特徴

クロスセクショナルなデータの特徴は，標本を，事例のばらばらな集まりとして扱うことである。この形式は，ある事例と他の事例の間の個別の関係を表現することに適していない。たとえば，p. 27 の表 1 のような形式は，受講生同士の交友関係など個別の関係を表現しづらい。

事例同士の個別の関係が重要でない場合に，標本の特徴を調べたり，複数の標本を比較することが目的であれば，与えられたデータをクロスセクショナルなものとして扱うことが適当である。

Column コラム　事例同士の関係の表現

事例同士の関係を観察して記録する場合には，クロスセクショナルではなく **グラフ理論** の **グラフ** が利用される。グラフのデータの形式は，行と列の両方向に事例を対応させた正方形の表を作り，そこに 2 つの事例の間の関係を記録するものである。たとえば第 1 行第 2 列のマスに事例 1 と事例 2 の関係を記録する，といった具合に表を埋めていく。なおこのように表現した場合，事例は **頂点** と呼ばれる。

上記のように明示的に観察されない場合でも，事例同士の関係が興味の対象になることもある。

	A	B	C	D
A	103	65	20	21
B	65	87	5	0
C	20	5	55	40
D	21	0	40	60

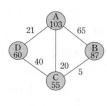

図 1　グラフの例

（左図）4 つの科目 A，B，C，D のうち 2 科目のある年の同時受講状況を調べるために，同時受講した学生の数を集計したもの。たとえば，科目 A と科目 B の両方を受講した学生の数は，第 1 行第 2 列目に 65 と記録されている。対角成分は，同時受講状況に関わらず，その科目の受講者の合計を表す。

（右図）左の表を図示した **グラフ**。科目 B と科目 D をつなぐ線がないのは，これらを同時に受講した学生がいないことを表している。

たとえば，**クラスタリング** と呼ばれる方法では，事例間の **類似度** の測り方を適当に決めて，クロスセクショナルなデータからどの事例とどの事例が近いかを調べる。

注意 **クロスセクショナルなデータと時系列データ** *p.* 28 の注意で確認したように，**時系列データ** は単一の事例を時間をおいて複数回観察した記録である。それぞれの観察時点を別々の事例と考えることで，時系列データもクロスセクショナルと同じような表の形に整理することができる。

しかし，時系列データとクロスセクショナルなデータは区別するべきである。クロスセクショナルなデータでも値を順番に並べるが，クロスセクショナルの場合，私たちはこの並び順には意味がないと考える。

しかし時系列データの場合，私たちは，観察時点の順序関係が重要な情報をもっていると考えることが多い。たとえば，金融の分野では資産価格の時系列を調べるときに，今日の価格と明日の価格が全く無関係であるとは考えない。「今日の価格はいくらだったので，明日はそこからどれだけか上下するだろう」といったように，今日の値が将来の値に影響すると考えることが多い。このため，時系列データを扱うには，時間的順序関係を重視した方法が用いられる（たとえば，[3]，[6] などを参照）。

時系列データを上記のようにしてクロスセクショナルとして扱うことは，必ずしも間違いとはいえないが，この時間的順序に関する情報を捨てていることになる。私たちの興味が，地球温暖化の進行やある地域の経済成長のように，時間的順序に関係するものだとすると，データをクロスセクショナルとして扱うことは適当とはいえない。

(1) 次のデータをクロスセクショナルなデータとして扱ったときに失われる情報があるか検討せよ。また，失われる情報の有用性を考え，クロスセクショナルなデータとして扱うべきでないものを挙げよ。
 (a) さいたま市の 8 月の平均気温を 1980 年から今年まで各年ごとに記録したもの。
 (b) さいたま市の今年 8 月の日々の最高気温，最低気温，湿度，天気を記録したもの。
 (c) ある学生の過去 1 か月の日々の睡眠時間を記録したもの。
 (d) 今年入学した学生 300 人の通学手段と家からの距離を学生ごとに記録したもの。
 (e) 今年発売されている国産の新車について，車種ごとの標準価格と燃費を記録したもの。
(2) クロスセクショナルなデータとして扱うことが適切である例を挙げよ。

② 仮説と標本

前節で学習したように，クロスセクショナルなデータを得るには，事例を集めて標本を得る必要がある。事例は，私たちのもつ仮説との関係を考えて集める。

◆ 事例の収集と仮説

*p.*8 の仮説の項で学習したように，私たちはいくつか仮説をもって調査を始めるが，仮説を立てるとき，私たちの興味の対象となる事例や集団が決まっていることが多い。興味の対象となっている事例は，仮説の中で明示されていないかもしれないが，調査や研究の結論をどのように利用するのかで決まる場合がある。

講義形式と学習効果―仮説と事例 *p.*8 の例 2 では学習効果に関する仮説 h_0, h_1, h_2 などを考えたが，これらの中で，どの受講生に対する学習効果を問題にしているのかは明示されていない。
もし私たちが，この調査の結果を来年以降の講義形式の決定のために利用するのだとしたら，私たちが本当に知りたいのは，来年以降の受講生に対する学習効果である。つまり，仮説の中で私たちが暗に興味の対象としている事例は，来年以降の（潜在的な）受講生ということになる。

標本を作るには，興味の対象となっている事例を集めることが望ましい。しかし，それが不可能な場合も多い。

講義形式と学習効果―将来の受講生 例 4 の場合，私たちの興味は来年以降の受講生にあるが，（まだ決まってもいない）将来の受講生を集めることはできない。

興味の対象の事例が集められない場合，可能な範囲からその代わりとなる事例を集めることになる。このとき，集める事例が興味の対象の事例を代理するものになっているかを検討する必要がある（図 1 ）[2]。

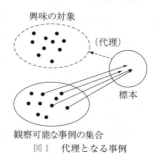

図 1　代理となる事例

| 練習 3 | 次の事例を挙げよ。 |

(1) 興味の対象と，観察可能な事例の集合が一致する場合。

(2) 興味の対象の一部が観察可能でない場合。

(3) 興味の対象のすべてが観察不可能な場合。

| 例 6 |

講義形式と学習効果—代理となる事例 $p.10$ の例 4 では，過去の受講生から標本を作った。同じ講義を複数回受講することができないとすると，（興味の対象である）将来の受講生が（実際に集めた）過去の受講生の集合に含まれていることはない。それにもかかわらず，この標本を調べる意味があると考えるのは，私たちが暗に

a_0：集団としてみたとき，近い過去の受講生と近い将来の受講生の間に大きな違いはない

と仮定しているからである。すなわち，過去 2 年間の受講生の集合が，将来の受講生の集合を代理できると判断できるならば，過去の受講生を調べてどのような結論が得られようと，それを将来の受講生に当てはめることにも意味があると考えられる。

入試方式の変更が予定されているなど，過去の受講生と将来の受講生の性質が異なることが見込まれる場合には，その差異を慎重に検討すべきである。

$p.31$ の例 5 のように興味の対象から事例を集めることができない場合などには，調査に利用する標本と，興味の対象の間に差異が生じる。この，標本と興味の対象の間の差異については，私たちが標本を集めるときだけでなく，他の人が書いた論文やレポートを読むときにも注意が必要である。

注意 **標本と興味の対象** たとえば，心理学の分野の調査・研究では，学生を集めた標本を利用することが多いと指摘されている（たとえば [4] など）。学生を標本とすることの理由の中には，集めやすさやコストの低さなどが当然含まれているだろう。したがって，標本に含まれる事例の多くは調査を行った研究者の所属する大学の学生であることが考えられる。

---

2) 興味の対象と観察可能な事例の集合に全く重なりがない場合もある。このような場合に標本を興味の対象の代理として利用できるかどうかは，観察可能な集合の性質が興味の対象のものとどの程度類似しているかによる。

私たちが心理学の分野で得られた知見について考えるとき，興味の対象の事例は自分自身であったり，私たちの身の周りの人であったりすることもあるだろう。しかし，学術論文に掲載されている知見は英国の大学生を標本とした調査によるものかもしれない。それがどの程度当てはまるかどうかは，自分自身や周りの人の性質と，英国の大学生のものがどの程度類似しているかに依存している。

◆ 母集団と標本

高校までの数学の教科書をはじめ，多くの統計学の入門書では **母集団** と **標本** の関係が説明されている。母集団と標本の考え方は，統計学者の **ピアソン** や **フィッシャー** らが築き上げた近代的な統計学の基礎をなすものともいえる。ただし，母集団と標本の考え方がうまく機能するのは，私たちが興味の対象としている事例の集団があらかじめ定まっており，そこから事例を集めて標本を作ることが可能な場合である。

> **用語 1-3　母集団**
> 私たちが興味の対象としている事例の集団が定まっており，そこから事例を集めて標本を作ることが可能なとき，興味の対象の集団を母集団という。

食品製造ライン　ある食品メーカーの製造ラインでは，1 日あたり 1,000 個の製品を製造しているとする。そこでは製品が基準を満たしているかを毎日検査する決まりになっている。

私たちの興味は，その日に作られた 1,000 個の製品にあるが，製品の中から 5 個を集めて標本を作ることが可能であるとしよう。この場合，**母集団** はその 1,000 個の製品で，検査のために集めた 5 個の製品の集合が **標本** である。

母集団と標本の関係を 3 つ挙げよ。

標本を用いて調査や研究を行うとき，次の用語は重要である。

> **用語 1-4　標本抽出**
> 母集団から事例を集めて標本を作る作業を標本抽出という。

用語 1-5　標本調査

用語 1-5　標本調査

母集団から抽出された標本を観察するような調査方法を標本調査という。

標本調査ではふつう母集団の一部のみを観察の対象とするが，母集団のすべてを観察することもある。

用語 1-6　悉皆調査

母集団のすべてを観察の対象とするような調査方法を悉皆(しっかい)調査や全数調査という。

注意　**標本調査の目的**　標本調査の目的は，標本を観察することにより，母集団の特徴や傾向を推し量ることである。標本調査では，私たちは母集団の一部しか観察していないので，観察していない残りの部分に不確実性が存在する。この不確実性のせいで，標本から見出したエビデンスに対して，$p. 17$ の統計的仮説検定の利用の項で考えたような「今回使ったデータが偶然そういうエビデンスを見せただけではないか」という批判が生じる余地が残ってしまう。このことが統計的仮説検定を行う動機であった。

この観点からすると，悉皆調査を行った場合，私たちは興味の対象をすべて観察できていることになる。すなわち，悉皆調査を行った場合，上記の批判は生じる余地はなく，統計的仮説検定を行う意味はあまりないことになる。

　上の注意の観点からは，標本調査よりも悉皆調査の方が望ましいことがわかる。政府による国勢調査や，コンビニエンスストアなどで利用されている POS システム（販売時点管理システム）は悉皆調査を目指すものと考えられる。その一方で，コストや技術的な問題から悉皆調査が妥当でない場合，標本調査が利用される。

食品製造ライン—標本調査　$p. 33$ の例 7 のように食品などの製造で行われる検査には，標本調査が含まれることが多い。この理由は，検査項目の中に製品の開封が必要なものがあり，検査の対象となった製品は販売が不可能になってしまうことである。外見や重量の検査は悉皆的に行うことができるが，成分の検査には開封が必要で，悉皆調査を行うと，販売できる製品がなくなってしまう。

標本調査と悉皆調査（全数調査）の例を，それぞれ 3 つずつ挙げよ。

実験計画法と標本抽出法

自然科学やその応用分野では実験やその結果を事例とみなして標本が得られる場合がある。目的に応じてどのように実験を行うべきかは **実験計画法** という分野で研究されている。

母集団から標本を抽出するときには，標本が母集団全体を代表するものになるよう注意する必要がある。**標本抽出法** と呼ばれる分野では，このような観点から標本をどのように抽出することが望ましいのかが研究されている（たとえば [2] など参照）。

標本抽出は無作為であることが重視される。p. 7 以降の統計的な実証分析の節で学習したように，私たちはいくつかの仮説をもって調査に臨むが，ある仮説と整合的な事例ばかりを作為的に集めて標本を作ると，母集団にそのような特徴や傾向がなかったとしても，標本からはその仮説を支持するようなエビデンスが見出されてしまう。このように作為的な抽出をもとにした調査は，誤解を招くものとして批判の対象になる。

はっきりとした作為がない場合でも，母集団から偏りをもった標本が抽出されることがある。たとえば，世論調査を行う場合，母集団は国内居住者や有権者全員と考えられる。多くの調査会社で使われている RDD と呼ばれる方法では，乱数を使って無作為に選んだ番号に電話を掛け，つながった先を調査対象とする。日本国内ではかつて RDD で電話を掛ける対象は固定電話に限られていた。しかしこの方法では，固定電話をもたない人が調査対象から外れてしまう。若年層では固定電話をもたない人の割合が高いので，この方法で抽出した標本が母集団と比べて年齢の高い層に偏ってしまうことが指摘された。なお，近年では携帯電話も RDD の対象となっている場合が多い（[8] など参照）。

どのような方法によって標本を得たとしても，前項で考えたように，標本が，私たちの興味の対象を代表，あるいは代理するものかどうかを考えることが重要である。そうでない場合，標本と私たちの興味の対象との違いをはっきり認識することが望ましい。この点は，母集団が何かを考えるよりも重要であろう。

練習
6

過去 10 年間に，ある地域で発生した飼い猫の落下事故がどのように発生した
のか調べるために，その地域の獣医に把握している落下事故の状況を聞き取っ
た。

(1)　興味のある事例の集合を答えよ。

(2)　標本となる事例の集合を答えよ。

(3)　この調査は悉皆調査ではない。なぜなら，(1)の集合に含まれるが，標本
　　には含まれない事例が存在する可能性があるからである。次のうち，標本に
　　含まれない可能性が高い事例はどれかすべて答えよ。

　　(a)　飼い猫に軽傷を伴うもしくはけがのないような落下事故。

　　(b)　飼い猫に重傷を伴うような落下事故。

　　(c)　飼い猫が落下直後に死亡してしまったような落下事故。

　　(d)　飼い猫にけがはあったが，飼い主がその原因を落下事故であると認識で
　　　　きていないような事故。

　　(e)　過去 10 年間に廃業した獣医が把握していた落下事故。

(4)　この調査結果をもとに飼い猫の安全対策を考えるとする。ただし，飼い猫
　　を取り巻く環境は過去 10 年間で大きくは変わっていないものとする。この
　　調査結果のみから安全対策を考えるとき，標本に含まれない可能性の高い，
　　特に注意すべき事例は(3)の事例のうちどれか答えよ。

◆比較

　私たちが学業やビジネスに取り組もうとしており，「成功の秘訣は何だろう」
という疑問をもったとしよう。この疑問に答えを与えるために，成績上位者やビ
ジネスで成功した人の事例を集め，それを標本として調査することは自然かもし
れない。いわゆる成功者のみからなる標本からデータを作り，それに統計学の方
法を当てはめれば，確かに，成功者がもつ特徴や傾向を見出せるかもしれない。

　しかし，このようにして見出された特徴や傾向は，このままではあまり意味が
ない。なぜならば，成功者だけを調べて見出された特徴や傾向が，成功者に特有
なものなのか，すべての人に共通のものなのか区別できないからである。たとえ
ば成功者のみの標本を観察して「成功者のほとんどが両足に靴下を履いていた」
という特徴が見出されたとしても，そこからただちに「成功の秘訣は両足に靴下
を履くことである」とは結論できないだろう。なぜならば，それは成功した人も
そうでない人も含めておおよそすべての人に見られる特徴であるかもしれないか
らである。

成功者に特有の特徴を見つけるためには，非成功者からなる標本も観察し，両者を比較する必要がある。そうして，成功者には見られるが，非成功者には見られないような特徴や傾向があれば，それがいわゆる成功の秘訣に関係するものかもしれない。

　このように，多くの実証は比較を必要とする。上で挙げた「成功の秘訣は何だろう」という疑問も，このことを意識すると「成功者と非成功者の特徴の違いは何だろう」と書き換えることができる。比較が必要な場合，成功者など私たちの注目している事例と比較するために，注目していない事例も観察する必要がある。

介入群と対照群　ある病気Dの治療のための新薬Aの効果を確かめることを考える。病気Dの患者を集めて標本とし，標本に含まれる患者に新薬Aを投与して治癒するかどうかを観察すれば十分に思われるかもしれない。このような調査で

e_1'：新薬Aを投与した多くの患者がその後治癒した

というエビデンスが得られたとしよう。このエビデンスは

h_1：新薬Aは病気Dの治療に効果がある

という仮説と整合的である。しかし，エビデンス e_1' は

h_0：新薬Aに効果は全くないが，病気Dは時間の経過とともに自然に治癒する場合が多い

という仮説とも整合的である。したがって，エビデンス e_1' だけでは「新薬Aに効果がある」とは結論できない。

　新薬Aの効果を実証するには，仮説 h_0 を反証する可能性のある調査を行う必要がある。このため，新薬などの効果を確かめる場合，新薬を投与する標本とは別に，新薬を投与しない標本も用意し，両者を比較する方法が採用される。このような比較を行った結果

e_1：新薬Aを投与した標本の方が，投与しなかった標本と比べて，治癒した患者の割合が有意に高かった

というエビデンスが得られたとしよう。このエビデンスは，仮説 h_1 と整合的で，仮説 h_0 とは矛盾するので，新薬Aに有意な効果が見られる，と結論できる。このような比較を行う場合，効果を確かめたいような処置を施した標本を **介入群**，比較のために処置を施さなかった標本を **対照群** と呼ぶことがある（章末問題１も参照）。

介入群と対照群になりうるような対応関係を調べ，3つ挙げよ。

 講義形式と学習効果—比較 *p.* 7 の例 1 では，疑問は

q_1：リモート形式の講義で，対面形式の講義と同等の学習効果が得られ
　　るだろうか。

のように，リモート形式と対面形式の比較を前提とする形で疑問が書か
れている。

第1章のまとめ

1 **重要用語**

クロスセクショナルなデータ　標本に含まれる事例のすべてから得た観測値を，どの事例のどの属性のものかがわかるように整理した記録。

標本の大きさ　標本に含まれる事例の数。

項目　観察した属性。

母集団　興味の対象と事例を集めるもとになる集団が一致する集団。

標本抽出　母集団から事例を集めて標本を作る作業。

標本調査　母集団から抽出された標本を観察するような調査方法。

悉皆調査（全数調査）　母集団のすべてを観察の対象とする調査方法。

介入群　比較のため，効果を確かめたいような処置を施した標本。

対照群　比較のため，効果を確かめたいような処置を施さなかった標本。

2 **クロスセクショナルなデータ**

- 統計学の方法と相性がよい。
- 事例を行，属性を列に対応させた表の形に整理できる。
- 標本をばらばらな集まりとして扱う。

3 **仮説と標本**

- 事例は，自分たちがもつ仮説との関係を考えて集める。
- 標本を作るには，興味の対象となっている事例を集めることが望ましいが，それが不可能な場合も多い。その際，代理の事例を集める。それが興味の対象を代理するものになっているかどうか検討を行う必要がある。
- 標本調査と悉皆調査（全数調査）がある。
- 標本調査の目的は，標本の観察を通じ，母集団の特徴や傾向を推し量ることである。
- 標本調査では，母集団の一部分しか観察していないので，観察していない残りの部分に不確実性が存在する。
- 標本調査による不確実性のへの批判は，悉皆調査を行った場合に生じることはない。
- 本書では母集団と標本調査の考え方を使わない。

章末問題

1. (1) 次のデータをクロスセクショナルなデータとして扱ったときに失われる情報があるか検討せよ。さらに，失われる情報の有用性を考え，クロスセクショナルなデータとして扱うべきでないものを挙げよ。

   (a) ある銘柄の毎週月曜日における株価を過去2年にわたり記録したもの。

   (b) スポーツテストに参加したある学生の 50 m 走，立幅跳び，垂直跳び，ソフトボール投げの結果を記録したもの。

   (c) ある学生の週ごとの学習時間を1年間にわたって記録したもの。

   (d) 昨年度入学の大学1年生の微分積分学と統計学の前期試験の結果を記録したもの。

   (e) ダイエットのため，半年間の毎食で摂取した野菜，肉，米の食事ごとの量と食後の体重を記録したもの。

   (2) クロスセクショナルなデータとして扱うことが不適切である事例を挙げよ。

2. 興味の対象となる事例について答えよ。

   (1) ある興味の対象を1つ挙げ，代理となる標本を挙げよ。

   (2) (1)で挙げた代理となる標本について，興味の対象とどのような差異が生じるか自分の考えを述べよ。

3. ある大学の合格者に対して，高校時代に勉強に力を入れなかった教科を調査したところ，多くの学生が数学を挙げた。
　　あなたがその大学の受験を予定しているとして，このエビデンスから
　　　　　　「数学の勉強に力を入れるべきだ」
　　と考えることは適当であるかどうか述べよ。

4. 〈研究〉標本抽出方法について，次のことを示せ。
　(1)　代表的な方法を調べ，3つ挙げよ。その際，それぞれの方法はどのような事例に適した方法かについても述べよ。
　(2)　(1)で答えた方法のうちの1つについて，その方法を採用したときの利点を述べよ。

5. 標本調査について，次のことを答えよ。
　(1)　標本調査の目的は何か。
　(2)　標本調査の推測に誤差が生まれるのはなぜか。

6. $p.37$ の例 9 のように新薬の効果を実際に確かめる実験を行う際には，被験者を介入群と対照群に分けるが，患者自身には（場合によっては医師にも）どちらに振り分けられたかを知らせないことがある。介入群の被験者には効果を確かめたい新薬が処方されるが，対照群の被験者には効果がないと考えられる **偽薬** (placebo) が処方される。このとき，医師からすべての被験者に「あなたが処方される薬は新薬である可能性も偽薬である可能性もあります」と伝えられる。

このような手順が取られる理由は，いわゆる **偽薬効果** (placebo effect) の存在が知られているからである。偽薬効果とは，効果がないと考えられる薬でも「効果がある可能性がある」と伝えられて処方されると，被験者に身体的な反応が現れることである。次のことを答えよ。

(1) 偽薬効果の存在を実証するには，どのような実験を行えばよいか答えよ。

(2) その実験に伴う倫理的問題について説明せよ。

7. 健康維持やダイエットのために行う有酸素運動が，中性脂肪の量を低下させる効果があることを確かめたい。

有酸素運動する人を標本とし，標本に含まれる人に有酸素運動を行ってもらい効果があるかどうか観察することにしたい。このような調査の手順について，以下の空欄を埋めよ。

この調査でエビデンス e_1' 　1　 というエビデンスが得られたとしよう。

このエビデンス e_1' は h_1 　2　 に整合的である。しかし，エビデンス e_1' は h_0 　3　 という仮説とも整合的である。

したがって，エビデンス e_1' だけでは 　4　 とは結論できない。

有酸素運動の効果を実証するには，仮説 h_0 を反証する可能性のある調査を行う必要がある。

このため，有酸素運動の効果を確かめる場合，有酸素運動を行うこととは別の標本も用意し，両者を 　5　 する方法が採用される。

このような 　5　 を行った結果 e_1 　6　 というエビデンスが得られたとしよう。このエビデンスは，仮説 h_1 と整合的で，仮説 h_0 とは矛盾するので，　4　 と結論できる。

第 2 章

クロスセクショナルなデータのための記述統計

p. 11 の記述統計の利用の項で示したように，記述統計とは，データの特徴や傾向を 1 つの数に要約したり，グラフによって視覚化したりする方法の総称である。データは，たくさんの観測値が並んだ表の形で与えられる。その表が有用な情報を含んでいるとしても，そのままではそこから特徴や傾向を見出したり，複数の標本を比較したりすることは容易でないだろう。

データが得られたとき，まず記述統計の方法をいくつか当てはめて，様子を見ることは重要である。

1 記述統計の利用

本節では，記述統計が必要になるような例を通して，記述統計の利用について学習しよう。

講義形式と学習効果—データの比較　表1は，昨年対面形式で講義が行われた科目Bの受講生のデータから，試験の点数を取り出して並べたものである（架空の例，*p.* 27 表1参照）。同じように，表2は今年リモート形式で講義が行われた科目Bの受講生の試験の点数を並べたものである。*p.* 10 例5で考えたように，それぞれの講義形式による学習効果に関する情報がこれらのデータに含まれているとしよう。講義形式による学習効果の違いは，これらのデータを比較することでわかるはずである。

これらのデータからは，個々の受講生の試験の点数はすべてわかる。しかし，それらを並べたデータとして見たとき，その特徴を読み取って，対面形式の受講生の点数のデータと，リモート形式の受講生の点数のデータを比較することは容易ではないだろう。

0	0	100	79	4	0	48	0	73	49	72	47	73	74
67	0	68	65	91	52	63	64	75	63	60	64	91	1
73	71	83	64	66	85	64	88	79	68	87	60	80	43
79	62	77	77	78	92	23	0	4	34	88	68	72	52
87	76	0	84	83	85	55	56	47	43	57	67	57	52
68	62	56	72	73	55	67	67	45	65	54	72	79	
65	62	60											

表1　昨年対面形式で講義が行われた科目Bの受講生の点数（この科目の全受講生87人を標本として，得られた情報から試験の点数を取り出したもの）。

0	2	0	48	53	30	97	81	50	45	50	45	90	61
89	92	97	53	83	82	98	43	94	52	71	47	59	82
100	58	63	93	90	100	74	27	82	63	77	91	100	3
74	78	85	0	2	3	95	83	92	83	95	98	100	100
15	97	65	57	43	88	92	95	87	50	67	32	52	76
89	78	34	39	90	23	70	89	58	56	69	72	73	78
63	69	90	59	89	92	74	82	78	76	59	67	45	79	77
67	49	80	41	62	82	55	78	64	55				

表2　今年リモート形式で講義が行われた科目Bの受講生の点数（この科目の全受講生110人を標本として，得られた情報から試験の点数を取り出したもの）。

記述統計とは，データの特徴を1つの数に要約したり，グラフによって視覚化したりする方法の総称である。ここまでにも使ってきた講義形式と学習効果の例なども利用しながら，記述統計の利用の仕方を学習していこう。次の用語は重要である。

データの指標・特性値としては，標本平均値が代表的である。要約や視覚化のための方法には他にもさまざまなものが提案されている。また，私たちが捉えようとしている特徴を上手く捉えられるように，新しい方法を自分たちで考案することもできる。

┌─**＋1ポイント**─────────────────────────────

記述統計と計算パッケージの利用　計算機言語，表計算ソフトそのほか PC 上で動くような計算を行うためのソフトを計算パッケージと呼ぶことにしよう。私たちは統計学の方法を利用するときにこうした計算パッケージを使う。多くの計算パッケージには主な記述統計の方法が実装されており，指標の計算やグラフの作成を私たちが直接行う機会はほとんどない。このため，計算方法やグラフの作成方法を習得する重要性はそれほど高くないともいえる。

ただし，記述統計の指標やグラフは，それだけではあまり意味をなさない。これらは，背後にある考え方と組み合わせてはじめて意味をもつ。また，それぞれの方法がもつ "癖" を理解することも重要といえる。記述統計の方法を理解しておくことにはこのような意味がある。

└──

記述統計の方法を大雑把に分類すると，データから項目を1つ取り出して，その特徴を捉えるためのものと，複数の項目間の関連を捉えるためのものがある。本章では，まず数値項目を1つ取り出して作ったデータの特徴を捉えるための方法を確認し，その後，複数の項目間の関係を捉えるための方法を確認する。

2 数値データ─分布を知る

　本節で扱うのは，クロスセクショナルなデータから数値項目を1つ取り出して作ったデータである。このようなデータは，数字を一列に並べたような単純な形をしている。ここでは，こうしたデータの特徴を把握するための方法を確認する。

◆ 数値データ

本節では，数値データと呼ばれる種類のデータを扱う。

> **用語 2-2　数値データ**
> **クロスセクショナルなデータから，1つの数値項目を取り出して作ったデータを数値データという。**

 例2　講義形式と学習効果─数値データ　$p.44$ の表1や表2は数値データである。

注意　**数値データと観測値**　数値データは，$p.44$ の表1のように数を並べた表の形で表すことができる。本書では，100，62など個々の数を **観測値**（あるいは単に **値**）と呼び，それを並べたものを **数値データ**（あるいは単に **データ**）と呼ぶことにする。
　また，この表1のような表の代わりに

$$(0, 0, 100, 79, 4, \cdots, 62, 60)$$

のように，並べた値を括弧で括ることでデータを表すことがある。

　一般には，データと値に対する呼び方の区別は曖昧なことが多いが，本書では上の注意のように区別する（$p.10$ の用語 0-2 も参照）。

◆ 数値データの分布

　数値データに含まれる個々の観測値を，数直線上の点と考えてみよう。数値データは，数直線上にばらまかれた点々のように見えるだろう。このような数直線と点々のグラフも，記述統計の方法といえる。

例 3 **講義形式と学習効果—数直線と点々** 図1は，表1の数値データに含まれる 87 個の観測値を，数直線上の点で表したものである。これを見ると，例えば，多くの観測値が 40 から 90 点の間に存在している様子がわかる。

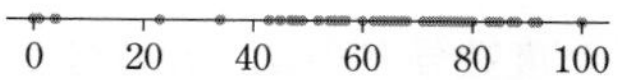

図1

用語 2-3　数値データの分布
数値データに含まれる観測値が数直線上に存在している様子を，そのデータの分布という。

注意 **データの分布** データの分布は，第 3 章で学習する **確率分布** とは別の物である。なお，データの分布を **経験分布** と呼ぶこともある。数値データを，数直線上の点々とする見方は，後で学習する **散布図** などと密接な関係をもつ。

　図1のような数直線と点々のグラフからも，例3で挙げたような特徴を捉えることができる。数直線を使うと，表を眺めるよりは，分布全体の様子がわかりやすいだろう。しかし点々が混みあっているところなどは，どの程度混みあっているのかがわかりにくい。数値データの分布を把握するためによく使われるのが，**度数分布表** と **ヒストグラム** と呼ばれるものである。

◆ 度数分布表

例 4 **試験の点数—分布の様子** p. 44 の表1のデータから分布の様子を把握する方法を考えてみよう。この表1やそこから作った図1を眺めると，低い方では 0 点が何人かいる一方で，高い方では 100 点も 1 人いることがわかる。その間では，60 点台や 70 点台の人が多くいるように見える。具体的に数えてみれば全体の様子がわかるかもしれない。表1を見ると，次のように数えられる。

10 点以下…10 人,	51 点以上 60 点以下…13 人,
11 点以上 20 点以下… 0 人,	61 点以上 70 点以下…23 人,
21 点以上 30 点以下… 1 人,	71 点以上 80 点以下…20 人,
31 点以上 40 点以下… 1 人,	81 点以上 90 点以下… 9 人,
41 点以上 50 点以下… 6 人	91 点以上 100 点以下… 4 人。

こうして並べて見ると 61 から 80 点の範囲に多くの受講生が集まっている一方で，11 から 40 点の範囲に入る受講生がとても少ないことがわかる。10 点以下の受講生が 10 人いることも特徴といえる。

この例 4 のように，区間ごとに観測値を数えて表にするとわかりやすい。

用語 2-4　度数分布表，ビン，度数

度数分布表は，観測値がとりうる値をいくつかの区間に分割して，それぞれの区間に含まれる観測値の数を数え，表にまとめたものである。

ビン　分割した区間の 1 つ 1 つをビンという。分割の方法は私たちが自分で決める必要がある。ただしこのとき，すべての観測値がどこか 1 個のビンに必ず入るように決めなければならない。すなわち，ビンは次のように決める必要がある。

- 互いに重複がない
- 観測値の可能な範囲をすべてカバーする

ビンの幅は概ね等しくなるよう決めることが多い。

度数　それぞれのビンに含まれる観測値の数を度数という。

例
5

試験の点数—度数分布表　p. 44 の表 1 のデータから度数分布表を作成する。

試験の点数がとりうる値は 0 から 100 までの整数である。まずこれを 10 個の区間に分割しよう。

ここでは，前ページの例 4 と同じように分割する。

　　　最初の区間： 0 から 10,

　　　2 番目の区間：11 から 20,

　　　3 番目の区間：21 から 30,

　　　⋮

　　　10 番目の区間：91 から 100

次に，表 1 を見て，それぞれの区間に含まれる観測値の数を数える。この作業はすでに例 4 で行ったので，その数字が使える。

表 3 は，設定した区間と，そこに含まれる観測値の数を並べて示した **度数分布表** である。

ビン	度数
0-10	10
11-20	0
21-30	1
31-40	1
41-50	6
51-60	13
61-70	23
71-80	20
81-90	9
91-100	4
計	87

表 3

練習 1 例5にならって，p.44の表2のデータからビンの数が10の度数分布表を作成せよ。

練習 2 度数分布表はもとのデータの情報をすべてもつわけではない。どのような情報が失われているかを答えよ。

◆ヒストグラム

用語 2-5　ヒストグラム
度数分布表を柱状のグラフにしたものがヒストグラムである。

クロスセクショナルなデータを入手したら，ヒストグラムを作成して様子を見ることは有用である。

例 6　**試験の点数—ヒストグラム**　図2は，表3をもとに作成したヒストグラムである。これを見ると，60から80点の辺りに多くの観測値が集中しており，10から40点の辺りには観測値が少ないことがわかる。

また10点以下にも集中が見られる。この特徴は，例えば

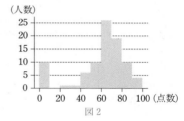
図2

　　履修登録だけを行って，実際にはほとんど受講していなかった
　　学生がある程度いた
などの仮説により説明できる。

注意　**ビンの大きさ**　用語2-4で説明したように，度数分布表やヒストグラムのビンは自分で決める必要がある。このとき，「正しい」決定の仕方はない。記述統計の目的が，データの特徴や傾向を捉えることにあるので，でき上がった度数分布表やヒストグラムにそのデータの特徴が現れるように設定できていれば十分である。計算パッケージの機能を使った場合，ビンが自動的に設定されることが多いが，特徴が全くつかめないような場合もある。こうした場合には手動で設定をやり直す必要がある。

ビンの幅と個数を変えてヒストグラムを作成することで，ヒストグラムに現れるデータの特徴がどのように異なるか比較してみよう。

試験の点数─ビンの個数と幅　$p.\,48$ の表 3，$p.\,49$ の図 2 の度数分布表とヒストグラムは，0 から 100 点を 10 個のビンに分割して作成した。最初のビンの幅は 11 点で，2 番目から 10 番目の幅は 10 点である。この設定の仕方でも $p.\,49$ の例 6 で挙げたような特徴を捉えることができる（縦軸は人数，横軸は点数）。

図 3 の上の 2 つのグラフはビンの幅を広く，個数を減らして作成したものである（左上 3 個，右上 5 個）。ビンの数を 5 個（右上）に減らしても，10 個の場合と同じような特徴をなんとか捉えることができるが，3 個（左上）であると特徴は捉えづらいだろう。

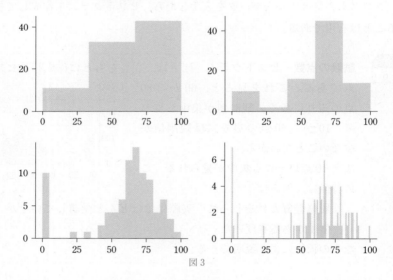

図 3

下の 2 つのグラフは，逆にビンの幅を狭く，個数を増やして作成したものである（左下 20 個，右下 101 個）。ビンの個数を 20 個（左下）に増やすと，例 6 で挙げた特徴である 60 から 80 点の辺りへの集中の様子が，より細かくわかるだろう。右下のグラフはビンの数を 101 個にしたものである。試験の点数の可能な値は 0 から 100 までの 101 個の整数なので，これ以上ビンの数を増やしても意味はない。ここからも 60 から 80 点の辺りへの集中を読み取ることができるが，やや細かすぎるかもしれない。0 点への集中がとても大きいことが他のグラフよりも強調されている。

なお，この右下のグラフでは，多くのビンの度数が 0 であるので，グラフにしたときに柱と柱の間が離れているように見えるところが多い。どの設定の仕方が一番よいかは主観的に判断する他ないが，20 個程度が全体の様子を一番よく表しているのではないだろうか（練習 3 参照）。

(1) $p.50$ の図 3 および $p.49$ の図 2 の合計 5 個のヒストグラムから 1 つを選んでそれを報告書に使うとする。このとき，報告者の意図によって異なるヒストグラムを選ぶことが可能である。

　(a) 60 から 80 点の受講生が多くいたことを強調したいとすると，5 つのグラフのうちどれを選ぶのが適当か答えよ。

　(b) 0 点の受講生が多くいたことを強調したいとすると，5 つのグラフのうちどれを使うのが適当か答えよ。

(2) 図 3 の 4 つのヒストグラムの縦軸の目盛りに注目すると，上の 2 つは等しいが，それ以外は互いに異なる。この理由を考えよ。

(3) $p.48$ の用語 2-4 では，「ビンの幅は概ね等しくなるよう決める」と述べたが，そうでない度数分布表やヒストグラムを作ることは可能である。ビンによって，幅が著しく異なるようなヒストグラムを見るとき，どのような点に注意が必要になるか答えよ。

┌─ ＋1ポイント ─

スタージェスの公式　ビンの数を半ば自動的に決めるための方法がいくつかあるが，中でも **スタージェスの公式** と呼ばれるものが有名である。
これは，ビンの数を

　　$(\log_2 N)+1$ よりも大きい自然数のうち最も小さいものとする

というものである（**対数** を表す記号 log については $p.79$ の対数の項参照）。
ただし，N は標本の大きさを表す。
スタージェスの公式は，ビンの数の正しい値を与えてくれるものではない。スタージェスの公式を利用して作ったヒストグラムが，データの特徴をうまく捉えられてないと感じられるならば，手動でビンの数を調整することが必要である。

(1) $p.44$ の表 1 のデータでは標本の大きさは 87 である。$N=87$ として，スタージェスの公式を用いてビンの数を求めよ。ただし，N は標本の大きさとし，$\log_2 87=6.44$ とする。

(2) スタージェスの公式によるビンの数でこの表 1 のデータから度数分布表を作成せよ。

解答 **(1)** スタージェスの公式より

$$(\log_2 87)+1=6.44+1=7.44$$

である。

よって，7.44 より大きい自然数のうち最も小さいのは 8 である。したがって，求めるビンの数は 8 である。

(2) 表 4 は一例である。

0 から 100 点を 8 個のビンに均等には分割することはできないので，幅が 12 点のビンと，13 点のビンの 2 種類が必要になる。これらをどのように配置するかでいくつかのバリエーションがありうる。

ビン	度数
0–12	10
13–25	1
26–37	1
38–50	6
51–62	16
63–75	31
76–87	16
88–100	6
計	87

表 4

---

(1) $p.44$ の表 2 のデータでは標本の大きさは 110 である。$N=110$ として，スタージェスの公式を用いてビンの数を求めよ。ただし，N は標本の大きさとし，$\log_2 110=6.78$ とする。

(2) (1)で求めたビンの数を用いて，この表 2 のデータから度数分布表を作成せよ。

(3) (2)で作成した度数分布表から，ヒストグラムを作成せよ。また，そこから見ることができる特徴を述べよ。

③ 数値データ─真ん中の指標

「18歳の男子の平均身長は何 cm」とか，「このクラスの試験の平均点は何点」などのように，中学校で学習した **平均値** を使ってデータ全体の特徴を1つの数値で説明をすると，標本に対するイメージをもちやすいだろう。本節では，数値データ全体を代表する数について学習する。

なお，本節では前節に引き続き数値データのみを扱うので，これを単にデータと呼ぶことにする。

◆ データの代表値と真ん中

データから計算される指標を使って，データ全体を代表させる指標とすることがある。

用語 2-6　代表値
データ全体を代表するような指標を，そのデータの代表値という。

代表値としては，平均値が最もよく使われるだろう。ただし，後述のように，データの性質によっては平均値がデータを代表する指標として適当でない場合もある。このような場合には，平均値以外の指標が使われることもある。次項以降で詳しく説明していくが，平均値を含め，代表値として使われることがある主な指標をあらかじめ次の Review にまとめておく。

> (Review)　**データの主な代表値**
> 　　**平均値**　データに含まれる値の総和を計算し，それを標本の大きさで割った値である。
> 　　**中央値**　データに含まれる値を小さい順に並べたとき，それをちょうど半分に分ける値である。
> 　　**幾何平均**　データに含まれる値の総積の N 乗根。ただし，N は標本の大きさとする（N 乗根については，$p.\,61$ の Review 参照）。

これらの指標が代表値として使われる理由は，これらが何らかの意味でデータの真ん中といえるからである。

注意 **データの真ん中** 1つのデータに対して平均値，中央値，幾何平均のように真ん中が複数存在することには違和感があるかもしれない。しかし，データの真ん中を1つに決めることが難しいこともある。例えば，データに含まれる観測値が3と5しかなければ，それらの真ん中は4に決めてもよさそうである。この場合，他の値を真ん中とすることには違和感があるだろう。しかし，観測値が3，5，10である場合はどうだろう。両端の3と10から等距離にある6.5でもよさそうだが，数字を小さい順に並べたときに真ん中に位置する5も真ん中といえそうで，1つには決められない。

◆ 標本平均値

　記述統計においては，平均や平均値を **標本平均** や **標本平均値** と呼ぶことがある。これは，この値が標本の特徴を表していることを強調するためである。

　データから標本平均を計算する方法——データに含まれるすべての値を足して，個数で割る——は，高校までの数学で学んだことだろう。ここでは，記号の使い方の復習も兼ねて定義を確認する。

標本平均値の計算 大きさが3のデータ $(3, 5, 10)$ が与えられたとしよう。
このデータの標本平均値は

$$\frac{3+5+10}{3} = \frac{18}{3} = 6$$

のように計算される。

この式の左辺の分子は，データに含まれる値3，5，10の和で，分母はデータに含まれる値の個数——すなわち標本の大きさ——である。あとは四則演算のルールを使えば右辺の値6が導かれる。

次のデータは，ある生徒のある1週間における，1日あたりの睡眠時間である。このデータの標本平均値を求めよ。

　　430, 440, 450, 420, 460, 480, 470 （分）

古い資料からデータを作成しようとしていたところ，5件あるべき事例のうち1件の資料が紛失していた。残り4件の値は2, 3, 8, 12であり，紛失前の5件のデータの標本平均値は6であった。このとき，紛失した事例の値を求めよ。

　標本平均値の計算の方法は，例8のように文章で書いても伝わるだろう。しかし，計算の手順をすべて文章で書くのではなく，記号や数式を援用しながら説明することも多い。

(Review) **記号や数式を使った説明** 例8では，データ (3, 5, 10) に対する計算の方法を説明したが，他のデータにも当てはまるように説明するためには，データに含まれる観測値を数字で書くのではなく，記号を使って表した方がよい。

例えば，データに含まれる 1 番目の値を y_1，2 番目の値を y_2，3 番目の値を y_3 で表すことにしよう。データ (3, 5, 10) に当てはめるならば，$y_1=3$，$y_2=5$，$y_3=10$ と考えればよい。このように表すと，標本平均値の計算式は

$$\frac{y_1+y_2+y_3}{3}$$

と書ける。

これで標本の大きさが 3 の場合の標本平均値は表すことができる。しかし，私たちが扱う標本の大きさが 3 であるとは限らない。扱うデータが何かを特定せずに説明をするために，標本の大きさも数字でなく記号 N で表す。このとき観測値を並べると，y_1，y_2 から始まって，y_N まで続く。データが特定されておらず，標本の大きさ N が定まっていないので，すべてを書き並べることはできないが，記号 …… を使って，y_1，y_2，……，y_N のように書くことにしよう。この記号 …… は，類推が容易な場合に間を省略をするために使われる。

これらの記号を使うと，大きさ N のデータ (y_1, y_2, ……, y_N) の標本平均値の計算式は

$$\frac{y_1+y_2+\cdots\cdots+y_N}{N}$$

のように書くことができる。

この式の分子の和は $\sum$ （**シグマ記号**）を使って表されることがある（$p.64$ の数列と和の記号 $\sum$ の項参照）。すなわち

$$y_1+y_2+\cdots\cdots+y_N=\sum_{i=1}^{N} y_i$$

であるから，標本平均値は

$$\frac{\sum_{i=1}^{N} y_i}{N}=\frac{1}{N}\sum_{i=1}^{N} y_i$$

と表すことができる。この式の左辺と右辺は同じものである。

定義 2-1　標本平均値

$(y_1,\ y_2,\ \cdots\cdots,\ y_N)$ を，大きさ N のデータとする。このデータの標本平均値は

$$\frac{1}{N}\sum_{i=1}^{N} y_i$$

で計算される値である。

注意　**標本平均値の記号**　データ $(y_1,\ y_2,\ \cdots\cdots,\ y_N)$ の標本平均値を記号 $\bar{y}$ で表すことがある。すなわち，$\bar{y}=\dfrac{1}{N}\sum_{i=1}^{N} y_i$ である。

◆データの重心としての標本平均値

標本平均値がデータの代表値（つまり真ん中を表す値）として利用できることが多い理由は，標本平均値がデータの **重心** の位置を表していることである。数直線を，重さが無視できて曲がらない棒だと考える。そして，数直線上で観測値にあたる位置に，例えば 1 g のおもりを付ける（$p.47$ の図 1 参照）。標本平均値は，このおもり付きの棒を下から支えて釣り合う数直線上の **重心** の位置を表している（図 4 参照）。

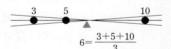

図 4　データ $(3,\ 5,\ 10)$ の標本平均値 6 と重心。

$$6=\frac{3+5+10}{3}$$

例 9

試験の点数―標本平均値　$p.44$ の表 1 のデータから標本平均値を計算してみよう。上の定義 2-1 の記号にデータを当てはめると，$N=87$，$y_1=0$，$y_2=0$，$\cdots\cdots$，$y_{87}=60$ である。
したがって，標本平均値は

$$\frac{1}{87}(0+0+\cdots\cdots+60)=59.98$$

と計算される。

図 5 は，このデータのヒストグラムに重ねて，標本平均値 59.98 を示したものである。これを見ると，標本平均値がデータの重心の位置を表していることがわかるだろう。

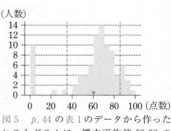

図 5　$p.44$ の表 1 のデータから作ったヒストグラムに，標本平均値 59.98 の位置を▼で示したもの。

図 5 で示した 2 本の垂直な破線は，それぞれ標本平均値－**標本標準偏差**（34.94 点）と標本平均値＋**標本標準偏差**（85.02 点）の位置を表す。標本標準偏差については *p.* 73 を参照。

p. 44 の表 2 のデータから標本平均値を求めよ。

◆ 標本平均値のもつ癖

標本平均値が，データの重心の位置を表していることを知っていると，標本平均値に次のような癖があることが理解できるだろう。多くの値が集まっているところから離れたところにある値には「てこの原理」がより大きく働いて，標本平均値に大きく影響してしまうことが知られている。

試験の点数―てこの原理　図 5 を見ると，40 から 100 点までの大きな塊から離れて，0 から 5 点に 10 個の観測値がある。これらの観測値は，「てこの原理」によって，標本平均値に対する影響が比較的大きいといえる。*p.* 44 の表 1 のデータの標本平均値は 59.98 点であるが，このデータから 0 から 5 点の範囲にある 10 個の観測値を取り除いて残った 77 個の観測値の標本平均値を計算すると 67.49 点になる。これらの差は，67.49－59.98＝7.51 である。すなわち，これらの 10 個の観測値は，標本平均値に 7.51 点の影響を与えているといえる。

大きな塊の右端 85 から 100 点の範囲にも 10 個の観測値がある。最初のデータからこれらを取り除いて残った 77 個の観測値の標本平均値は 56.15 点である。これらについても，もとの標本平均値との差を計算すると，56.15－59.98＝－3.83 である。すなわち，これらの 10 個の観測値は，標本平均値に 3.83 点の影響を与えているといえる。

塊から離れたところにある 10 個の観測値には，より大きく「てこの原理」が働いて，塊の右端にある 10 個の観測値と比べると標本平均値への影響は 2 倍近い。

◆ 標本平均が代表値として妥当でない場合

多くの場合，標本平均値はデータの代表値として妥当であるが，そうでない場合ももちろん存在する。例えば，データの，左右の非対称性が大きい場合には，標本平均値がデータを代表する値として妥当でないことがある。

NBA 選手の年俸　図6は，NBA（北米のバスケットボールリーグ）に登録されている 531 人の選手の 2022 年から 2023 年の年俸（米ドル）のヒストグラムと，それに重ねて標本平均値（8,476,308 米ドル）の位置を▼で表したものである（データは https://hoopshype.com/salaries/players/ より取得）。▼の位置とヒストグラムを見比べると，標本平均値は全体を代表する値としては大きすぎるように見える。実際，531 人のうち 68 % に当たる 361 人の年俸は標本平均値よりも小さく，標本平均値よりも高い年俸の選手は 32 % しかいない。このヒストグラ

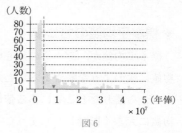

図 6

ムは，左端に近いところに高い山をもち，そこから右側に長く裾を引くような形をしている。右側の裾に位置する観測値に注目すると，その数自体は少ないことがわかる。例えば 20,000,000 米ドルを超える年俸の観測値は 65 個しかない。その一方で，これら少数の観測値は，「てこの原理」により標本平均値に相対的に大きく影響し，標本平均値を右側へ強く引っ張っていることが考えられる。このように，左右の非対称性が大きいデータの場合，標本平均値よりも点線で表してある**中央値**の方がデータを代表する値として妥当といえる。中央値については，*p.54* の注意で簡単に触れたが，*p.59* 以降でも説明する。

　このように，左右の非対称性が大きいデータの場合，標本平均値は代表値として妥当ではない。次の例は，ヒストグラムを見たときに左右の非対称性が大きいといわれているものである（[6] など参照）。

非対称性をもつデータ

　自然：ある期間に起きた地震を標本とする強さの記録，月面のある区画で観察されるクレーターを標本とする大きさの記録，世界の河川を標本とする流域面積の記録など。

　社会・経済：世界の都市を標本とする人口の記録，日本の都道府県を標本とするある年のその都府県内総生産の記録，ある地域内にある企業を標本とする従業員数の記録など。

注意　**非対称なデータと対数値**　例11や例12のように，ヒストグラムを見たときすべ
ての値が正で，0付近に高い山があり，右側に長い裾を引いているようなデータ
にしばしば出くわす。こうしたデータは，含まれる値をそのまま見るときと，そ
の対数値を見るときとでは，全く違う特徴を示すことがある。

そのままの値と，対数値のどちらかの見方が正しいというものではないが，デー
タの特徴を見出すためには，対数値も見てみることは有用である（p. 79 の対数
の説明を参照）。

例12で挙げたデータ以外の，非対称性をもつデータを3つ挙げよ。

◆ 中央値

標本平均値が妥当でない場合などに，代表値としてよく使われるのが **中央値**
である。中央値は次のように定義できる。

> **定義 2-2　中央値**
> データに含まれる値を小さい順に並べたとき，それをちょうど半分に分ける
> 値をそのデータの中央値という。

注意　**中央値**　データの大きさが奇数で，小さい順に並べたときに真ん中に位置する値
が存在すれば，それが中央値である。例えば，大きさ3のデータ (3, 5, 10) の
場合，小さい順に並べた真ん中の値は5なので，これがこのデータの中央値であ
る。しかし，データの大きさが偶数の場合，定義 2-2 の決め方に従うと中央値が
1つに定まらないことがある。例えば，大きさ4のデータ (3, 5, 6, 10) が与え
られたとしよう。この場合，例えば5.1でも5.6でも，5と6の間の数であれば
データを (3, 5) と (6, 10) のように半分に分けることができる。このような場
合には，中央値の候補のさらに真ん中である5.5を中央値とすることができる。
このほかにも，中央値を具体的に求める際に注意が必要となるような例外的な場
合があるが，通常は上の2通りの決め方を知っておけば十分である。

例外的な場合については，例えば [8] などを参照。

次のデータは，8人の学生の右手の握力を測った結果である。その中央値を求
めよ。また，平均値を求め中央値と比較し，どちらが代表値に適しているか答
えよ。

38，56，43，41，35，49，51，31　(kg)

次のデータは，ある6店舗での精米1kgあたりの価格である。ただし，aの値は0以上の整数である。

$$500 \quad 490 \quad 496 \quad 530 \quad 480 \quad a \quad (単位は円)$$

aの値がわからないとき，このデータの中央値として何通りの値がありうるか答えよ。

　中央値には，標本平均値と違い「てこの原理」が働かない。このため，離れたところにある少数の値の影響を受けにくい。このことから，**頑健**な指標と呼ばれることがある。

中央値と標本平均値　$p.44$ の 表1の試験の点数のデータから中央値を求めてみよう。データの大きさは87であるから，小さい順に並べた真ん中は44番目の値66点である。これは，標本平均値の59.98点よりも約6点高い。これは，中央値が，$p.57$ の例10で指摘した「てこの原理」の影響を受けていないことによる。$p.56$ の図5のヒストグラムと見比べると，中央値の66点は，右側の塊のほぼ真ん中を捉えているように見える。$p.58$ の例11で考えたNBA選手の年俸のデータについても中央値を求めてみよう。このデータの大きさは531であるから，小さい方から順に並べた真ん中は266番目の値3,836,895米ドルである。この値は，標本平均値の半分以下である。$p.58$ の図6を見ると，データの代表値（すなわち，真ん中）としては，中央値の方が妥当と思われる。このNBA選手の年俸のデータのように，中央値と標本平均値が大きく乖離している場合，中央値の方が代表値として妥当であることもある。データの代表値として標本平均値が広く一般的に用いられていることから，こうした場合でも，論文やレポートには標本平均値も参考として併記しておくべきである。

次のデータは，ある商品の価格をA町の5店舗，B町の6店舗で調査した結果である。　　A町　260, 280, 280, 300, 270　（円）
　　　　　　　　　　B町　280, 280, 260, 100, 280, 270　（円）
(1)　A町とB町のデータから，それぞれの中央値を求めよ。
(2)　A町とB町のデータから，それぞれの標本平均値を求めよ。
(3)　(1)と(2)で求めた中央値と標本平均値を比較し，代表値としてどちらが適していると考えられるか，自分の考えをその理由とともに述べよ。

データ 1.61, 4.12, 3.71, 2.87, 2.48, 2.13（単位は t）は，ある町の 6 月から 11 月の間にゴミ集積場に集められたペットボトルのゴミの量である。

(1) 中央値と標本平均値を求めよ。

(2) 上記の 6 個の数値のうち 1 個が誤りであることがわかった。正しい数値に基づく中央値と標本平均値は，それぞれ 2.84 t と 3.02 t であるという。誤っている数値を選び，正しい数値を求めよ。

◆ 幾何平均

標本平均値や中央値よりも使われる機会は少ないが，**幾何平均** がデータの代表値として利用されることもある。幾何平均は次のように定義できる。

定義 2-3 幾何平均

$(y_1, y_2, \cdots\cdots, y_N)$ を，大きさ N のデータとする。このデータの幾何平均は

$$\sqrt[N]{y_1 \times y_2 \times \cdots\cdots \times y_N}$$

で計算される値である。

 幾何平均の計算 データ $(3, 5, 10)$ の幾何平均は

$$\sqrt[3]{3 \times 5 \times 10} = \sqrt[3]{150} \fallingdotseq 5.31$$

のように求められる。

（Review） **N 乗根** 定義 2-3 の中の $\sqrt[N]{}$ は **N 乗根** を表す記号である。N を自然数としたとき数 a の N 乗根とは，N 乗すると a になる数を指す。すなわち $\qquad b^N = a \qquad (*)$

を満たすような数 b が a の N 乗根である。例えば

$$2^3 = 2 \times 2 \times 2 = 8$$

であるから，2 は 8 の 3 乗根である。8 の 3 乗根が 2 であることを記号を用い $\qquad \sqrt[3]{8} = 2$

と書く。

$N = 2$ のとき，2 乗根は平方根と呼ばれる。また $\sqrt[2]{}$ の左上の 2 は省略され，単に $\sqrt{}$ と表記される。

$N \geqq 2$ のとき，$(*)$ を満たすような数 b は複数存在する。ふつう，これらの中で正の実数であるもののみを N 乗根と呼ぶ。

たとえば，$b^3=8$ を満たすような数 b には上に挙げた $b=2$ 以外にも，$b=-1+\sqrt{3}\,i$，$-1-\sqrt{3}\,i$ がある。ただし $i=\sqrt{-1}$ は**虚数単位**を表す。これらの中で，正の実数である 2 のみが 8 の 3 乗根と呼ばれる。このような観点から，$a<0$ のとき，a の N 乗根は考えないことが多い。例えば，$(-2)^3=-8$ であるが，$\sqrt[3]{-8}=-2$ とは表さないことが多い。$a>0$ の N 乗根 $\sqrt[N]{a}$ を表すのに，記号 $\sqrt[N]{}$ の代わりに指数の分数が使われることがある。すなわち $a^{\frac{1}{N}}=\sqrt[N]{a}$ である。

 練習 13
幾何平均はデータに含まれる値がすべて正であるような場合にのみ代表値として利用される。
(1) データに 0 が含まれるとき，幾何平均の利用にどのような不都合があるか，幾何平均がどのように計算されるか考えて答えよ。
(2) データに負の値が含まれるとき，幾何平均の利用にどのような不都合があるか答えよ。

 例 15
幾何平均 $p.44$ の表 1 の試験の点数のデータの幾何平均の値は 0 である（練習 13 参照）。これは，データの代表値としては妥当とはいえない。$p.58$ の例 11 の NBA 選手の年俸のデータの場合，幾何平均は 4,090,657 米ドルである。この値は標本平均値の半分以下で，中央値に近い。

 練習 14
$p.59$ の練習 9 のデータについて，標本平均値，幾何平均をそれぞれ求めよ。また，すでに求めた中央値と比較し，代表値としてどれが適していると考えられるか，自分の考えをその理由とともに述べよ。

　幾何平均がデータの真ん中といえる理由は対数値を見る方法と関連付けると理解しやすい。

◆ 真ん中が代表値として妥当でない場合

　ここまでに学習してきた指標は，それぞれの意味でデータの真ん中を表す値であった。これらを代表値として利用することができる理由は，私たちがそれとなく「多くの観測値は真ん中付近に位置し，真ん中から離れると観測値も少なくなる」という仮定をおいているからであろう。実際多くのデータはそのようになっているが，そうでない場合も存在する。代表的なのが**双峰性**をもつ――ヒストグラムを見たときに山が 2 つある――データである。

例 16 **1日あたりの勉強時間** 表 5 は，23 人の学生から聞きとった，1 日あたりの勉強時間のデータである（架空の例）。このデータの標本平均値は 2.43 時間で，これを図 7 のようにヒストグラムと重ねてみると，データの真ん中としては自然である。

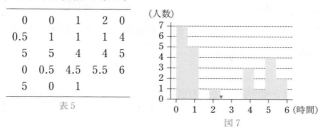

0	0	1	2	0
0.5	1	1	1	4
5	5	4	4	5
0	0.5	4.5	5.5	6
5	0	1		

表 5

図 7

しかし，真ん中付近に位置する観測値は 1 つしかなく，他の観測値は真ん中から左と右に離れたところにそれぞれ山を作っている。この例では，真ん中の位置を，データを代表する値とすることは妥当とはいえないだろう。

　双峰性は，標本の中に，異なる属性をもった 2 種類の事例が混じっている場合に見られることがある。例えば，男女が混じっている標本から身長を観察して得られたデータからは双峰性が見られるだろう。

　こうした場合，属性に関する情報が利用可能ならば，属性によって標本を 2 つに分割すると，山が 1 つである（すなわち **単峰** の）データが 2 つ得られる可能性がある。身長のデータも，男女を混ぜるのではなく，男女別の標本からデータをとれば単峰になるかもしれない。例 16 のデータも，もとになった標本を例えば，資格試験の受験を予定している学生とそうでない学生の 2 つに分割すると，単峰のデータ 2 つに分けられる可能性がある。

注意 **データの山の数** 本項では山の数が 1 つか 2 つかを問題にしてきたが，山の数は，データから客観的に決まるものというよりも，感覚的に判断されるものである。例 16 ではヒストグラムの形を見て判断をしたが，*p.* 49 のヒストグラムの項で学習したように，ヒストグラムの形状はビンの決め方によって変わるかもしれない。このように，あるデータが単峰なのか，双峰なのかを客観的に決定することは難しい。データが単峰なのか，双峰なのかの判断よりも，代表値の候補をヒストグラムと並べてみて，その値がデータを代表するものといえるかどうかを検討する方が重要であろう。

◆ 数列と和の記号Σ

　本項は高校数学で学習した数列と，和の記号Σの復習である。そのため，復習は不要と考える読者は読み飛ばしてもよい。

> **用語 2-7　数列**
> いくつかの数を一列に並べたものを**数列**という。**数列として並べた数の個数を数列の長さという**[*]。

データと数列　$p.54$ の例 8 のデータに含まれる値を並べた 3, 5, 10 は長さ 3 の数列と考えることができる。すなわち，本節で扱っているような数値データは数列として扱うことができる。

> **用語 2-8　和の記号Σ**
> 長さ N の数列 $y_1,\ y_2,\ \cdots\cdots,\ y_N$ の和 $y_1+y_2+\cdots\cdots+y_N$ を和の記号Σを使って $\displaystyle\sum_{i=1}^{N} y_i$ のように表す。

Review　**和の記号Σ**　用語 2-8 で示した記号 $\displaystyle\sum_{i=1}^{N} y_i$ は，次のような足し算の **計算手順** を表している（図 8）。

(1)　Σの下に小さく等式 $i=1$ が書かれているが，この左辺の記号 i は「何番目の数を足すのか」を指定する目的で使われる変数である。

(2)　Σの下の等式 $i=1$ の右辺の数 1 は変数 i に代入する最初の値を表す。ここでは最初に，i に 1 を代入する。

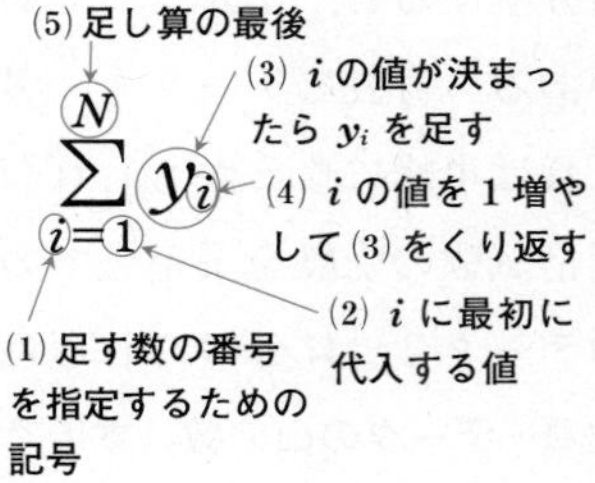

(5) 足し算の最後

(3) i の値が決まったら y_i を足す

(4) i の値を 1 増やして (3) をくり返す

(2) i に最初に代入する値

(1) 足す数の番号を指定するための記号

$$\sum_{i=1}^{N} y_i$$

図 8

---

*）数列を一般的に表すには，次のように書く。

　　　　　$a_1,\ a_2,\ a_3,\ \cdots\cdots,\ a_n,\ \cdots\cdots$

　この数列を簡単に $\{a_n\}$ と表すこともあることは，高校で学習した。

(3) i の値が決まったら，Σ の右の記号 y_i の i にそれを代入して，y_i を和に加える。最初の値が $i=1$ の場合，y_i の i に 1 を代入して，y_1 を加える。

(4) i の値を 1 増やして，(3) を行う。すなわち，i の値が 1 であったとすると，1 増やして $i=2$ として，(3) を行う。

(5) Σ の上の数 N は足し算の最後を表す。つまり，i の値が N になったら，y_N を加えて計算を終える。

用語 2-8 では総和を考えたが，総和以外にも例えば「3番目から7番目までの部分和」であれば

$$\sum_{i=3}^{7} y_i = y_3 + y_4 + y_5 + y_6 + y_7 \tag{1}$$

のように書くことができる。また，「2番目から10番目までの偶数番目の和」であれば

$$\sum_{i=1}^{5} y_{2i} = y_2 + y_4 + y_6 + y_8 + y_{10} \tag{2}$$

のように書くことができる。

和の記号 Σ　例 17 の数列 3，5，10 について考えよう。$y_1 = 3$，$y_2 = 5$，$y_3 = 10$ とすると，これらの和は

$$\sum_{i=1}^{3} y_i = y_1 + y_2 + y_3 = 3 + 5 + 10 = 18$$

のように表される。

練習 15　次の数列の和を，Σ を用いないで，各項を書き並べて書け。

(1) $\displaystyle\sum_{k=1}^{10} 3k$ 　　　(2) $\displaystyle\sum_{k=2}^{5} 2^{k+1}$ 　　　(3) $\displaystyle\sum_{i=1}^{n} \frac{1}{2i+1}$

練習 16　次の式を，和の記号 Σ を用いて書け。

(1) $1^3 + 2^3 + 3^3 + \cdots\cdots + n^3$

(2) $1 + 3 + 9 + \cdots\cdots + 3^{n-1}$

(3) $1 - 2 + 3 - \cdots\cdots + (-1)^{n-1} \cdot n$

(4) $1 \cdot 3 + 2 \cdot 4 + 3 \cdot 5 + \cdots\cdots + n(n+2)$

練習 17　数列 $y_1, y_2, \cdots\cdots, y_{99}$ について，奇数番目のみの和を，和の記号を用いて表せ。

次の 2 つの命題は和の記号が含まれる数式を操作するときによく使われる。

命題 2-1　和の記号の性質—定数倍

長さ N の数列 y_1, y_2, ……, y_N と，この数列とは無関係な定数 a がある
とする。

このとき，数列として並べた数を a 倍した

$$ay_1, \ ay_2, \ ……, \ ay_N$$

も数列である。この数列の和は和の記号を用いて　$\displaystyle\sum_{i=1}^{N} ay_i$

と書くことができ　$\displaystyle\sum_{i=1}^{N} ay_i = a \sum_{i=1}^{N} y_i$

が成り立つ。

例題 2　命題 2-1 で $N=3$，$y_1=3$，$y_2=5$，$y_3=10$，$a=2$ とする。このとき，
$\displaystyle\sum_{i=1}^{N} ay_i = a \sum_{i=1}^{N} y_i$ が成り立つことを示せ。

解答　左辺 $= \displaystyle\sum_{i=1}^{3} 2y_i = 2\times 3 + 2\times 5 + 2\times 10 = 6 + 10 + 20 = 36$

右辺 $= 2\displaystyle\sum_{i=1}^{3} y_i = 2(3+5+10) = 2\times 18 = 36$

よって　$\displaystyle\sum_{i=1}^{N} ay_i = a \sum_{i=1}^{N} y_i$

が成り立つ。

練習 18　命題 2-1 の和の記号の性質が常に成り立つことを，数列の長さに関する数学的
帰納法を用いて示せ。

命題 2-2　和の記号の性質—和

長さ N の 2 つの数列，y_1, y_2, ……, y_N と x_1, x_2, ……, x_N について，
数列として並べた最初の数同士を足した y_1+x_1，2 番目の数同士を足し
た y_2+x_2，とすると　y_1+x_1, y_2+x_2, ……, y_N+x_N

も数列である。この数列の和について　$\displaystyle\sum_{i=1}^{N} (y_i+x_i) = \sum_{i=1}^{N} y_i + \sum_{i=1}^{N} x_i$

が成り立つ。

例題 3 命題 2-2 で $N=3$, $y_1=3$, $y_2=5$, $y_3=10$, $x_1=2$, $x_2=0$, $x_3=-5$ とする。このとき，$\sum\limits_{i=1}^{N}(y_i+x_i)=\sum\limits_{i=1}^{N}y_i+\sum\limits_{i=1}^{N}x_i$ が成り立つことを示せ。

解答

$$左辺=\sum_{i=1}^{3}(y_i+x_i)=(3+2)+(5+0)+(10-5)$$
$$=5+5+5=15$$
$$右辺=\sum_{i=1}^{3}y_i+\sum_{i=1}^{3}x_i=(3+5+10)+(2+0-5)$$
$$=18-3=15$$

よって $\quad \sum\limits_{i=1}^{N}(y_i+x_i)=\sum\limits_{i=1}^{N}y_i+\sum\limits_{i=1}^{N}x_i$

が成り立つ。

練習 19 命題 2-2 の和の記号の性質が常に成り立つことを，数列の長さに関する数学的帰納法を用いて示せ。

注意 **和の記号の性質—内積** 長さ N の 2 つの数列 y_1, y_2, ……, y_N と x_1, x_2, ……, x_N について，数列として並べた数の積を並べた数列 $y_1 x_1$, $y_2 x_2$, ……, $y_N x_N$ の和である $\sum\limits_{i=1}^{N}y_i x_i$ は，これらの数列の **内積** と呼ばれる量である。

数列の定数倍や和の性質 (命題 2-1, 2-2) は常に成り立つ。

しかし，これらから類推される $\quad \sum\limits_{i=1}^{N}y_i x_i=\left(\sum\limits_{i=1}^{N}y_i\right)\left(\sum\limits_{i=1}^{N}x_i\right)$

は，ほとんどの場合成り立たない (練習 20)。

練習 20 $N=3$ としたとき，上の注意に示した和の記号の性質が成り立つような数列 (y_1, y_2, y_3), (x_1, x_2, x_3) の値の例と，成り立たないような例を 1 つずつ挙げよ。

4 数値データ―散らばりの指標

　前節の方法などを用いてデータの真ん中が把握できたとすると，次に重要となるのがデータの散らばり具合である。すなわち，データに含まれる値が真ん中付近に集中しているのか，あるいは真ん中から離れたところにも多く散らばっているのかは，真ん中がどこにあるのかの次に重要な特徴である。前節では真ん中の指標を3つ考えたが，ここでは標本平均値を真ん中の指標として考える。

◆ 偏差

　データの散らばりを考える前に，データに含まれている個々の観測値と標本平均値との関係を調べる方法を考えよう。

観測値と標本平均値との位置関係　大きさ3のデータ (3, 5, 10) が与えられたとする。p. 54 の例8で計算したように，このデータの標本平均値は6である。個々の観測値が標本平均値からどれだけ離れているのかを調べるには，両者の差を計算すればよい。観測値 3，5，10 と標本平均値との差は，それぞれ 3−6＝−3，5−6＝−1，10−6＝4 である。

これを見ると，観測値 3，5，10 が，標本平均値からそれぞれ 3，1，4 だけ離れていることがわかる。すなわち，観測値 10 が標本平均値から一番離れていて，観測値 5 が標本平均値に一番近い。

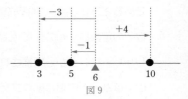
図9

また，差にマイナスの符号が付いている場合，観測値は標本平均値よりも小さく，数直線上で左側に位置していることがわかる（図9）。

　この例 19 のように，観測値と，それを含むデータの標本平均値の差は，観測値と標本平均値の数直線上での位置関係を示している。この観測値と標本平均値の差を偏差と呼び，次のように定義する。

定義 2-4　偏差
大きさNのデータ $(y_1, y_2, \cdots\cdots, y_N)$ の標本平均値が $\bar{y}$ であったとする（p. 56 の注意参照）。このとき，データに含まれている i 番目の観測値 y_i とデータの標本平均値 $\bar{y}$ との差 $y_i - \bar{y}$ を，観測値 y_i の偏差という。

例
20

偏差　例 19 で計算したのは観測値の偏差であった。すなわちデータ (3, 5, 10) について，観測値 3 の偏差は -3，観測値 5 の偏差は -1，観測値 10 の偏差は 4 である。

練習
21

(1)　大きさ 3 のデータ (5, 6, 7) の標本平均値を求めよ。

(2)　例 20 にならって，データ (5, 6, 7) に含まれる個々の観測値 5, 6, 7 の偏差をそれぞれ求めよ。

◆ 偏差とデータの散らばり

　前項で学習したように，偏差からは個々の観測値が標本平均値からどれだけ離れているのかがわかる。偏差を用いて，データの散らばり具合がわからないだろうか。

例
21

データの散らばり　データ (3, 5, 10)（この先データ 1 と呼ぶことにする）とデータ (5, 6, 7)（この先データ 2 と呼ぶことにする）を比べてみよう。どちらも大きさは 3 で，標本平均値は 6 である。数直線上にデータを示した図 10 を見ると，データ 1 の方が散らばりが大きいように見える。

このことを偏差から調べてみよう。データ 1 に含まれる観測値 3, 5, 6 の偏差は，それぞれ -3，-1，4 で，データ 2 に含まれる観測値 5, 6, 7 の偏差はそれぞれ -1, 0, 1 と計算される（例 20, 練習 21 参照）。散らばりが小さいように見えるデータ 2 では，偏差の値が 0 か 0 に近いものばかりである。

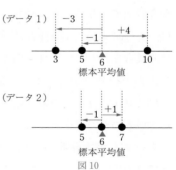

図 10

注意　**偏差と散らばりの指標**　上の例 21 で見たように，観測値が標本平均値の近くに集まっていれば，偏差は 0 に近いものばかりである。観測値が標本平均値から離れたところまで散らばっていれば，偏差には 0 から離れたものも含まれる。

　データに含まれる観測値の偏差が，おしなべて 0 からどの程度離れているのかを要約するような指標があれば，データの散らばりの指標として利用することができるだろう。

練習 22 p. 69 の注意のような発想から，データの散らばりの指標として，例えば偏差の平均値が考えられるかもしれない。すなわち，例21のデータ1の場合，含まれる観測値の偏差 -3，-1，4 の平均値 $\dfrac{(-3)+(-1)+4}{3}$ を計算して，それをデータ1の散らばりの指標とすることである。しかしこの考えはうまくいかないことが知られている。次の問いに答えよ。

(1) 上の式を計算して，データ1の偏差の平均値を求めよ。

(2) 同じようにして，データ2の偏差の平均値を求めよ。

(3) データ1と2の偏差の平均値を比較し，偏差の平均値が散らばりの指標として有用でない理由を述べよ。

◆ 標本分散

　大きさ N のデータ $(y_1, y_2, \cdots\cdots, y_N)$ の標本平均値を $\bar{y}$ としよう。このとき，データに含まれる観測値 y_1, y_2, $\cdots\cdots$, y_N の偏差を書き並べると

$$y_1 - \bar{y}, \quad y_2 - \bar{y}, \quad \cdots\cdots, \quad y_N - \bar{y}$$

である。

　この中から i 番目の偏差 $y_i - \bar{y}$ に注目しよう。p. 68 の偏差の項で学習したように，偏差の符号は，観測値 y_i が標本平均値 $\bar{y}$ の左側にあるのか右側にあるのかを教えてくれる。すなわち，$y_i - \bar{y} < 0$ ならば観測値 y_i は数直線上で $\bar{y}$ の左側に，$y_i - \bar{y} > 0$ ならば右側に位置していることがわかる。しかし，データの散らばり具合を知りたい場合，個々の観測値が標本平均値の左側にあるのか右側にあるのかの情報は余計である。偏差を $(y_1 - \bar{y})^2$, $(y_2 - \bar{y})^2$, $\cdots\cdots$, $(y_N - \bar{y})^2$ のように2乗すれば符号を取り除くことができ，観測値が標本平均値からどれだけ離れているのかだけがわかる。

　データの **標本分散** は，偏差を2乗することでその符号を取り除き，データ全体でその平均をとった値である。

> **定義 2-5　標本分散**
> 大きさ N のデータ $(y_1, y_2, \cdots\cdots, y_N)$ の標本平均値を $\bar{y}$ とする。データに含まれる観測値の偏差の2乗の平均値
> $$\frac{1}{N}\sum_{i=1}^{N}(y_i - \bar{y})^2$$
> をそのデータの標本分散という。

標本分散は，データの散らばりの指標の中で最もよく用いられるものである。

注意 **標本分散の記号** 大きさNのデータ $(y_1,\ y_2,\ \cdots\cdots,\ y_N)$ の標本分散を記号 $s_y{}^2$ で
表すことがある。
すなわち

$$s_y{}^2 = \frac{1}{N} \sum_{i=1}^{N} (y_i - \overline{y})^2$$

である。
ただし，$\overline{y}$ は標本平均値を表す。
記号 $s_y{}^2$ の右上には2乗を表す2が付いているが，これは標本分散が，2乗した
値の和であることを表している。

例 22 **標本分散** $p.69$ の例21のデータ1 $(3,\ 5,\ 10)$ の標本分散は次のように
計算される。まず，観測値の偏差がそれぞれ -3，-1，4 なので，その
2乗はそれぞれ 9，1，16 であるから，平均値は

$$\frac{9+1+16}{3} = \frac{26}{3} = 8.67$$

である。
これがデータ1の標本分散の値である。

練習 23 例22にならって，$p.69$ の例21のデータ2 $(5,\ 6,\ 7)$ の標本分散の値を求めよ。
また，この値を，例22で求めたデータ1の標本分散の値と比べよ。

練習 24 次のデータは，ある6人について，懸垂が何回できたかを記録したものである。
   14，11，10，18，16，9 （単位は回）
(1) このデータの標本平均値を求めよ。
(2) このデータには記録ミスがあり，18回は正しくは17回，9回は正しくは
   10回であった。この誤りを修正したとき，このデータの標本平均値，分散
   は，修正前から増加するのか，減少するか，変化しないかを答えよ。
(3) (2)の修正後，他の1人の生徒について同じように懸垂の記録を取ったと
   ころ，13回であった。この生徒を加えた7人のデータの分散は，加える前
   と比較して増加するか，減少するか，変化しないかを答えよ。

例 23 **試験の点数—標本分散** $p.44$ の表 1 のデータから標本分散を計算してみよう。$p.56$ の例 9 で求めたように標本平均値は 59.98 点である。これにより観測値の偏差は

$$0 - 59.98 = -59.98$$
$$0 - 59.98 = -59.98$$
$$\vdots$$
$$60 - 59.98 = 0.02$$

のように求められる（ここでは有効数字を小数点以下 2 桁で表示してある）。偏差の 2 乗は

$$(-59.98)^2 = 3597.24$$
$$(-59.98)^2 = 3597.24$$
$$\vdots$$
$$0.02^2 = 0.00$$

のように計算されるので，この平均値は

$$\frac{3597.24 + 3597.24 + \cdots\cdots + 0.00}{87} = 627.24$$

のように求められる。

この値 627.24 がこのデータの標本分散である。

なお，$p.71$ の例 22 で扱った程度の大きさのデータであれば紙とペンで計算を行うことが可能だが，普通は計算パッケージなどを使って計算を行う。

$p.70$ の定義 2-5 から標本分散がもつ次の性質は明らかである。

命題 2-3 **標本分散の非負性**
　標本分散の値は，0 か正で，負にはならない。

注意 **非負性** 負でない，という性質を **非負性** という。

練習 25 　命題 2-3 で示したように，標本分散の値が負になることはないが，0 になることはありうる。標本分散が 0 になるのは，データがどのような特徴をもつときか答えよ。また，標本分散が 0 であるようなデータの例を示せ。

注意　標本分散と分散の不偏推定値　定義 2-5 では，偏差の 2 乗の和を標本の大きさ N で割ったものを標本分散としている。統計に関する書籍や，統計のパッケージでは N でなく $N-1$ で割った

$$\frac{1}{N-1} \sum_{i=1}^{N} (y_i - \overline{y})^2$$

が用いられることもある。これは **分散の不偏推定値** と呼ばれるものである。分散の不偏推定値は，第 4 章で確認するように，標本分散と深い関係をもつものの，別のものである。ただし，標本の大きさ N が（数十など）十分に大きければ両者の差は問題にならないことが多い。

◆ 標本標準偏差

$p.71$ の練習 23 で行ったように，標本分散を使うと，2 つのデータの散らばり具合を比べることができる。しかし，標本分散には使い勝手が悪いところもある。標本分散は，観測値やその偏差など，これまでに確認してきた量と比べることができない。

例えば，例 23 では点数のデータの標本分散を計算したところ 627.24 となった。しかし，この値を例えば 1 番目の観測値 0 点やその偏差 -59.98 点と比べることはできない。

これは，標本分散の計算に，観測値の 2 乗が含まれていることによる。観測値が点数であった場合，その 2 乗は点数の 2 乗の単位をもつ。これらは，単位が異なるため比べることができない。長さと面積を比べることができないのと同じである。やや強引ではあるが，標本分散の平方根をとれば，もとの量と同じ単位をもった量が得られる。

定義 2-6　標本標準偏差

標本分散の平方根を標本標準偏差という。大きさ N のデータ
$(y_1, y_2, \cdots\cdots, y_N)$ の標本平均値を $\overline{y}$ とすると，そのデータの標本標準偏差は

$$\sqrt{\frac{1}{N} \sum_{i=1}^{N} (y_i - \overline{y})^2}$$

で計算される。

標本標準偏差は，データの散らばりの指標として，標本分散とともによく使われるものである。

注意　**標本標準偏差の記号**　$p.71$ の注意（標本分散の記号）で示したように，データ $(y_1,\ y_2,\ \cdots\cdots,\ y_N)$ の標本分散を記号 $s_y{}^2$ で表すことがある。ここから類推できるように，このデータの標本標準偏差を s_y と表すことがある。

例 24　**標本標準偏差**　$p.71$ の例 22 で計算したように，データ 1（3, 5, 10）の標本分散は $\dfrac{26}{3}=8.67$ であった。

このデータの標本標準偏差は，標本分散の平方根

$$\sqrt{\dfrac{26}{3}}=2.94$$

で与えられる。

練習 26　データ（5, 6, 7）の標本標準偏差を計算せよ。ただし，$\sqrt{2}=1.41$，$\sqrt{3}=1.73$ とする。

練習 27　右の表は，ある製品を成型できる 2 台の工作機械 X，Y の 1 時間あたりのそれぞれの不良品の数 x，y を 5 時間にわたって調べたものである。（単位は個）

x	5	4	8	12	6
y	6	9	8	5	7

(1) x，y のデータの標本平均値，標本分散，標本標準偏差をそれぞれ求めよ。ただし，小数第 2 位を四捨五入せよ。

(2) x，y のデータについて，標本標準偏差によってデータの本平均値からの散らばりの度合いを比較せよ。

注意　**データの標本標準偏差と観測値**　$p.54$ の標本平均値の項で述べたように，標本平均値はデータを代表する値として使われることが多い。しかし実際のデータを見ると，標本平均値にピッタリ一致する観測値はむしろ例外的で，ほとんどの観測値は標本平均値から多少離れているだろう。目安としては，次のように考えることができる。すなわち，データに含まれる観測値はおしなべて標本平均値から，標本標準偏差程度離れている，と考えることができる。

試験の点数—標本標準偏差　$p.44$ の表1のデータの標本標準偏差を計算してみよう。例23で計算したように，このデータの標本分散は 627.24 であったので，標本標準偏差は $\sqrt{627.24}=25.04$ である。

$p.56$ の例9で計算したように，このデータの標本平均値は 59.98 点であった。すなわち，このデータに含まれる観測値は，標本平均値の 59.98 点から，おしなべて 25.04 点程度離れているといえる。別の言い方をすると，点数の低い方では $59.98-25.04=34.94$ 点程度から，高い方では $59.98+25.04=85.02$ 点程度までの範囲に入る観測値は「普通」といえる。

$p.56$ の図5には，ヒストグラム，標本平均値とともにこれらの値も示してある。

Column
コラム
偏差値

観測値の偏差と標本標準偏差を比較することで，その観測値の，データの中での位置の目安を得ることができる。例えば，ある観測値の偏差が標本標準偏差よりも大きいとすると，その観測値の平均からの乖離は「データの中で普通といえる範囲よりも大きい」といえるだろう。

このように標本標準偏差を物差しとして，観測値の偏差を評価する指標が**偏差値**といわれるものである。

偏差値は

$$偏差値 = \frac{偏差}{標本標準偏差} \times 10 + 50$$

という式で計算される。$p.68$ の定義2-4より　偏差＝観測値－標本平均値　であるから

$$偏差値 = \frac{観測値 - 標本平均値}{標本標準偏差} \times 10 + 50$$

と書くことができる。

観測値が標本平均にピッタリ一致すると偏差値は 50 になり，観測値が標本平均よりもちょうど標本標準偏差分だけ大きければ偏差値は 60 になる。

練習
28

$p.44$ の表1のデータの1番目の観測値は0である。この偏差と偏差値を求めよ。ただし，標本平均値と標本標準偏差の値はそれぞれ例9と例25で求めた値を利用してもよい。

また，このデータの3番目の観測値 100 の偏差と偏差値を同じように求めよ。

注意 **標本標準偏差の非負性** 標本標準偏差は非負である。$p.72$ の命題 2-3 で示したように，標本分散が非負であるから，その平方根である標本標準偏差が虚数や複素数になってしまう心配はない。また，平方根は非負である（$p.61$ の Review 参照）。

練習 29 標本標準偏差が 0 になるのは，データにどのような特徴がある場合か考察せよ。また，そうなるデータの例を示せ。

注意 **平均絶対偏差** $p.70$ の標本分散の項では，2 乗することで偏差の符号を取り除いたが，絶対値の性質により符号を取り除く方法もある。大きさ N のデータ $(y_1, y_2, \cdots\cdots, y_N)$ の偏差の絶対値の平均値

$$\frac{1}{N} \sum_{i=1}^{N} |y_i - \bar{y}|$$

は **平均絶対偏差** と呼ばれ，データの散らばりの指標として使われることがある。ただし，$\bar{y}$ はこのデータの標本平均値である。

平均絶対偏差には 2 乗など，単位が変わってしまうような操作が計算に含まれていないので，偏差や標本標準偏差などの量と同じ単位をもつ。

練習 30 データ 1 $(3, 5, 10)$ の平均絶対偏差を計算せよ。また，この値を比べる意味があるのは，分散と標準偏差のどちらか。理由とともに述べよ。

◆ 最大値と最小値

データに含まれる観測値のうちで，最も大きいものの値と最も小さいものの値も，データの散らばりを示す特徴といえる。

> **定義 2-7 最大値と最小値**
> データに含まれる観測値のうち最も大きいものの値をそのデータの最大値という。
> また，最も小さいものの値をそのデータの最小値という。

これらは，意味もわかりやすく，また計算パッケージを使えば求めやすいこともあり，データの特徴を報告する際には参考値として記載されることが多い。

練習 31 $p.44$ の表 1 のデータの最大値と最小値を求めよ。また，$p.44$ の表 2 のデータの最大値，最小値とそれぞれ比較して，差異が現れているか考えよ。

5 数値データ─対数値を見る

　ここまででは，得られた数値データ（観測値）をそのまま観察する方法を学習してきた。しかし，データに含まれる観測値の対数値を計算し，それに対して記述統計の方法を使うと，違った特徴が捉えられることがある。

　対数値以外にも値の見方を変える方法にはさまざまなものがあるが，対数値を観察する方法が最もよく使われる。

◆ 観測値の対数値

　データによっては，観測値をそのまま観察するよりも，その対数値を観察した方が特徴を捉えやすいことがある。

> **手順　対数値の観察**
> 大きさNのデータ $(y_1,\ y_2,\ \cdots\cdots,\ y_N)$ に含まれている観測値
> $y_1,\ y_2,\ \cdots\cdots,\ y_N$ のすべてが正であったとしよう。
> このとき，これらの観測値の対数値を $\log_{10} y_1,\ \log_{10} y_2,\ \cdots\cdots,\ \log_{10} y_N$ のように計算して，それを並べたデータ
> $$(\log_{10} y_1,\ \log_{10} y_2,\ \cdots\cdots,\ \log_{10} y_N)$$
> を新たに作ることができる。対数の底は，10 がよいであろう（*p.* 79 以降参照）。このようにして作ったデータに対してこれまでに確認してきた記述統計の方法を当てはめることができる。

　データが次のようなものであるならば，対数値も観察してみるとよい（*p.* 59 の注意参照）。
- すべての観測値が正である。
- ヒストグラムを見ると 0 付近に高い山がある。
- 右側に長い裾を引いている。

データがこのような特徴をもつ場合，対数値を観察することで，0 付近に集中している観測値の様子を，より細かく観察することができる。

NBA 選手の年俸—対数値 図 11 は，$p.58$ の例 11 で扱った NBA 選手の年俸データの対数値のヒストグラムである。ただし，底は 10 とした。

これを見ると，ほとんどの観測値が，およそ 6.2 から 7.8 の範囲におさまっていることがわかる。対数値で 6.2 というのは，もとの単位では $10^{6.2}=1{,}584{,}000$ 米ドルに相当するので，多くの NBA 選手がおよそ 1,600,000 米ドル以上の年俸を受け取っていることになる。また，対数値で 5.7 あたり，

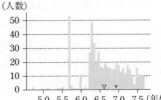

図 11　▽は対数値の平均値 (6.60)。▼は例 11 で計算した標本平均値の対数値 (6.92)。

すなわちもとの単位で 500,000 米ドルあたりに高い山があることも特徴といえる。

これらの特徴を，例 11 のようにもとの観測値をそのまま観察することで見付け出すことは難しかっただろう。

対数値の平均値と幾何平均 大きさ N のデータ $(y_1,\ y_2,\ \cdots\cdots,\ y_N)$ に含まれている観測値の対数値 $\log_{10} y_1,\ \log_{10} y_2,\ \cdots\cdots,\ \log_{10} y_N$ の平均値を

$$\overline{\log_{10} y}=\frac{1}{N}\sum_{i=1}^{N}\log_{10} y_i$$

としよう。対数値の和は，もとの観測値の積の対数値と等しいので（$p.81$ の練習 32 (3) 参照）

$$\overline{\log_{10} y}=\frac{1}{N}\log_{10}(y_1\times y_2\times\cdots\cdots\times y_N)$$

と変形できる。練習 32 (4) の結果を使うと

$$\overline{\log_{10} y}=\log_{10}(y_1\times y_2\times\cdots\cdots\times y_N)^{\frac{1}{N}}$$
$$=\log_{10}\sqrt[N]{y_1\times y_2\times\cdots\cdots\times y_N}$$

が得られる。すなわち，対数値の平均値 $\overline{\log_{10} y}$ は，観測値の **幾何平均** の対数値である。

したがって　$\sqrt[N]{y_1\times y_2\times\cdots\cdots\times y_N}=10^{\overline{\log_{10} y}}$

である。

対数値の平均値 図 11 の▽は，対数値の平均の位置 6.60 を示している。$10^{6.60}=4090000$ はもとの観測値の **幾何平均** である。

◆対数

本項は高校数学で学んだ対数の復習である。そのため，復習は不要と考える読者は読み飛ばしてもよい。

> **用語 2-9　対数**
>
> 実数 a, b, c が　　$a^b = c$ ……（*）
>
> を満たすとき，b を c の対数値という。また，a は底と呼ばれる。実数 b が，底を a とした c の対数であることを，記号 $\log$ を使って
>
> $$b = \log_a c \ \cdots\cdots (**)$$
>
> と書く[1]。

対数　$2^3 = 8$ であるから，3 は，底を 2 としたときの 8 の対数値である。この式の両辺の底を 2 とする対数をとると　　$3 = \log_2 8$

が得られる。

注意　**対数値を考える場合**　ふつう対数値を考えるのは，用語 2-9 の（*），（**）において $1 < a$ かつ $0 < c$ の場合のみである。このとき，（*）を満たすような実数 b の値は必ず存在し，かつ，ただ 1 つしか存在しない。すなわち，$\log_a c$ の値は必ずただ 1 つに定まる。

用語 2-9 で示した底 a には，1 以外の好きな正の実数を選ぶことができるが，2，e，10 などが使われることが多い。特に，底が e の対数は **自然対数** と呼ばれ，数学や物理学ではこれが使われることが多い（$p.80$ の Review 参照）。

1）実数 c から $\log_a c$ を計算することを，c の **対数をとる** ということがある。

10 を底とする対数を **常用対数** という。記述統計に使う目的では，底 10 が適当だろう。なぜならば，対数値からもとの観測値を見積りやすいからである。

例えば，底を 10 として，ある観測値の対数値が 3.5 であるとき観測値は

$$10^{3.5} = 10^3 \times 10^{0.5} = 1000 \times 10^{0.5}$$

である。

ここで，$10^{0.5}$ は $1 = 10^0 < 10^{0.5}$ であるから 1 よりも大きく，$10^{0.5} < 10^1 = 10$ であるから 10 よりも小さい数である。したがって，対数値の 3.5 の整数部分 3 から，ただちにもとの観測値が 4 桁の数であることがわかる。

また，底を 10 とすると，対数値が 1 大きくなることは，もとの観測値が 10 倍になることに相当する。例えば，2 つの観測値の対数値がそれぞれ 3.5 と 4.5 であるとする。もとの観測値はそれぞれ $10^{3.5}$ と $10^{4.5}$ であるから，これらの比は

$$\frac{10^{4.5}}{10^{3.5}} = \frac{10000 \times 10^{0.5}}{1000 \times 10^{0.5}} = 10$$

と計算される。すなわち，対数値が 4.5 である観測値は，3.5 である観測値の 10 倍であることがわかる。これらのことは，10 進法を使う私たちにとって，データを直感的に理解するために有用といえる。

Review **自然対数の底** 記号 e は **自然対数の底** と呼ばれる実数を表す。これは記号で表されるが変数ではない（p. 13 の注意参照）。その値が

$$e = \lim_{n \to \infty} \left(1 + \frac{1}{n}\right)^n$$

で与えられる無理数で，およその値は 2.72 である（$\lim_{n \to \infty}$ は，自然数 n を無限大に近づけたときの極限を表す記号である）。

数学的な性質の良さから e は数学の分野などで対数や指数の底としてよく使われる。e を底とする対数を表すとき，底を省略して log と書かれたり，記号 ln が使われることもある。すなわち，x が正の実数のとき　　$\log x = \ln x = \log_e x$

である。また，x が実数であるとき，e を底とする指数を表すのに記号 exp を用いて　　$e^x = \exp(x)$

と書く。

a を正の実数とする。

(1) $a^1=a$ は常に成り立つ。このことを利用して，$\log_a a=1$ を証明せよ。

(2) $1<a$ とする。実数 b_1 と b_2 に対し，$0<a^{b_1}<a^{b_2}$ であるとき，$b_1<b_2$ は常に成り立つ。このことを利用して，$1<a$，$0<c_1<c_2$ であるとき，$\log_a c_1<\log_a c_2$ であることを証明せよ。

解答 (1) 条件である $a^1=a$ を p.79 の用語 2-9 の（*）に当てはめると，$b=1$，$c=a$ である。これをそのまま（**）に代入すれば，$\log_a a=1$ が得られる。 ■

(2) p.79 の注意より，$0<c_1$ のとき $c_1=a^{b_1}$ を満たすような実数 b_1 がただ 1 つ存在し，$b_1=\log_a c_1$ と書くことができる。

c_2 についても同じように，$0<c_2$ のとき $c_2=a^{b_2}$ を満たすような実数 b_2 がただ 1 つ存在し，$b_2=\log_a c_2$ と書くことができる。

ここで，$0<c_1<c_2$ であるから，$0<a^{b_1}<a^{b_2}$ である。したがって，与えられた条件より $b_1<b_2$ は常に成り立ち，$\log_a c_1<\log_a c_2$ である。 ■

a，b，c，d を実数とし，$1<a$，$0<c$ とする。

(1) 用語 2-9 の（*）と（**）について，$c=1$ の場合，$\log_a 1=0$ を証明せよ。

(2) $b=\log_a c$ とおいたとき，b がどのような式を満たす数かを考え，$a^{\log_a c}=c$ であることを証明せよ。

(3) 実数 b_1，b_2 に対して $a^{b_1}a^{b_2}=a^{b_1+b_2}$ は常に成り立つ。$c_1=a^{b_1}$，$c_2=a^{b_2}$ とおいて，このことと (2) の結果などを用いて，$\log_a c_1 c_2=\log_a c_1+\log_a c_2$ を証明せよ。

(4) 実数 d に対して $(a^b)^d=a^{bd}$ は常に成り立つ。$c=a^b$，すなわち $b=\log_a c$ とおいて，このことと (2) の結果などを用いて，$\log_a c^d=d\log_a c$ を証明せよ。

6 2つの数値データの比較

　ここまでで学習してきた記述統計の方法は，2つの数値データの比較に利用できる。

　ここでは，$p.44$ の表1と表2の2つのデータを例に，どのような違いが見付けられるかを考えよう。

◆ データの比較

　ここでは，$p.44$ の表1と表2のデータを例1の観点から比較してみる。

　この先，

データP：昨年，対面形式で行われた科目Bの受講生全員の点数を記録したもの (1)。

データR：今年，リモート形式で行われた科目Bの受講生全員の点数を記録したもの (2)。

とする。

　これらのデータを比較して，講義形式による学習効果の違いについて $p.8$ の例2の仮説を実証するエビデンスが得られるかを考えてみよう。

◆ 標準的な記述統計の方法

　2つのデータを比較するときにまず思い付くのは，それぞれの標本平均値を比較することであろう。$p.56$ の例9で求めたように，データPの標本平均値は59.98点であった。同じようにデータRの標本平均値を求めると，66.15点となる。標本平均値を比べると，データR——すなわち，リモート形式の講義——の方が高いことがわかる。

　私たちが学習効果と呼ぶものが，点数の標本平均値に現れるものとすると，上のことはリモート形式の方が学習効果が高い，という仮説を支持するエビデンスといえる。

　しかしここでは，もう少し慎重に検討をしてみよう。

　次ページの表6は2つのデータPとRの記述統計の方法によって得られた量（記述統計量）を比較したものである。

これを見ると，前ペー
ジで検討した標本平均値
だけでなく中央値もデー
タRの方が大きいことが
わかる。また，標本標準
偏差は2つのデータであ
まり大きく異ならないこ
とも読み取れる。

	データP（対面）	データR（リモート）
大きさ	87	110
標本平均値	59.98	66.15
中央値	66	72
標本標準偏差	25.04	26.57
最小値	0	0
最大値	100	100

表6

　図12はデータPとデータR
のヒストグラムを比較のために
並べたものである（上のグラフ
は $p.56$ の図5と同じもの）。
これを見ると2つのデータの分
布が大きく異なっていることが
わかる。データPについては，
すでに把握したように60から
80点あたりにデータの集中が
見られるが，データRではその
ようなデータの集中はなく，50

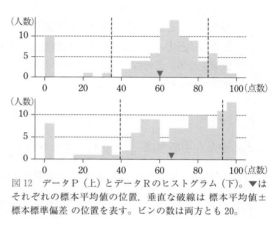

図12　データP（上）とデータRのヒストグラム（下）。▼は
それぞれの標本平均値の位置，垂直な破線は 標本平均値±
標本標準偏差 の位置を表す。ビンの数は両方とも20。

から100点までデータが同じように分布している様子が見られる。

　分布の様子が大きく違うことは，2つのデータの間に，標本平均値や標本標準
偏差などでは捉えきれないような違いがあることを意味している。

◆ Ad hoc な方法

　前項では，標準的な記述統計の方法を使った。$p.44$ からの ① 節（記述統計の
利用）でも触れたが，データや状況に応じて新しい記述統計の方法を考えること
もできる。データや状況に応じて考えるような方法を **ad hoc な方法** と呼ぶこ
とにしよう。Ad hoc な方法を考えるときには，統計学の知識だけでなく，扱っ
ている分野に関する知識や一般常識，そもそもの調査の目的など，統計学以外の
知識も重要になる。

中断率と継続率

p. 83 の図 12 を見ると，5 点以下のビンへの集中が両方のデータに見られる。*p.* 49 の例 6 で指摘したように，これは履修登録したものの実質的にほとんど受講しなかったり，途中で受講しなくなったような受講生の存在を示唆している。

ここでは，5 点以下の受講生の割合を **中断率**，6 点以上の受講生の割合を **継続率** として，それぞれ定義して比べてみよう。

> **注意** **点数と継続状況** いうまでもないが，本当に，5 点以下の受講生の全員が受講を中断し，6 点以上の受講生の全員が最後まで受講を継続したのかは不明である。受講の中断や継続を判断するには，出席状況を観察したり，個々の受講生に直接聞き取るなど追加的な情報が必要になる。
>
> ただし，どのような事情によるものであっても，5 点以下など極端に低い成績の受講生が多いことは，大きな特徴であり，これに注目した指標を考えることには意味があるだろう。

p. 44 の表 1 のデータ P を見ると，受講生 87 人中，5 点以下の受講生は 10 人であるから，中断率は $\frac{10}{87} = 0.11$，すなわち 11 % と計算される。

表 2 のデータ R についても同様に，受講生 110 人中，5 点以下の受講生は 8 人であるから，中断率は $\frac{8}{110} = 0.07$，すなわち 7 % である。これらを比較すると，データ R——すなわち，リモート形式の講義の受講者——の方が中断率が若干低いといえる。同じことを継続率でいうと，リモート形式の講義の受講者の方が継続率が高い。

単位認定率

この科目では，試験の点数が 40 点以上で単位が認定されるものとしよう。どれだけの割合の受講生が単位認定を受けられたのかも重要な指標だろう。

データ P を見ると，受講生 87 人中，試験の点数が 40 点以上の受講生は 75 人であるから，単位認定率は $\frac{75}{87} = 0.86$，すなわち 86 % である。

データRについても同様に，受講生 110 人中，試験の点数が 40 点以上の受講生は 95 人であるから単位認定率は 95/110＝0.86，すなわち 86 ％である。これらを比べると，受講生全体から見た単位認定率はほぼ同じといえる。

すでに考えたように，受講生の一部は受講を中断した可能性がある。こうした受講生は，受講を継続した受講生と分けて考える必要があるかもしれない。

5 点以下の受講生を除いた上で単位認定率を計算してみよう。データPについては，5 点以下の受講生 10 人を除いた受講生の数は 87－10＝77 人である。p.84 の注意で考えたような問題はあるものの，この 77 人を継続した受講生と呼ぶことにしよう。継続した受講生から見た単位認定率は 75/77＝0.97，すなわち 97 ％である。継続した受講生のうち単位が認定されなかったものの割合は 3 ％であることがわかる。

データRについても同じように考えてみよう。5 点以下の受講生は 110 人中 8 人であるから，これを除いた受講生の数は 110－8＝102 人である。この 102 人を継続した受講生と呼ぶことにしよう。継続した受講生から見た単位認定率は 95/102＝0.93，すなわち 93 ％である。継続した受講生のうち単位が認定されなかったものの割合は 7 ％であることがわかる。継続した受講生だけに注目して，他の記述統計量も見てみよう（表 7）。

これを見ると，継続者に限って見た場合でも，標本平均値，標本中央値ともにデータRのものの方が大きいことがわかる。標本標準偏差を比べると，これもデータRのものの方が大きい。すなわち，データPの方が，データが標本平均値近くに集中している度合が高いことがわかる。このことは，p.83 の図 12 からも読み取ることができる。

	データP （対面）	データR （リモート）
継続者数	77	102
継続率	89 ％	93 ％
単位認定率（全体）	86 ％	86 ％
単位認定率（継続者のみ）	97 ％	93 ％
継続者標本平均値	67.65	71.25
継続者中央値	67	75
継続者標本標準偏差	14.01	20.13

表 7　継続者の記述統計量。点数が 6 点以上の受講生を「継続者」として扱っており，必ずしも受講状況を表していない（p.84 の注意参照）。

◆ 報告例

ここまで，*p*. 44 の表1，表2のデータを比較してわかったことをもとに報告をする例を考えてみよう。

注意 **報告の内容** 報告の内容は，次の3種類に限定するとよい。

事実とその根拠 事実を書く際には，できるだけ読者がそれを確かめられるような根拠をあわせて示す。実験など，直接観察した事実であれば，観察の詳細の説明が根拠となる。自分では直接観察していない事実に言及する場合，その事実に言及している文献や報道などが根拠になる。

用語や表現の説明・定義 一般的でない用語や表現は，必ず定義・説明をした後に使う。

筆者の意見 *p*. 7 の第0章 ② 節の仮説や，分析，解釈，善し悪しの評価などが含まれる。断定的な表現を使わず，意見であることがわかるように，「…といえる」「…と考えられる」などの表現を使う。

特に，事実と，筆者の意見は，はっきりと区別できるよう記述する必要がある。

以下のように報告することができる。

試験の点数—報告 本学部で開講している科目Bは，20XX 年度は対面形式で講義が行われ，その翌年度はリモート形式で講義が行われた（対面・リモートそれぞれの形式の詳細については，各年度のシラバスを参照）。この科目の，20XX 年度の対面形式の全受講生の試験の点数を記録したもの（*p*. 44 の表1，以下データPとする）と，翌年のリモート形式の全受講生の試験の点数を記録したもの（表2，以下データRとする）の記述統計量の比較を報告する。

p. 83 の表6は，主な記述統計量の比較である。これを見ると，データRの標本平均値の方がデータPのものよりも6点程度高いことがわかる。このことは，リモート形式の講義の方が高い学習効果をもっている可能性をうかがわせる。標本標準偏差を比較すると，データPの方が小さいが，その差はわずかである。

p. 83 の図12は両方のデータのヒストグラムの比較である。これを見ると，両方のデータについて，5点以下のビンにデータの集中が見られる。その割合は，データPで 11 %，データRで 7 % である。5点以下のビン

へのデータの集中の理由としては，履修登録をしたものの実質的に履修しなかったり，途中で受講を断念した受講生が一定数いた可能性が考えられる。

リモート形式の講義の方がこうした受講生の割合は小さい。

また，これらのヒストグラムでは，6点以上の受講生の分布の様子が2つのデータで大きく違うように見える。ここでは便宜的に6点以上の受講生は，講義を最後まで受講を継続したものとみなし，「継続した受講生」と呼ぶことにする。継続した受講生に注目した記述統計量を比較すると $p.\,85$ の表7の通りである。ここでも標本平均値はデータRの方が大きく，リモート形式の方が学習効果が高い可能性がうかがえる。ただし，継続した受講生の標本標準偏差を比較するとデータRのものの方が大きく，リモート形式の方が点数の散らばりが大きいことがわかる。特に，リモート形式では継続した受講生のうち単位取得に至っていない受講生の割合が7％であり，これは対面形式の3％の倍以上の水準である。このことは，講義についてこられている受講生とそうでない受講生の差が，リモート形式では大きい可能性を示唆している。

以上より，いわゆる学習効果を試験の点数の標本平均値で測るとすれば，リモート形式の講義の方が高い学習効果をもつといえる。その一方で，リモート形式の講義は点数の散らばりが対面形式のものよりも大きく，単位取得に至らない受講生の割合も大きい。すなわち，リモート形式の講義は，ついてこられていない受講生を多く生む可能性があり，こうした受講生への対応が必要であるといえる。講義形式にかかわらず履修登録をしたものの実質的に受講していない学生が1割程度いる可能性がある。これらの学生に対する対応としては，受講するかどうかを適切に判断できるよう，シラバスの記述を改善するなどの対策が考えられる。

 練習 33　例29の報告には23個の文が含まれている。これらを1）事実とその根拠，2）用語や表現の説明・定義，3）筆者の意見に分類せよ。

7   2変量の数値データ—分布を知る

ここまででは，クロスセクショナルなデータから1つの数値項目を取り出したものを扱ってきた。本節では，数値項目を2つ取り出して作ったデータを考えよう。

◆ 2変量の数値データ

本節では2変量の数値データを扱う。

> **用語 2-10　2変量の数値データ**
> 1つのクロスセクショナルなデータから2つの数値項目を取り出して作ったデータを2変量の数値データという。

例 30　**2変量の数値データ**　表8は，昨年対面形式で講義が行われた科目Bの受講生のデータから，講義の出席率(%)と試験の点数を取り出して並べたものである（架空の例，*p*.27 の表1参照）。これは，2変量の数値データの例である。

No.	出席率	点数	No.	出席率	点数	No.	出席率	点数
1	0	0	31	100	83	61	100	83
2	7	0	32	100	64	62	100	85
3	87	100	33	100	66	63	100	55
4	100	79	34	100	85	64	0	56
5	0	4	35	53	64	65	60	67
6	33	0	36	93	88	66	100	43
7	47	48	37	100	79	67	93	57
8	40	0	38	93	68	68	100	67
9	80	73	39	93	87	69	100	57
10	80	49	40	87	60	70	93	52

11	100	72	41	100	80	71	87	68
12	100	47	42	100	43	72	87	62
13	67	73	43	100	79	73	100	56
14	73	74	44	100	62	74	100	72
15	100	67	45	87	77	75	100	67
16	87	0	46	67	77	76	93	73
17	93	68	47	100	78	77	100	55
18	100	65	48	100	92	78	80	67
19	33	91	49	20	23	79	100	67
20	100	52	50	7	0	80	100	45

21	100	63	51	7	4	81	67	65
22	87	64	52	40	34	82	47	54
23	87	75	53	100	88	83	100	72
24	93	63	54	100	68	84	93	79
25	100	60	55	100	72	85	100	65
26	100	64	56	93	52	86	67	62
27	100	91	57	67	87	87	60	60
28	0	1	58	93	76			
29	93	73	59	100	0			
30	100	71	60	100	84			

表8

練習 34　$p.82$ の $\boxed{6}$ 節（2つの数値データの比較）では2つの数値データを比較したが，2つの数値データと，本節で扱う2変量の数値データは互いに異なるものである。どのように異なるのか説明せよ。

注意　**変量**　事例それぞれで異なる値をとりうるような量を **変量** と呼ぶことがある。例30の，講義の出席率と試験の点数は，両方とも受講生によって異なる値をとりうるので，それぞれ変量と呼ぶことができる。これらを並べたデータは，2つの変量をもつので，**2変量の数値データ**と呼ぶことができる。$p.46$ の $\boxed{2}$ 節（数値データ——分布を知る）以降扱ってきた数値データは **1変量の数値データ** と呼ぶことができる。

2変量の数値データと観測値　2変量の数値データは，*p.* 89 の表 8 のように 2
つの数値項目を並べた表の形で表すことができる。2変量の数値データを扱うと
き，私たちはそこに含まれる 2 つの変量をバラバラに扱うのでなく，2 つの変量
の組合せに注目することが多い。例えば，表 8 からは，3 番目の受講生の出席率
が 87 ％ で点数が 100 点であることがわかる。ここでは，これらの数をバラバラ
に扱うのではなく，出席率と点数の (87, 100) という組合せに何か意味があるか
どうかに注目する。本書では，(87, 100) など値の組合せを **観測値** と呼ぶこと
にしよう（*p.* 46 の注意参照）。

また，この表の代わりに

$$((0, 0), (7, 0), (87, 100), \cdots\cdots, (60, 60))$$

のように組合せを並べて，それをさらに括弧で括って表すことがある。

◆ 2変量の数値データの分布─散布図

p. 46 の数値データの分布の項では，（1 変量の）数値データを数直線上にばら
まかれた点々として見た。ここでは，2 変量の数値データを **座標平面** の上にば
らまかれた点々として見よう。データに含まれる観測値を座標平面上の点として
図示したものを **散布図** という。

用語 2-11　散布図
2変量のデータが与えられたとき，片方の変量を横軸，もう片方の変量を縦
軸に対応させた座標平面を考え，個々の観測値を座標平面上の点で表したグ
ラフを散布図という。

例 31

架空の例─散布図　図 13 は，表 8 のデータの散布図である。ここでは，
横軸を講義の出席率，縦軸を試験の点数に対応させてある。例えば，7
番目の受講生の出席率は 47 ％
で，試験の点数は 48 点なので，
この観測値を座標平面上の点
(47, 48) に対応させている（破
線で示した）。

これを見ると，点数が 40 点以上
で，出席率が 50 ％ 以上の領域
に多くの観測値が集まっている
様子がわかる。

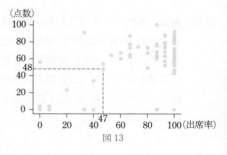

図 13

用語 2-12　2変量の数値データの分布

2変量の数値データに含まれる観測値が座標平面上に存在している様子を，そのデータの分布という（*p.* 47 の用語 2-3 参照）。

練習 35　下の表は，10人の生徒に漢字と英単語のテストを行った得点の結果である。

生徒の番号	1	2	3	4	5	6	7	8	9	10
漢字	4	8	7	5	6	3	9	8	6	4
英単語	5	9	3	6	2	7	9	4	8	7

この2つのテストの散布図を，次の ①〜③ から選べ。

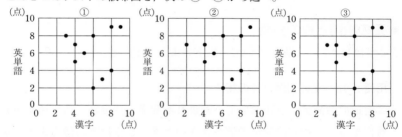

8 2変量の数値データ—相関

　2変量の数値データを扱うとき，私たちは，データに含まれる片方の変量と，もう片方の間の関連性がどのようなものであるかに関心がある場合が多いだろう。もし，関連性に関心がないのならば，データから1変量ずつを取り出して，p. 46 の ② 節（数値データ——分布を知る）以降で確認をしてきた1変量のための方法をそれぞれ当てはめればよい。

　潜在的には，2つの変量の間の関連の仕方はとても多様である。本節では，代表的な関連の仕方である **相関** について説明する。

◆ 正の相関と負の相関

まずはじめに，相関について，以下のように定める。

> **用語 2-13　正の相関と負の相関**
> 　2変量の数値データにおいて，含まれる変量の片方と，もう片方が大小をともにする——片方の変量の値が大きいとき，もう片方の値も大きくなる——傾向を，それらの変量の間の正の相関という。
> また，変量の片方ともう片方の大小が逆になる——片方の変量の値が大きいとき，もう片方の値は小さくなる——傾向を，それらの変量の間の負の相関という。
> 正の相関と負の相関をまとめて相関という。

注意　**相関と散布図**　用語 2-13 からわかるように，データのもつ相関は，散布図上では次のような特徴として現れる。あるデータが正の相関をもつ場合，その散布図を見ると左下（つまり両方の変量の値が小さい領域）から，右上（つまり両方の変量の値が大きい領域）にかけて比較的多くの点々が存在する。

　その一方で，左上と右下の（つまり変量の値の大小が逆の領域）には点々が比較的少ない。

　データが負の相関をもつ場合は逆に，左上から右下にかけて比較的多くの点々が存在し，左下と右上には点々が比較的少ない。

例 32 **架空の例—相関と散布図** $p.90$ の図 13 を見ると左下から右上にかけて多くの点々がある一方，それと比べると左上と右下にある点の数は比較的少ない。すなわち，出席率と試験の点数の間には正の相関があるように見える。

◆ 観測値の位置と偏差

相関が顕著な場合には前ページの注意のように散布図を目で見て傾向を読み取る方法は有効といえる。しかしそうでない場合，目で見る方法では，人によって相関に対する意見が異なってしまうかもしれない。相関の正負の判断を手助けしてくれるような指標があれば便利であろう。

ここでは，相関の指標としてよく使われる **標本共分散** を理解する準備として，個々の観測値の位置を調べる方法を考えてみよう。

例 33 **観測値の位置と偏差** 図 14 は，$p.88$ の表 8 のデータの散布図に，標本平均値の位置を示す破線を重ねたものである。縦の破線は，出席率の標本平均値 80.62 の位置を，水平の破線は，試験の点数の標本平均値 59.98 の位置をそれぞれ表している。

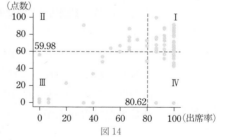

図 14

まず，これらの破線の交点 (80.62, 59.98) をこのデータの真ん中として，散布図を

- 領域 I：右上，領域 II：左上
- 領域 III：左下，領域 IV：右下

のように分割する。

そして，ある受講生に対応する点がこれらの領域のどこに位置しているのかを（散布図を見ずに）知る方法を考えよう。

ある受講生に対応する点が 4 つの領域のどこに位置するのかは，観測値と標本平均値を比べればわかる。例えば，散布図上で領域 I に位置している受講生の出席率は，その標本平均値 80.62 よりも高く，点数は，その標本平均値 59.98 よりも高いはずである。

観測値と標本平均値を比べるときに p. 68 で考えた**偏差**を利用することができる。すなわち，偏差が正かどうかで，観測値が標本平均値よりも大きいかどうかがわかる。偏差を使うと，次のように領域を区別することができる。

領域 I：出席率の偏差と点数の偏差の両方が正

領域 II：出席率の偏差が負で，点数の偏差が正

領域 III：出席率の偏差と点数の偏差の両方が負

領域 IV：出席率の偏差が正で，点数の偏差が負

例題
5

p. 88 の表 8 の 1 番目の受講生について出席率と点数の偏差を計算し，それらの符号を求めよ。ただし，出席率の標本平均値は 80.62，点数の標本平均値は 59.98，とする。また，散布図上での観測値の位置を確認して，例 33 で考えた領域の区別の方法に当てはまることを確かめよ。

解答　1 番目の受講生の出席率の観測値は 0 であるから，標本平均値 80.62 との差を計算すると，偏差は

$$0-80.62=-80.62$$

と求められる。

また，点数の観測値は 0 なので，標本平均値 59.98 との差を計算すると，偏差は

$$0-59.98=-59.98$$

と求められる。これらの符号は両方とも負である。

散布図上での観測値 (0, 0) の位置は領域 III にあり，かつ出席率と点数の偏差の両方が負なので例 33 の区別の方法が確かめられる。

練習
36

例題 5 にならって，表 8 の 2 番目と 3 番目の受講生について出席率と点数の偏差を計算し，その符号から例 33 で考えた領域の区別の方法に当てはまることを確かめよ。

例 33 で考えたように，散布図を 4 つの領域に分けたとき，観測値がどの領域に位置するかは，偏差の符号から知ることができる。しかし，p. 92 の注意の考え方によると，相関の正負が知りたいのであれば，左下から右上（すなわち，領域 I と III）か，左上から右下（すなわち，領域 II と IV）か，の区別だけで十分である。これらの区別は，偏差の積の符号で区別することができる。

例 34 **偏差の積**　偏差の積を使うと，次のように領域の区別ができる。

領域 I，III：出席率の偏差と点数の偏差の積が正

領域 II，IV：出席率の偏差と点数の偏差の積が負

練習 37　表 8 の 2 番目と 3 番目の受講生について偏差の積を計算し，その符号から例 34 で考えた領域の区別の方法に当てはまることを確かめよ。

◆ 標本共分散

　前項で考えたように，ある観測値がどこに位置しているのかを知るのに，偏差の積を利用することができる。データが正の相関をもつならば，偏差の積が正であるような観測値が多く含まれていることが考えられる。

　こうしたデータ全体の傾向を知るために，偏差の積をすべての観測値について計算し，その平均値を使うことは自然であろう。

例 35　**偏差の積の平均値**　表 8 のデータに含まれるすべての観測値について，偏差とその積を計算してみよう。前ページの例題 5 で計算したように，1 番目の受講生の出席率の偏差は -80.62，点数の偏差は -59.98 であるから，これらの積は $-80.62 \times (-59.98) = 4835.59$ と計算される。2 番目の受講生についても，出席率の偏差は -73.62，点数の偏差は -59.98 であるから，これらの積は $-73.62 \times (-59.98) = 4415.73$ と計算される。

これを同じように 87 番目の受講生まで計算することができる。

その平均値は

$$\frac{1}{87}\{4835.59 + 4415.73 + \cdots\cdots + (-0.41)\} = 470.78$$

のように計算される。

この値が正であるから，表 8 のデータに含まれる観測値は，左下から右上の領域に存在する傾向をもつといえるだろう。

　例 35 で計算した偏差の積の平均値は，**標本共分散** と呼ばれ，2 変量の数値データの相関の指標としてよく用いられる。記号を使うと次のように定義できる。

定義 2-7　標本共分散

$((x_1, y_1), (x_2, y_2), \cdots\cdots, (x_N, y_N))$ を大きさ N の 2 変量の数値データとする。

このとき，このデータの標本共分散は

$$\frac{1}{N} \sum_{i=1}^{N} (x_i - \overline{x})(y_i - \overline{y})$$

で計算される値である。

ただし，$\overline{x}$ は 1 番目の変量のデータ $(x_1, x_2, \cdots\cdots, x_N)$ の標本平均値（$p.56$ の定義 2-1），$\overline{y}$ は 2 番目の変量のデータ $(y_1, y_2, \cdots\cdots, y_N)$ の標本平均値をそれぞれ表す。

右の表のように 2 つの変量 x, y をもつ数値データが与えられたとする。

No.	x	y
1	2	3
2	4	5
3	6	10

(1)　変量 x のデータ $(2, 4, 6)$ の標本平均値と，変量 y のデータ $(3, 5, 10)$ の標本平均値を計算せよ。

(2)　1 番目の観測値 $(2, 3)$ について，変量 x の偏差と変量 y の偏差を計算せよ。また，これら 2 つの偏差の積を計算せよ。

(3)　2 番目と 3 番目の観測値についても同じように偏差の積を計算せよ。

(4)　ここまでで求めた偏差の積 3 つの平均値を計算して，このデータの標本共分散を求めよ。

注意　**標本共分散の記号**　2 変量の数値データ $((x_1, y_1), (x_2, y_2), \cdots\cdots, (x_N, y_N))$ の標本共分散を s_{xy} のように表すことがある。

すなわち

$$s_{xy} = \frac{1}{N} \sum_{i=1}^{N} (x_i - \overline{x})(y_i - \overline{y})$$

である。

ただし，$\overline{x}$ はデータ $(x_1, x_2, \cdots\cdots, x_N)$ の標本平均値を，$\overline{y}$ はデータ $(y_1, y_2, \cdots\cdots, y_N)$ の標本平均値をそれぞれ表す。

　$p.92$ の用語 2-13 では，「傾向」という言葉を使い，やや感覚的に相関を説明した。実際には多くの場合，2 変量の数値データの相関は標本共分散を使って，次のような意味で使われる。

定義 2-8　相関

- 2変量の数値データの標本共分散の値が正の場合，そのデータは（あるいは，そこに含まれる2つの変量は）正の相関をもつという。
- 2変量の数値データの標本共分散の値が負の場合，そのデータは（あるいは，そこに含まれる2つの変量は）負の相関をもつという。

例 36　**相関**　$p.95$ の例 35 で計算したように，$p.88$ の表 8 のデータの共分散の値は正である。

したがって，このデータの，出席率と点数の間には正の相関があるといえる。

注意　**無相関**　厳密にいうと，標本共分散の値が 0 のとき，そのデータには相関がない，あるいは **無相関** である，ということができる。

ただし，実際にデータから標本共分散を計算して，その値がちょうど 0 に一致することはあまり考えられない。

◆ 相関の強弱と標本相関係数

データが正の相関をもっているとしよう。その相関には強弱を考えることができる。

図 15 はどちらも正の相関をもつ 2 つのデータの散布図の例である。どちらも変量が大小を共にする傾向をもっているが，右側の散布図の方がその傾向（正の相関）が強いことが読み取れる。

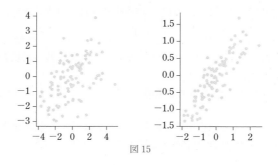

図 15

前項で定義した標本共分散の値の符号を確認すれば，データの相関の正負がわかる。しかし，標本共分散の値の大小は必ずしも相関の強弱と関係しない。例えば，図15の左側の散布図のもとになったデータの標本共分散の値は3.46で，右側の値は0.54である。相関は右側の散布図の方が強く見えるが，標本共分散の値は左側の方が大きい。

この理由を示そう。共分散が，データの相関に関する情報だけでなく，データの散らばりに関する情報ももっているということである。すなわち，左側の散布図のデータは，相関は小さいものの，データの散らばりが右側のものよりも大きいため，標本共分散の値が大きくなった，と説明できる。

標本相関係数 と呼ばれる指標は，標本共分散から，散らばりの情報を取り除いて，相関に関する情報のみを取り出したものである。

定義 2-9　標本相関係数

2つの変量 x，y をもつデータの標本共分散を s_{xy}，変量 x の標本標準偏差を s_x，変量 y の標本標準偏差を s_y とする。

このとき

$$\frac{s_{xy}}{s_x s_y}$$

で計算される値を，このデータの標本相関係数という。

注意　**標本相関係数**　標本相関係数の定義式は，標本共分散 s_{xy} を散らばりの指標である標本標準偏差 s_x，s_y で割ることで，散らばりの情報を取り除いている，と理解できる。また，定義式からわかるように，$s_x=0$ または $s_y=0$ のとき分母と分子の両方が0になってしまうので，標本相関係数は計算できない（章末問題3）。

(1) $p.96$ の練習38で利用した表のデータについて，変量 x の標本分散と標本標準偏差を計算せよ。ただし，分数や平方根が残った場合にはそのままにして構わない。

(2) 変量 y の標本標準偏差を求めよ。（$p.71$ の例22の計算を使っても構わない）。

(3) 練習38で求めた標本共分散と，(1)，(2)で求めた標本標準偏差を使って，このデータの標本相関係数を計算せよ。ただし，$\sqrt{13}=3.61$ とする。

注意 **標本相関係数の記号**　2つの変量 x, y をもつデータの標本相関係数の値を ρ_{xy} のように表すことがある*⁾。

すなわち

$$\rho_{xy} = \frac{s_{xy}}{s_x s_y}$$

である。

ただし，s_{xy} は変量 x, y の間の標本共分散，s_x は変量 x の標本標準偏差，s_y は変量 y の標本標準偏差をそれぞれ表す。なお，ρ はギリシア文字で，日本語では「ロー」と発音されることが多い。

例 37　**標本相関係数と相関**　p. 97 の図 15 の散布図のもとになったデータの標本相関係数の値を計算すると，左側は 0.49，右側は 0.86 である。これらを比べると右側の方が大きく，散布図の見た目と整合的である。

標本共分散の値は，データによっては，どのような大きな値も小さい値もとりうる。しかし標本相関係数の値は，どのようなデータを与えようと，とりうる値の範囲が次の命題によって数学的に決まっている。

命題 2-4　**標本相関係数の値がとりうる可能な範囲**

2つの変量 x, y をもつデータの標本相関係数 ρ_{xy} の値が計算できるとき，このデータがどのようなものでも

$$-1 \leqq \rho_{xy} \leqq 1$$

が満たされる。

---

*⁾ 高校数学 I では，相関係数を r で示した。

注意 **標本相関係数の可能な範囲** 命題 2-4 の範囲の最大値は $\rho_{xy}=1$ である。$\rho_{xy}=1$ となるのは，散布図上で，すべての観測値が右上がりの直線上に並ぶような場合である。また，最小値の $\rho_{xy}=-1$ となるのは，散布図上ですべての観測値が右下がりの直線上に並ぶような場合である。これらの場合を **完全相関** という。ふつう標本相関係数の値は $-1\leqq\rho_{xy}\leqq1$ であり，完全相関は珍しいといえる。命題 2-4 の範囲を考えると，標本相関係数の値が 1 または -1 に近いと相関は強く，0 に近いと相関は弱いといえる。

例 38

架空の例―標本相関係数と相関 $p.95$ の例 35 では，$p.88$ の表 8 のデータの標本共分散 470.78 を求め，それが正であることを示した。また，出席率の標本標準偏差を計算すると 29.59 になる。点数の標本標準偏差は，$p.75$ の例 25 で計算した通り，25.04 である。ここから，このデータの標本相関係数は

$$\frac{470.78}{29.59\times25.04}=0.64$$

のように計算される。

この値は無相関の 0 と完全相関の 1 の中間付近なので，出席率と点数の間の相関の強さは中程度と評価できる。

第2章のまとめ

① 記述統計の利用
- データの特徴を表す数を，そのデータの指標あるいは特性値という。

② 分布を知る
- 1変量のデータが与えられたとき，観測値が数直線上に存在している様子を，そのデータの分布という（ただし，確率分布とは別物である）。
- 度数分布表とヒストグラムは，数値データの分布を把握するために用いる。
- ビンとは，観測値がとりうる値をいくつかの区間に分割したものである。
- 度数とは，それぞれのビンに含まれる観測値の個数のことである。

③ 真ん中の指標
- データの代表値には，標本平均値，中央値，最頻値がある。
- $(y_1, y_2, \cdots\cdots, y_N)$ を大きさ N のデータとするとき，このデータの標本平均値は $\dfrac{1}{N} \sum\limits_{i=1}^{N} y_i$ で表される。
- 標本平均値は，データの重心の位置を示す。
- データによっては，標本平均値が代表値として適当でないこともある。

④ 散らばりの指標
- 大きさ N のデータ $(y_1, y_2, \cdots\cdots, y_N)$ の標本平均値が $\bar{y}$ であったとする。このとき，データに含まれている i 番目の観測値 y_i とデータの標本平均値 $\bar{y}$ との差 $y_i - \bar{y}$ を，観測値 y_i の偏差という。
- 観測値の偏差の2乗の平均値を，そのデータの標本分散という。
- 標本分散の平方根を標本標準偏差という。

⑤ 対数値を見る

- 以下のようなデータの場合，観測値をそのまま観察するよりも，その対数値を観察した方が特徴を捉えやすいことがある。

  すべての観測値が正である。

  ヒストグラムを見ると 0 付近に高い山がある。

  右側に長い裾を引いている。

⑥ 2 つの数値データの比較

- 2 つのデータを比較するとき，それぞれの記述統計の指標を比較することができる。

⑦ 分布を知る（2 変量の数値データ）

- 1 つのクロスセクショナルなデータから 2 つの数値項目を取り出して作ったデータを 2 変量の数値データという。

- 2 変量のデータが与えられたとき，片方の変量を横軸，もう片方の変量を縦軸に対応させた座標平面を考え，ここの観測値を座標平面上の点で表したグラフを散布図という。

⑧ 相関（2 変数の数値データ）

- 2 変量の数値データにおいて，含まれる変量の片方と，もう片方が大小をともにする傾向を，変量間の正の相関という。

  変量の片方ともう片方の大小が逆になる傾向を変量間の負の相関という。

  正の相関と負の相関をまとめて相関という。

- 相関の指標としてよく用いられるものとして，標本共分散がある。

  大きさ N の 2 変量の数値データ $((x_1, y_1), (x_2, y_2), \cdots\cdots, (x_N, y_N))$ について，このデータの標本共分散は $\dfrac{1}{N} \sum\limits_{i=1}^{N} (x_1 - \overline{x_1})(y_1 - \overline{y_1})$ で計算される。

- 標本共分散の値が正の場合，そのデータは正の相関をもつという。

  一方で，標本共分散の値が負の場合，そのデータは負の相関をもつという。

- 標本共分散から散らばりを取り除いて相関に関する情報のみを取り出したものを標本相関係数という。その際，標本相関係数の値がとりうる可能な範囲は，−1 以上 1 以下である。

章末問題

1. 大きさ N の数値データ $(y_1, y_2, \cdots\cdots, y_N)$ が与えられたとする。数直線を，重さが無視できて曲がらない棒だと考えて，データに含まれるすべての観測値について，数直線上で観測値に当たる位置に $1\,\mathrm{g}$ のおもりを付ける。このおもり付きの数直線の重心の位置が標本平均値

$$\bar{y} = \frac{1}{N} \sum_{i=1}^{N} y_i$$

で与えられることを示せ（$p.56$ のデータの重心としての標本平均値の項参照）。ただし，i 番目の観測値 y_i に位置するおもりが，位置 μ にある支点に及ぼす**トルク**（torque，ねじりの力）t_i は $t_i = (y_i - \mu)g/1000$ であることを利用してもよい。ここで，$g = 9.8$ は重力加速度である。また，$t_i < 0$ のときねじりの方向は反時計回りで，$t_i > 0$ のときねじりの方向は時計回りである。（ヒント：トルクの総和が 0 になるような支点の位置が重心である。）

2. 大きさ N の数値データ $(y_1, y_2, \cdots\cdots, y_N)$ が与えられたとする。このデータの標本平均値を

$$\bar{y} = \frac{1}{N} \sum_{j=1}^{N} y_j$$

とすると，データに含まれる i 番目の観測値 y_i の偏差は $y_i - \bar{y}$ と書くことができる。このとき，偏差の平均値 $\dfrac{1}{N} \sum_{i=1}^{N} (y_i - \bar{y})$ を計算し，これがデータがどんなものであっても 0 になることを示せ。

3. 2つの変量 x，y をもつデータについて次の問に答えよ。
   (1) 変量 x の標本標準偏差 s_x の値が 0 になるのは，どのような場合か。
   (2) 変量 x の標本標準偏差 s_x の値が 0 のとき，変量 x と y の間の標本分散 s_{xy} の値も 0 になることを示せ。

4. 2つの変量 x と y をもつ，大きさ N のデータ $((x_1, y_1), (x_2, y_2), \cdots\cdots, (x_N, y_N))$ が与えられたとする。このとき $p.\,99$ の命題 2-4 を次の手順で証明せよ。

(1)　t を実数とする。このとき，関数 f を

$$f(t) = \frac{1}{N} \sum_{i=1}^{N} \{(x_i - \overline{x})t - (y_i - \overline{y})\}^2$$

で定める。ただし，$\overline{x}$ は，変量 x の標本平均値を，$\overline{y}$ は，変量 y の標本平均値をそれぞれ表す。

このとき，データに含まれる値と，実数 t の値がどのようなものであっても $f(t)$ の値は非負である。この理由を説明せよ。

(2)　(1) の式の右辺を整理すると，実数 a, b, c を用いて $f(t) = at^2 - 2bt + c$ のように，変数 t の2次式に変形することができる。これらの実数 a, b, c を，変量 x の標本分散 $s_x{}^2$，変量 y の標本分散 $s_y{}^2$，変量 x, y の間の標本共分散 s_{xy} を用いて表せ。

(3)　2次方程式の解の判別式は，$s_x{}^2$, $s_y{}^2$, s_{xy} を用いてどのように書けるか。また，それはどのような不等式を満たすか。

(4)　(3) で求めた不等式を整理して，命題 2-4 を示せ。

第3章

確率論の概要

　第2章では，データのもつ情報を要約したり，視覚化する方法を学んだ。データから情報を取り出すためには，これらの方法は有効である。第4章では，モデルを利用する方法を学ぶ。この方法はデータのもつ情報と私たちのもつ考え，仮説や見込みを織り交ぜることで，現実に対する理解を深めようとするものといえる。そこでは，**偶然** を表現することが必要になる。

　本章では，その準備として，偶然を表現するために使われる **確率論** の概要を説明する。

1 確率とは

確率の考え方は，私たちにとって身近なものである。しかし，その意味をよく考えてみると，答えが見つからない疑問に突き当たる。

◆ 確率と現実

まずは，次の問いを考えてみよう。

 統計学の講師が，講義にサイコロを1つもってきて，「このサイコロを私が今ここで1回振ると，□が出る確率は $\frac{1}{6}$ です」といったとしよう。

(1) この主張が正しいか，あるいは正しくないかはどのように確かめられるか答えよ。

(2) そもそも，確率の値 $\frac{1}{6}$ は現実の何を指しているのか考えよ。また，講師の主張が正しい場合，どうすれば $\frac{1}{6}$ という値を観察できるかを考えよ。

 実は，これらの問いに対して，万人が納得できる解答は見つかっていない。(1)に対しては，「講師に，実際にサイコロを振らせて，その結果を観察する」という解答が考えられるかもしれない。しかし，サイコロを振らせた結果が□であってもそれ以外であっても，講師の主張を支持することにも反証することにもならない。

また

a．講師に，何回もサイコロを振らせて，□が出る回数の比率（この比率を **相対頻度** という）を計算する。

という解答も思い浮かぶかもしれない。講師の主張は，「今ここで」振った1回の確率についてのものだが，何回振っても確率が同じであると仮定すれば，この解答はよさそうに思える。しかし，振る回数によって相対頻度は変わるだろう。この解答では

(3) 何回振れば，確率の正確な値がわかるのだろうか。

という新しい問いが生じてしまう。もし，振る回数が多い場合の方が，相対頻度が確率に近いものとすると，十分に多い回数——たとえば，何百回，何千回と——投げれば，相対頻度が $\frac{1}{6}$ かそれ以外の値に近づくことを観察できるかもしれない。しかし，確率の正確な値を知りたければ，**無限**回振る必要がある。これは実現不可能である。あるいは

b．講師からサイコロを貸してもらい，それが正確な 6 面体で，重心に偏りがないことなどを子細に確認する。

という解答もあり得る。確認をした結果，サイコロに怪しいところがなければ，ロが出る確率が $\frac{1}{6}$ であることが確認できたといえる，と考えるかもしれない。しかし，講師が「このサイコロは，このもち方をしてこう投げるとロが出やすくなる」ことを知っていたとすると，確率は $\frac{1}{6}$ ではないかもしれない。私たちは講師がこのような知識をもっているかどうかを確かめることはできない。講師がこのような操作をしないように，もち方や投げ方を細かく指定したらどうだろう。サイコロを投げて，それが床に当たり，跳ね返り回転して，ある目を上にして落ち着く，という過程は複雑だがほぼ完全に力学的——すなわち，決定論的——なものと考えることができる。したがって，投げ方を細かく指定した場合，出る目は投げる前から決まっていると考えられ，講師が主張した状況とは異なる。

(2)の確率が指す対象については，「事象の起こりやすさ」である，という解答に多くの人が同意できるのではないだろうか。確率の値は，事象の起こりやすさを 0 から 1 の間の数で表したもの，と考えることができる。

しかし，どうすればそれを観察できるのか，については(1)で考えたように，答えはなさそうである。私たちは，ある事象が起こったか起こらなかったかは観察できる。しかし，事象の起こりやすさを——物の長さや重さのような物理量を測るのと同じように——測ることはできない。　■

例題1から，確率の考え方は身近な割に，それが現実の何を表しているのかを説明することができないことがわかる。したがって，確率を用いて何かを表現したとき，それが厳密に正しいことは確かめようがない。私たちが確率を用いるのは，確率の存在を仮定することが，現実のさまざまな物事を表すのに便利だからである。確率の存在や，それを直接観察する方法が知られているからではない。

練習 1 明日の天気予報で次の2点が示された。
(1) 最高気温は 25 度である。
(2) 降水確率は 30 % である。
これらのうち，明日になれば正しいか正しくないかが確かめられるのはどちらか答えよ。

◆ 確率の解釈

前項で学習したように，私たちは，確率を直接観察したり，その存在を確かめることはできない。さらに私たちは，確率の値が現実の何を指すのかをはっきりとは定めることができない。こうした中，確率の意味の解釈として，次の2つがよく用いられる。

用語 3-1 確率の頻度論的解釈
ある事象の確率の値を「同じ試行を繰り返して結果を観察し，その事象が実現した相対頻度を指す」と解釈することを，確率の頻度論的解釈という。

注意 確率の頻度論的解釈 この解釈によると，確率が意味をもつのは，繰り返しが可能な試行の結果に対してのみである。また確率の値は，試行を何回繰り返すのかや，どの繰り返しを観察するのかによって変わってしまう。もし，試行を繰り返す回数が多い方が，確率のより正確な値を与えるとしたら，確率の値をきちんと計測するには無限回の試行が必要になるが，これは不可能である。
p. 106 の例題1の解答 a．は頻度論的解釈に基づくものといえる。

用語 3-2 確率のベイズ的解釈
ある事象の確率の値を「利用可能な情報が，その事象の実現を支持している度合いを 0 から 1 の数で表したもの」と解釈することを，確率のベイズ的解釈という。

注意 **確率のベイズ的解釈** この解釈では，考えられるすべての事象に対して確率を考えることができる。その一方で，確率の値はそれを考える人がどのような情報をもっていて，それをどう評価するかによって変わってしまう。すなわち，この解釈では，確率を主観的な量と考える。主観を強調すると，この解釈は

「確率を考える人が，その事象の実現を信じている度合いを 0 から 1 の数で表したもの」

と書き換えることができる。

例題 1 の解答 b．はベイズ的解釈に基づくものといえる。

どちらの解釈であっても，現実を観察することでは，確率の値を客観的にも一意にも定めることはできない。このように，私たちは確率と現実を厳密に結びつける方法を知らない。こうした中，1933 年にロシアの数学者アンドレイ・コルモゴロフ（Andrey Kolmogorov）は，**公理論的確率論** を提案した。これは，確率と現実のつながりの問題——すなわち，確率をどう解釈するかという問題——には触れず，確率を純粋に数学として扱う，という考え方である。今のところ，確率を扱う場合にはこの考え方がよく使われるといえる。

以降，本章では，公理論的確率論に基づき，確率に関連する用語を示していく。

② 事象の確率

　本節では，実現するかどうかに偶然が関与する事象と，その確率を表現するための確率論の概要を学ぶ。

　事象の確率は，確率論の核心にあたる部分で，集合論や測度論との関係が深い。こうした理論的な背景は，確率論を数学の一部と捉えた場合とても重要なものである。しかし，本書のように統計学への応用を展望して概要を学ぶ場合には，用語の大まかな意味を理解すれば十分といえる。細かい条件は「上手く成り立っている」と想定して構わない。

　本節や次節では，理解を助けるために，次のような例を繰り返し利用する。

> **ビー玉投げ**　地面に，1辺が1メートルの正方形 ABCD を描く。少し離れたところから，その正方形に向かってビー玉を投げ，ビー玉が落ちて止まった点（この先，「ビー玉が落ちた点」とする）の位置で得点や成否を決めるようなゲームを考える（図1）。ただし，ビー玉が正方形の外に出てしまったら，入るまで何度でも投げることにする。また，ビー玉の大きさは無視できる（ビー玉を点とみなせる）ものとする。
> 投げる人が，ビー玉がどこに落ちるかについてコントロールできないとすると，ビー玉の落ちる点の位置は偶然が関与して決まると考えることができる。ただし，単位（メートルや平方メートル）は省略することがある。

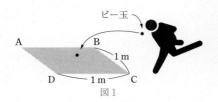

図1

　上述のように本項の内容は，数学の重要な1分野である **集合論** や **測度論** と関連が深い。集合については，高校数学で基本的な部分は扱われているが，本項では注意や ＋1 ポイントの形で適宜補っていく。

◆帰結と標本空間

　確率論の学習を進めるため，いくつかの用語を定める。

用語 3-3　帰結

実現する可能性のある結果の1つ1つを帰結という。帰結を，ギリシア文字のωで表すことがある。ωは日本語ではオメガと発音される。

帰結—ビー玉投げ　前ページの例1では，投げたビー玉が正方形の中のどこに落ちるかが結果になる。すなわち，この場合の帰結は，正方形の中の点で表すことができる。

正方形の中の点を指定しやすいように，点Dを原点とする直交座標系を考えてみよう。正方形の中の点をたとえば $(0.3,\ 0.8)$ のように座標で表すことができるので，帰結の1つを

$$\omega=(0.3,\ 0.8)$$

のように表すことができる（図2）。

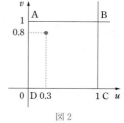

図2

注意　**帰結**　用語 3-3 では帰結の意味を，「実現する可能性のある結果」と説明したが，公理論的には，現実の何かとして定義されているわけではない。ただし，例2のように平面上の点の座標と同一視することによって矛盾は生じない。

より広く，世の中のことを確率を使って表す場合，帰結は，世の中に潜在的にあり得る成り行きや，運命の1つ1つを指す，と考えられる。「帰結ω」という表現は，世の中のある特定の成り行きの1つにωというラベルを付けて表した，と考えることができる。

潜在的に実現しうる帰結が沢山あったとしても，確率論では，常にたった1つの帰結だけが実現すると考える。たとえば，例1のビー玉のゲームを **2回** 行うとしよう。この場合，それぞれの回の結果について $\omega_1=(0.3,\ 0.8)$，$\omega_2=(0.5,\ 0.4)$ のように2つの帰結が実現したと考えるのでは **なく**，2回のゲームの結果を1つの帰結として，$\omega=((0.3,\ 0.8),\ (0.5,\ 0.4))$ が実現したと考える。

確率論では，実現する可能性のある帰結をあらかじめすべて特定しておく。

用語 3-4　標本空間

実現する可能性のある帰結すべてを集めた集合を標本空間という。

標本空間を，ギリシア文字のΩで表すことがある。Ωは，帰結を表すωの大文字で，日本語では同じくオメガと発音される。

標本空間—ビー玉投げ *p.* 110 の例 1 のビー玉投げのゲームで実現する
可能性のある帰結のすべては,「ビー玉が正方形 ABCD かその内側のど
こかに落ちること」と書くことができる。

p. 111 の例 2 のように帰結をビー玉が落ちた点の座標で表すことにする
と,標本空間Ωは

$$\Omega = \{(u,\ v) \mid 0 \leq u \leq 1,\ 0 \leq v \leq 1\}\ \cdots\cdots\ (1)$$

と表すことができる。

注意 **標本空間** 確率論における標本空間は,集合論における **全体集合** に相当する。
なお,0 章や 1 章で学んだ **標本** と直接の関係はない。

Review **集合の内包的記法** (1) の右辺は,**集合の内包的記法** によって書
かれている。

内包的記法では,波括弧 { } を縦棒 | で仕切り,その左側に集め
る要素を表す記号を書く。そして,右側にその要素が満たすべき
条件を書く。この場合,集める要素は $(u,\ v)$ で,これが満たす
べき条件は

$$0 \leq u \leq 1$$
$$0 \leq v \leq 1$$

である。2 つの条件 $0 \leq u \leq 1$ と $0 \leq v \leq 1$ が「,」によって結びつ
けられているが,これは両方の条件が満たされている必要がある
ことを意味する。

したがって,標本空間Ωは,文章で書けば「$0 \leq u \leq 1$ と $0 \leq v \leq 1$
の両方を満たすような実数 $u,\ v$ すべての組 $(u,\ v)$ を集めた集
合」である。

このようにして,正方形 ABCD とその内側の点すべての集合を
表している。

◆事象

私たちの興味や状況によっては,すべての帰結を区別する必要がない場合があ
る。

ビー玉投げ―帰結の区別の必要　例1のゲームで，ビー玉が落ちた点が，
正方形の右半分であった場合を **成功** としよう。ただし，左右のピッタリ
真ん中の場合には左半分に入ったことにする。このとき，たとえば帰結
$(0.3,\ 0.8)$ と，帰結 $(0.4,\ 0.2)$ はどちらも失敗なので，（このゲームにお
いては）区別する必要がない。

その一方で，帰結 $(0.3,\ 0.8)$ と，帰結 $(0.6,\ 0.2)$ はそれぞれ失敗と成功
なので，区別しておく必要がある。

興味や必要に応じて，区別する必要のない帰結を **集合** として集めておくと便
利である。

用語 3-5　事象
私たちの興味や必要に応じて，区別する必要のない帰結を集めた集合を事象
という。事象を，記号 E で表すことがある。

事象―ビー玉投げ　例5において，成功という事象 E^{s} を

$$E^{\mathrm{s}}=\left\{(u,\ v)\ \middle|\ \frac{1}{2}<u\leqq1,\ 0\leqq v\leqq1\right\}$$

と表すことができる。

例4のルールにおいては，ある帰結 ω が $\omega\in E^{\mathrm{s}}$ であれば成功である。

注意　**事象の内包的記法**　例5では，事象 E^{s} を内包的記法によって定めている。この
ときの表現の仕方には何通りかあるが，すべての帰結 ω が必ず満たす条件 $\omega\in\Omega$
は縦棒の左側に書かれることがある。すなわち　$E^{\mathrm{s}}=\left\{(u,\ v)\in\Omega\ \middle|\ \frac{1}{2}<u\leqq1\right\}$
のように表されることがある。ただし，Ω は標本空間である。この表現では，条
件 $0\leqq v\leqq1$ は条件 $(u,\ v)\in\Omega$ に含まれているので，縦棒の右側に書く必要がな
い。

また，混乱のおそれがない場合には　$E^{\mathrm{s}}=\left\{(u,\ v)\ \middle|\ \frac{1}{2}<u\leqq1\right\}$
のように条件 $\omega\in\Omega$ が省略されることもある。

注意　**事象と帰結**　ある帰結 ω が事象 E に含まれることを，集合の記号 $\in$ を使って
$\omega\in E$ と書く。また，含まれないことを $\omega\notin E$ と書く。

用語 3-6　事象の実現

E を事象とする。ある帰結 ω が実現したとき，事象 E がその帰結 ω を含むならば，「事象 E が実現した」という。

練習
2

$p.\,110$ の例 1 のゲームで，ビー玉が落ちた点が正方形の下半分にある，という事象 E^{L} と，ビー玉が落ちた点が正方形の上半分にある，という事象 E^{U} を例 5 にならって内包的記法により表せ。ただし，上下のピッタリ真ん中の場合には下半分に入ったことにする。

注意　**事象と集合**　事象という言葉の意味は，$p.\,113$ の用語 3-5 のように説明をすることもできるが，「私たちの興味や必要に応じて定めた，標本空間の **部分集合** を **事象** という」という説明もできる（Review）。もちろん，この意味は，用語 3-5 のものと同じである。

やや奇妙な感じを受けるかもしれないが，標本空間 Ω や，**空集合** $\emptyset = \{\}$ も事象として扱う（Review）。集合論で，全体集合や空集合が部分集合として扱われることを考えると，この扱いは当然といえるだろう。なお，どのような帰結 ω が実現しても，$\omega \in \Omega$ は成り立つので，標本空間 Ω は必ず実現する事象である。また，どのような帰結 ω が実現しても $\omega \in \emptyset$ が成り立つので，空集合 $\emptyset$ は実現することがない事象である。

Review　**部分集合**　2 つの事象 E_1，E_2 があるとする。事象 E_1 に含まれる帰結がすべて事象 E_2 にも含まれているとき，事象 E_1 は事象 E_2 の **部分集合** であるという。同じ意味だが，数学では次のように表現されることが多い。

事象 E_1 と E_2 が条件「すべての帰結 ω に対して，$\omega \in E_1$ ならば $\omega \in E_2$」を満たすとき，事象 E_1 は事象 E_2 の **部分集合** であるという。このことを，記号 $\subseteq$ を使って $E_1 \subseteq E_2$ と書く。

また，要素として何も含んでいない集合を **空集合** という。空集合を表すのに，$\emptyset$ という記号が使われる。

◆ 事象の σ-加法族

$p.120$ 以降で説明するように，私たちは事象に対して確率を考える。私たちの興味や状況によって，確率を考えるべき事象とその必要がない事象があるだろう。

ビー玉投げ─必要な事象とそうでない事象　$p.113$ の例 4 のように，ビー玉が正方形の右半分に落ちた場合を成功とするならば，例 5 で考えた事象 E^{S} の確率は考えるべきであろう。また，失敗するという事象 E^{F} についても考えておくべきであろう。なお，失敗するという事象は

$$E^{\mathrm{F}}=\left\{(u,\ v)\ \middle|\ 0\leqq u\leqq\frac{1}{2}\right\}$$

と表すことができる（$p.113$ の注意（事象の内包的記法））。
その一方で，練習 2 で考えた事象 E^{L}，E^{U} については，（例 4 のルールに従う場合には）確率を考える必要がない。

確率を考えることが必要となる事象をあらかじめはっきりさせておくと都合がよい。確率論では，このために，必要となりそうな事象を集めて，事象の **σ-加法族**（σ-algebra）と呼ばれるものを構成する。

> **+1 ポイント**
>
> **事象の族**　集合を集めて作った集合を，（「集合の集合」と呼ぶ代わりに）集合の **族** と呼ぶ。前項で見たように，事象は帰結の集合なので，事象を集めて作った集合は，事象の族と呼ばれる。
> なお，事象の族は，事象に含まれる帰結を集めて作った **和集合** とは異なるので注意が必要である。

用語 3-7　事象の σ-加法族
Ω を標本空間，事象を集めて作った族を $\mathcal{A}$ とする。この族 $\mathcal{A}$ が次の 3 つの条件を満たすとき，族 $\mathcal{A}$ を事象の σ-加法族という。
(1)　$\Omega\in\mathcal{A}$　すなわち族 $\mathcal{A}$ は標本空間 Ω を含んでいる。
(2)　$E\in\mathcal{A}\implies E^{\mathrm{c}}\in\mathcal{A}$　すなわち族 $\mathcal{A}$ に含まれる事象 E に対しては，その余事象 E^{c} も族 $\mathcal{A}$ に含まれている。

(3) $E_1 \in \mathcal{A}$, $E_2 \in \mathcal{A}$, …… $\Longrightarrow \overset{\infty}{\underset{i=1}{\cup}} E_i \in \mathcal{A}$ すなわち族 $\mathcal{A}$ の要素を取り出して

事象の列 E_1, E_2, …… を作ったとき，（どのような作り方をしたとしても）

その和集合 $\overset{\infty}{\underset{i=1}{\cup}} E_i$ は族 $\mathcal{A}$ に含まれている。

注意 **統計学と σ-加法族**　考える事象が σ-加法族に含まれているかどうかは，数学的にはとても重要な問題である。しかし，私たちが統計学を学ぶ上で，これが問題になる場面はあまり多くない。とりあえず本書の範囲では，私たちが考える事象は σ-加法族に含まれている，と想定して差し支えない。

σ-加法族—おはじき投げ　$p.112$ の例 3 で定めた標本空間 Ω，$p.113$ の例 4 で定めた事象 E^{S}，例 6 で定めた事象 E^{F} に，**空集合 $\emptyset$** を加えた事象の **族** $\{\emptyset,\ E^{\mathrm{S}},\ E^{\mathrm{F}},\ \Omega\}$ は，σ-加法族である。

例 7 で考えた事象の族が，用語 3-7 の 3 つの条件をすべて満たすことを示せ。

注意 **σ-加法族の構成**　用語 3-7 の条件は複雑なように見えるが，標本空間 Ω が定まっており，また，σ-加法族に含めるべき事象が n 個，E_1, E_2, ……, E_n のように定まっている場合，次のような手順で σ-加法族 $\mathcal{A}$ を構成することができる。

(1)　族 $\mathcal{A}$ に $\emptyset$, E_1, E_2, ……, E_n, Ω を加える。

(2)　族 $\mathcal{A}$ に含まれているすべての事象についてその余事象を考え，族 $\mathcal{A}$ にまだ含まれていないものがあればそれを加える。

(3)　族 $\mathcal{A}$ に含まれるすべての事象の組合せについて，その和集合と共通部分を考え，族 $\mathcal{A}$ にまだ含まれていないものがあればそれを加える。

(4)　新たに加えるべき事象が現れなくなるまで，(2) と (3) を繰り返す。

このようにして構成した族 $\mathcal{A}$ は，用語 3-7 の条件を満たす。なお，σ-加法族に含まれるべき事象の数が有限でない場合，この手順を実行することはできないが，有限の場合の類推として理解することができる。

標本空間が $\Omega = \{\square,\ \square,\ \square,\ \square,\ \square,\ \square\}$ であるとする。直前の注意の手順を参考に，次のような σ-加法族を構成せよ。

(1)　事象 $\{\square,\ \square,\ \square\}$ を含む σ-加法族のうち最も小さいもの。

(2)　事象 $\{\square,\ \square,\ \square\}$ と $\{\square,\ \square,\ \square\}$ を含む σ-加法族のうち最も小さいもの。

余事象 Ωを標本空間，Eを事象とする。このとき，標本空間Ωに含まれるが，事象Eには含まれない帰結のみを集めて新しい事象を作ることができる。この新しい事象を，事象Eの**余事象**という。余事象は，集合論における**補集合**に相当する。内包的記法を使うと，事象Eの余事象は $\{\omega\in\Omega \mid \omega\in E\}$ で定めることができる。事象Eの余事象を表すのに，本書では記号^{c}を使って，E^cと書くことにする。

事象Eが内包的に，$E=\{\omega\in\Omega \mid \omega$に関する，$\omega\in\Omega$以外の条件$\}$と表されるとき，その余事象 E^c は

$$E^c=\{\omega\in\Omega \mid \omega\text{に関する，}\omega\in\Omega\text{以外の条件}\}^c$$
$$=\{\omega\in\Omega \mid \omega\text{に関する，}\omega\in\Omega\text{以外の条件の否定}\}$$

のように表すことができる。

また，標本空間Ωと空集合∅に対して，$\Omega^c=\emptyset$，$\emptyset^c=\Omega$ が成り立つ。

標本空間Ω，空集合∅，事象 $E\subseteqq\Omega$ に対して

$$(E^c)^c=E,\ E\cup E^c=\Omega,\ E\cap E^c=\emptyset \ \cdots\cdots\ (2)$$

は常に成り立つ（演習1）。

補集合—ビー玉投げ $p.113$ の例5で定めた事象 E^S の余事象は，$p.115$ の例6で定めた事象 E^F である（章末問題1）。

(Review) **事象の和集合**

2つの事象 E_1，E_2 があるとする。事象 E_1 に含まれる帰結と，事象 E_2 に含まれる帰結をすべて集めて，新しい事象を作ることができる。この新しい事象を，事象 E_1 と E_2 の**和集合**という。内包的記法を使うと，事象 E_1 と E_2 の和集合は
$\{\omega \mid \omega\in E_1$ または $\omega\in E_2\}$ で定めることができる。事象 E_1，E_2 の和集合を表すのに記号∪を使って，$E_1\cup E_2$ と書く。

事象の列が無限に続く場合でも和集合を考えることができる。事象の**無限列** E_1，E_2，$\cdots\cdots$ があるとき，その和集合は
$\{\omega \mid \omega\in E_i$ となる自然数 i が存在する$\}$ で定められる。この和集合を表すのに記号∪を使って $E_1\cup E_2\cup\cdots\cdots$ と書いたり，$\displaystyle\bigcup_{i=1}^{\infty} E_i$
のように書くこともある。

有限列と無限列

数学では，何かを順番に並べたものを **列** と呼ぶ。数を並べたものは数列と呼ばれ，本項のように事象を並べたものは事象の列と呼ばれる。並べたものの値を指すのに，その列の何番目かを指定する。たとえば，「数列 4，6，1，7，8 の 3 番目の値は 1 である」といった具合である。

上の例のように並べるものの個数に上限があるような列を **有限列** という。上の例では，5 番目までは値が定まっているが，6 番目以降の番号を指定しても値はない。

どんなに大きな番号を指定しても，それに対応する値が定まっているような列を **無限列** という。たとえば章末問題 2. の事象 E_i を並べたものはどんなに大きな番号（たとえば 100000000 でもそれよりも大きくても）を指定しても，それに対応する事象が，

$$\left(E_{100000000} = \left\{ (u,\ v)\ \middle|\ \frac{1}{100000000} \leqq u \leqq 1,\ 0 \leqq v \leqq 1 \right\} \text{ などのように}\right)$$

定まっているので事象の無限列である。

事象の共通部分

2 つの事象 E_1，E_2 があるとする。集合 E_1，E_2 の両方に含まれる帰結だけを集めて，新しい事象を作ることができる。この新しい事象を，事象 E_1，E_2 の **共通部分** という。

内包的記法を使うと，事象 E_1，E_2 の共通部分は
$\{\omega\ |\ \omega \in E_1,\ \omega \in E_2\}$ で定められる。事象 E_1，E_2 の共通部分を表すのに記号 ∩ を用いて，$E_1 \cap E_2$ と書く。

事象の列が無限に続く場合でも共通部分を考えることができる。事象の無限列 E_1，E_2，…… があるとき，その共通部分は
$\{\omega\ |\$ すべての自然数 i に対して $\omega \in E_i$ が成り立つ$\}$ で定められる。この共通部分を表すのに記号 ∩ を使って $E_1 \cap E_2 \cap \cdots\cdots$ と書いたり $\displaystyle\bigcap_{i=1}^{\infty} E_i$ のように書くこともある。

ド・モルガンの公式 (De Morgan's laws) と呼ばれる集合論の公式は，確率論でも使われる重要なものである。

$\boxed{\text{Review}}$ **ド・モルガンの公式**

2つの事象 E_1, E_2 があるとき

$$(E_1 \cup E_2)^c = E_1{}^c \cap E_2{}^c \quad \cdots\cdots \ (3)$$

$$(E_1 \cap E_2)^c = E_1{}^c \cup E_2{}^c \quad \cdots\cdots \ (4)$$

は常に成り立つ。これらの式を **ド・モルガンの公式** という。

(3) は次のように示すことができる。$p.117$ の $+1$ ポイント の余事象の表現を使い

$$(E_1 \cup E_2)^c = \{\omega \mid \omega \in E_1 \text{ または } \omega \in E_2\}^c$$

$$= \{\omega \mid \lceil \omega \in E_1 \text{ または } \omega \in E_2 \rfloor \text{ の否定}\}$$

$$= \{\omega \mid \omega \notin E_1 \text{ かつ } \omega \notin E_2\}$$

$$= \{\omega \mid \omega \in E_1{}^c, \ \omega \in E_2{}^c\} = E_1{}^c \cap E_2{}^c$$

が得られる。

ド・モルガンの公式は，事象の無限列についても成り立つ。事象の無限列 E_1, E_2, $\cdots\cdots$ があるとき

$$\left(\bigcup_{i=1}^{\infty} E_i\right)^c = \bigcap_{i=1}^{\infty} E_i{}^c \quad \cdots\cdots \ (5)$$

$$\left(\bigcap_{i=1}^{\infty} E_i\right)^c = \bigcup_{i=1}^{\infty} E_i{}^c \quad \cdots\cdots \ (6)$$

は常に成り立つ。これらは，事象の無限列の **ド・モルガンの公式** という。

(5) は次のように示すことができる。ここでも，$p.117$ の $+1$ ポイント の表現を用い

$$\left(\bigcup_{i=1}^{\infty} E_i\right)^c$$

$$= \{\omega \mid \omega \in E_i \text{ となる自然数 } i \text{ が存在する}\}^c$$

$$= \{\omega \mid \lceil \omega \in E_i \text{ となる自然数 } i \text{ が存在する} \rfloor \text{ の否定}\}$$

$$= \{\omega \mid \text{すべての自然数 } i \text{ に対して } \omega \notin E_i \text{ が成り立つ}\}$$

$$= \{\omega \mid \text{すべての自然数 } i \text{ に対して } \omega \in E_i{}^c \text{ が成り立つ}\} = \bigcap_{i=1}^{\infty} E_i{}^c$$

が得られる。

◆ 事象の確率

ここまで準備をしておくと，確率を次のように定めることができる。

用語 3-8　確率

ある σ-加法族に含まれる事象に対して，公理 3-1 を満たすように割り当てた数を，その事象の**確率**という。

p を実数とする。事象 E に確率の値 p が割り当てられていることを，記号 P を用いて $P(E)=p$ と書く。

公理 3-1　確率の公理

Ω を標本空間，$\mathcal{A}$ を事象の σ-加法族とする。また，σ-加法族 $\mathcal{A}$ に含まれる事象 E に割り当てられている確率の値を $P(E)$ で表す。このとき，確率は次の 3 つの条件を満たさなければならない。

(1)　σ-加法族 $\mathcal{A}$ に含まれるすべての事象 E には確率 $P(E)$ が割り当てられていて，その値は $0 \leqq P(E) \leqq 1$ を満たす。

(2)　$P(\Omega)=1$

(3)　σ-加法族 $\mathcal{A}$ から，互いに排反になるように事象の列 $E_1,\ E_2,\ \cdots\cdots$ を選んだとき

$$P\left(\bigcup_{i=1}^{\infty} E_i\right) = \sum_{i=1}^{\infty} P(E_i)$$

が常に成り立つ。

Review　互いに排反な事象

2 つの事象 $E_1,\ E_2$ が共通の帰結をもたないとき，すなわち

$$E_1 \cap E_2 = \emptyset$$

であるとき，事象 $E_1,\ E_2$ は **互いに排反** であるという。

注意 **確率の公理** 公理 3-1 の 3 つの条件の意味を考えてみよう。

- (1)の前半は，私たちが考える事象にはすべて確率の値が割り当てられているという条件である。すなわち，「この事象が実現する確率は考えることができない」という事象が考察の対象に入っていないことを意味している。これは，確率を考えるうえで当然といえる。(1)の後半より，確率の値が 0 から 1 までの数であるので，私たちは，負の確率や，1 より大きい確率を割り当てることはできない。この条件も自然なものだろう。

- (2)は，標本空間に割り当てられる確率が 1 であるという条件である。事象としての標本空間を $p.\,114$ の注意のように解釈すると，それは必ず実現する事象であるから，割り当てられる確率の値が 1 であることは自然である。

- (3)の条件は，事象の **無限列** についてのものであるが，この条件は有限列についても成り立っている必要がある。たとえば，事象が 2 つの場合は次のように考えることができる。2 つの事象 E_1，E_2 が互いに排反であれば，事象 E_1，E_2 の両方に含まれるような帰結は存在しない。実現する帰結はただ 1 つであるため，互いに排反であることは，事象 E_1 と E_2 の両方が同時に実現することがないことを意味する。このとき

　　　　事象 E_1，事象 E_2 のどちらかが実現する確率

　　　　　＝ 事象 E_1 が実現する確率＋事象 E_2 が実現する確率

が成り立つと考えるのは自然だろう。(3)はこのことを意味している。また，事象の数がいくら多くても，表していることは同じである。

このように考えると，公理 3-1 は，私たちが確率とはこういうものだろう，と考える自然な条件を並べたものであることがわかる。

例9 **確率—ビー玉投げ**　$p.\,116$ の例 7 で考えた σ-加法族 $\{\emptyset,\ E^{\mathrm{S}},\ E^{\mathrm{F}},\ \Omega\}$ に含まれる事象に対して

$$P(\emptyset)=0$$

$$P(E^{\mathrm{S}})=\frac{1}{2}$$

$$P(E^{\mathrm{F}})=\frac{1}{2},\quad P(\Omega)=1$$

という確率の割り当て方は公理 3-1 を満たす。

注意 **確率の割り当て方** *p.* 120 の用語 3-8 の確率の説明で,「割り当てた」という表現を使ったことには違和感があるかもしれない。しかし,本節の冒頭で示したように,確率の値が客観的に一意に定まることはない。確率の値は,*p.* 120 の公理 3-1 を満たしている必要があるが,この条件は,前ページの注意で確認したようにとても緩やかなもので,この条件だけで確率の値の割り当て方が一意に定まることは,ほとんどない (練習 5)。

したがって,確率の値は,私たちが何らかの仮定を導入して割り当てる必要がある。例 8 の割り当て方は,私たちが「ビー玉投げのゲームで成功する確率も失敗する確率も等しく $\frac{1}{2}$ である」という仮定を導入して得られるものである。

このほかにも,たとえば「成功する確率は失敗する確率の倍だろう」と仮定すれば

$$P'(\emptyset) = 0, \quad P'(E^{\mathrm{S}}) = \frac{2}{3}$$

$$P'(E^{\mathrm{F}}) = \frac{1}{3}, \quad P'(\Omega) = 1$$

という割り当て方が得られる。どちらの割り当て方も,公理論的には正しいものである。

(1) 例 9 の確率の割り当て方が,公理 3-1 を満たすことを確認せよ。また,例 9,上の注意で考えた以外の確率の割り当て方の例を挙げよ。

(2) 確率の値の割り当て方が,公理 3-1 の条件のみで決まるのは,σ-加法族がどのような場合か答えよ。

2 つの事象 E_1, E_2 があり,$E_1 \subseteq E_2$ を満たしているとする。このとき,公理 3-1 によれば,これらの事象の確率 $P(E_1)$, $P(E_2)$ は $P(E_1) \leq P(E_2)$ を満たすことが必要である。

もし,$P(E_1) \leq P(E_2)$ を満たさないとすると,公理 3-1 の条件 [1] が成り立たないことを示せ。

注意 **帰結の確率** 読者の中には,「事象に確率を割り当てるのでなく,帰結に確率を割り当てておいて,それを足し上げて事象の確率を考えればよいのでは」と考える人もいるかもしれない。確かに,そのやり方で問題ない場合もある。しかし,確率を統計学に応用する場合,そのやり方では問題が生じてしまう。これについては,次節で説明する。

確率の無限和

公理 3-1 の (3) では ∞ の記号が 2 カ所に使われている。この記号は **無限大** と呼ばれ，**極限** を表すために使われる。左辺にある $\overset{\infty}{\underset{i=1}{\cup}} E_i$ は，事象の無限列の和集合を表す。これについては，$p.\,117$ の Review で確認した通りである。

右辺の $\overset{\infty}{\underset{i=1}{\sum}} P(E_i)$ について，直感的には次のように考えることができる。すなわち，n を自然数とすると，確率の和 $\overset{n}{\underset{i=1}{\sum}} P(E_i)$ がある実数になることは理解しやすいだろう。n の値を大きくしていったときに，この和の値がある数に近づいていくような場合，その近づく先を

$$\lim_{n\to\infty} \sum_{i=1}^{n} P(E_i) = \sum_{i=1}^{\infty} P(E_i)$$

と表す。

私たちが，統計学への応用を念頭に確率論を学ぶ場合，概ねこのような理解で構わない。より厳密に理解するには，実数の公理などの議論が必要になる（たとえば，[12] の第 1 章などを参照）。この公理 3-1 の (3) は，実数の無限列 $P(E_1)$，$P(E_2)$，…… の無限和 $\overset{\infty}{\underset{i=1}{\sum}} P(E_i)$ が左辺の実数 $P\left(\overset{\infty}{\underset{i=1}{\cup}} E_i\right)$ と等しくなくてはならない，という条件を表している。

公理 3-1 からは，次の命題を導くことができる。

命題 3-1　確率の連続性

事象の無限列 E_1，E_2，…… に対して

$$\lim_{n\to\infty} P\left(\overset{n}{\underset{i=1}{\cup}} E_i\right) = P\left(\overset{\infty}{\underset{i=1}{\cup}} E_i\right),\quad \lim_{n\to\infty} P\left(\overset{n}{\underset{i=1}{\cap}} E_i\right) = P\left(\overset{\infty}{\underset{i=1}{\cap}} E_i\right)$$

が成り立つ。これらの性質は，確率の連続性と呼ばれる。

公理 3-1 から命題 3-1 を導け。

3 確率変数とその分布

　前節では，実現するかどうかに偶然が関与する事象の確率を考えた。本節では，取る値に偶然が関与する量を確率変数で表現する方法を学ぶ。

　統計学との関係でいうと，次章で確認するように，誤差を表すのに確率変数が使われる。

◆ 確率変数と実現値

　まずは，確率変数の使われ方と，実現値との関係を直感的に考えてみよう。

　まだ終了していないゲームの得点や，未来の経済指標などは，潜在的にはさまざまな値をとる可能性があり，その値が定まる過程に偶然が関与すると考えられる。こうした量を表すのに **確率変数** を使うことができる。

ビー玉投げ―得点　p.113 の例5では，ゲームの結果が成功か失敗の2つであると考えたが，ここではルールを少し変えて，ビー玉が落ちた点の位置によって得点が決まることにする。

正方形の辺 BC を的（まと）として，そこに近いほど得点が高くなるような点の付け方を考えてみよう。ビー玉が落ちた点の位置と，辺 DA との距離を得点とする。p.110 の例1で考えたように，ビー玉が落ちる点の位置は偶然が関与して決まるとすれば，このゲームの得点を **確率変数** を使って表すことができる。すなわち，確率変数 Y^M を $Y^M =$〔例1のゲームで，ビー玉の落ちた点の位置と辺 DA の距離〕のように定める。

　確率変数を定めた時点では，それが結局どのような値をとるのかは定まっていないかもしれない。しかしいずれかの時点で，とった値を確認できることもある。たとえばゲームの得点であればゲームが終了すれば，また経済指標であればそれが公表されれば，実際にとった値がわかる。

　p.111 の注意では，確率論における帰結を，世の中に潜在的にあり得る成り行きや運命の1つ1つを指す，と考えた。すなわち，確率論における帰結は，ゲームの進行や，経済の成り行きを指すこともできる。このとき，**帰結** が定まると，確率変数がとる値も定まることになる。

このように，帰結が与えられたときに確率変数がとる値を，その確率変数の**実現値**という。

ビー玉投げ—実現値　例 10 のように確率変数 Y^M を定めたとする。実際にビー玉を投げたところ，落ちた点が $(0.3,\ 0.8)$ だったとしよう。すなわち，帰結 $\omega=(0.3,\ 0.8)$ が実現したことになる。このとき，辺 DA と点 $(0.3,\ 0.8)$ の距離は 0.3 なので，得点は 0.3 になる。

したがって，帰結 $\omega=(0.3,\ 0.8)$ が実現したとき，確率変数 Y^M の実現値は 0.3 である。

これ以外の帰結が実現した場合も，同じように考えることができる。すなわち，u と v を実数として，帰結 $(u,\ v)$ が実現した場合，辺 DA と点 $(u,\ v)$ の距離は u であるから，確率変数 Y^M の実現値は u である。

確率論では，この，帰結と実現値との **対応関係** を **関数** と考えて，その関数を確率変数と呼ぶ。

用語 3-9　確率変数
定義域が標本空間で，値域が実数の集合であるような関数を確率変数という。

(Review)　**関数**
　　高校までの数学では，2 次関数や三角関数などさまざまな関数の具体例を学ぶが，関数一般が何なのかについて考える機会はあまり多くないかもしれない。関数のこのような具体例ばかりが頭にあると，用語 3-9 のような確率変数の説明には——また，変数と呼ばれているのに，数学的には関数であるということには——多少戸惑うかもしれない。

　　たとえば，$f(x)=x^2+2x+3,\ (x$ は実数$)$ で表される 2 次関数 f があるとする。この関数 f に対して，$x=2$ を代入すると，その値は $f(2)=2^2+2\times2+3=11$ のように定まる。このとき，最初に代入した数 2 を **引数**（ひきすう）といい，計算された数 11 を **関数の値** あるいは単に **値** という。なお，このような意味では，引数ではなく，変数という言葉の方が一般的かもしれない。

しかし本書では，量をアルファベットなどの記号で表したものを
変数と呼ぶことにしているので（*p.* 13 の注意），区別するために
引数と呼ぶことにする。引数の代わりに **入力**，値の代わりに **出
力** という言葉が使われることもある。
一般に，引数と値の間の **対応関係** のうち，次の条件を満たすも
のを **関数** という。

関数の条件：どのような引数に対しても，それに対応する値がた
だ1つ存在するか，1つも存在しないかのどちらかである。

上の2次関数 f では，引数2に対応する値はただ1つ11に定ま
る。また，他のどんな実数を引数としても，関数の値はただ1つ
に定まるので，関数の条件を満たしている。
本節で考えている **確率変数** は，引数が（数ではなく）**帰結** であ
るような関数である。標本空間に含まれる帰結を決めると，それ
に対応して，実数である実現値がただ1つ決まるようなものであ
れば，関数の条件は満たされている。

確率変数─ビー玉投げ   *p.* 124 の例10では，ビー玉投げのゲームの得
点を表す確率変数 Y^M を定めた。確率論の表現を用いると，この確率変
数は次のように表すことができる。
例11の考察から，標本空間
$\Omega = \{(u,\ v) \mid 0 \leqq u \leqq 1,\ 0 \leqq v \leqq 1\}$ に対して，確率変数 Y^M を
$$Y^M(u,\ v) = u, \quad ((u,\ v) \in \Omega)$$
と定めることができる。

これまでにも実現値という言葉を利用してきたが，確率論の表現による説明も
確認しておこう。

用語 3-10　確率変数の実現値
Ω を標本空間，Y を確率変数とする。帰結 $\omega \in \Omega$ を与えたときの確率変数の
値 $Y(\omega)$ を，その確率変数の（帰結 ω に対する）実現値という。

◆ 確率変数と分布関数

前項では，確率変数とその実現値について考えたが，ここでは確率変数と確率の関わりについて考えよう。

確率変数と事象

確率変数を使って事象を定めることができる。

例 13 **ビー玉投げ──確率変数と事象**　例 12 では，ビー玉投げのゲームの点数を表す確率変数 Y^{M} を考えた。これを用いて，「得点が 0.3 以下である事象」は
$$\{(u, v) \in \Omega \mid Y^{\mathrm{M}}(u, v) \leqq 0.3\} = \{(u, v) \in \Omega \mid u \leqq 0.3\}$$
と表すことができる。

練習 8
(1)　例 13 で考えた事象を，$p.111$ の例 2 で考えた平面に図示せよ。
(2)　「得点が 0.2 よりも大きく，0.3 以下である事象」を例 13 にならって集合の内包的記法で表せ。また，それを (1) と同じように図示せよ。
(3)　「得点が 0.3 と等しいという事象」を例 13 にならって集合の内包的記法で表せ。また，それを (1) と同じように図示せよ。

確率変数と確率

例 13 のように，確率変数を使って定めた事象にも，確率を割り当てることを考える。ただし，事象に割り当てる確率の値を定めるには，ここでも $p.122$ の注意（確率の割り当て方）と同じように，仮定を導入することが必要である。

例 14 **ビー玉投げ──確率変数と確率**　$p.110$ の例 1 のビー玉投げで，ビー玉を投げる位置と，正方形 ABCD が十分に離れていて，正方形のどこにビー玉が落ちるかは，投げる前に全くわからないとしよう。すなわち，正方形 ABCD とその内側のどの点も，実現のしやすさが同じであるとする。この仮定のもとでは，正方形 ABCD に含まれるある領域を考えたとき，ビー玉がその領域に落ちる確率は，その領域の面積に比例する。例 1 の投げ方では，ビー玉は，面積が 1 である正方形 ABCD のどこかに必ず落ちるので，それに含まれる領域に落ちる確率は，その領域の面積に等しいと考えることができる。

この仮定のもとで，「得点が 0.3 以下である事象」に割り当てられる確率を考えてみよう。この事象は，例 13 で考えたように
$\{(u,\ v)\in\Omega \mid Y^{\mathrm{M}}(u,\ v)\leqq 0.3\}=\{(u,\ v)\in\Omega \mid u\leqq 0.3\}$ のように表すことができて，これは練習 8 (1) で図示した領域に対応する。この面積は 0.3 であるから，確率は $P(\{(u,\ v)\in\Omega \mid Y^{\mathrm{M}}(u,\ v)\leqq 0.3\})=0.3$ と求まる。

注意 **確率の簡便的記法** 確率変数を使って事象を定めたとき，その確率を表すのには簡便な記法が使われることが多い。たとえば，例 14 の確率
$P(\{(u,\ v)\in\Omega \mid Y^{\mathrm{M}}(u,\ v)\leqq 0.3\})$ はより簡便に $P(Y^{\mathrm{M}}\leqq 0.3)$ と表される。すなわち一般に，Y を確率変数としたとき，それによって決まる確率を書くときに，帰結に関する記述を省略して，たとえば
$$P(0<Y\leqq 1)=P(\{\omega\in\Omega \mid 0<Y(\omega)\leqq 1\})$$
$$P(Y=3)=P(\{\omega\in\Omega \mid Y(\omega)=3\})$$
の左辺の記法が使われる。
本書でもこの先こうした簡便な記法もあわせて使う。

 練習 8 の (2)，(3) で考えた事象の確率を，それぞれ上の注意にならって簡便な記法で表せ。また，例 14 の仮定のもとで，これらの確率の値を求めよ。

分布と分布関数

　私たちが確率変数を考えるとき，私たちの興味は，その確率変数がどのような確率でどのような実現値を取るかであろう。

用語 3-11　確率変数の分布
確率変数が，どのような確率でどのような実現値を取るのかの様子を，その確率変数の確率分布あるいは単に分布という。

　確率変数の分布の特徴を捉えるために，**分布関数** と呼ばれる関数を出発点に据えることが多い。

用語 3-12　分布関数
Y を確率変数とする。実数 x に対して，確率 $P(Y\leqq x)$ を，x を引数とする関数とみなしたものを，確率変数 Y の分布関数という。

ビー玉投げ─分布関数　$p.126$ の例 12 で定めた確率変数 Y^{M} の**分布関数**を，例 14 でおいた仮定のもとで求めてみよう。

確率変数 Y^{M} の分布関数を求めるには，実数 x のさまざまな値に対して確率 $P(Y^{\mathrm{M}} \leqq x)$ を考えればよい。次の 3 つの場合に分けて考えよう。

(1)　$x < 0$ の場合

　　このゲームでは，ビー玉は必ず正方形 ABCD のどこかに落ちるが，どこに落ちても，辺 DA とビー玉の距離が負になることはない。すなわち，$x < 0$ のとき，$Y^{\mathrm{M}} \leqq x$ という事象は
$$\{\omega \in \Omega \mid Y^{\mathrm{M}}(\omega) \leqq x\} = \emptyset$$
であるから，$P(Y^{\mathrm{M}} \leqq x) = P(\emptyset) = 0$ が得られる。

(2)　$0 \leqq x \leqq 1$ の場合

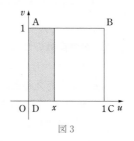

図 3

　　事象 $\{\omega \in \Omega \mid Y^{\mathrm{M}}(\omega) \leqq x\}$ は図 3 で示す長方形の領域に対応し，その面積が x である。例 14 の仮定のもとでは，事象の確率と，対応する領域の面積が等しいので，$P(Y^{\mathrm{M}} \leqq x) = x$ が得られる。

(3)　$1 < x$ の場合

　　このゲームでは，ビー玉は必ず正方形 ABCD のどこかに落ちるが，どこに落ちても，辺 DA とビー玉の距離は 1 以下である。したがって，どの帰結 $\omega \in \Omega$ が実現しても，$Y^{\mathrm{M}}(\omega) \leqq 1 < x$ は成り立つから，事象 $Y^{\mathrm{M}} \leqq x$ は標本空間 Ω と等しい。したがって，$P(Y^{\mathrm{M}} \leqq x) = P(\Omega) = 1$ が得られる。

以上をまとめると
$$P(Y^{\mathrm{M}} \leqq x) = \begin{cases} 0, & (x < 0) \\ x, & (0 \leqq x \leqq 1) \\ 1, & (1 < x) \end{cases}$$
となる。

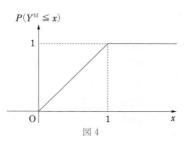

図 4

これが，確率変数 Y^{M} の分布関数である。グラフに表すと，図 4 のようになる。

分布関数は——どのような確率変数のものであろうと——次の性質を満たす。

命題 3-2　分布関数の性質

確率変数 Y の分布関数 $P(Y \leq x)$ は次を満たす。

(1) 分布関数の定義域は実数全体で，その値は，負になることも 1 を超えることもない。

(2) $a < b$ のとき，$P(Y \leq a) \leq P(Y \leq b)$ が成り立つ。この性質を単調非減少性という。

(3) $\displaystyle \lim_{x \to -\infty} P(Y \leq x) = 0$。

(4) $\displaystyle \lim_{x \to \infty} P(Y \leq x) = 1$。

注意　分布関数の性質　命題 3-2 の条件は，どれも p. 120 の公理 3-1 と関係する。

- まず，(1) については，x の値を定めたとき，$P(Y \leq x)$ が確率の値を表すことを考えると，公理 3-1 の 1 番目の条件からただちに導かれる。
- (2) は，分布関数をグラフに描いたとき，平坦な場所や右上がりな場所があっても構わないが，右下がりになる場所がないことを表している（練習 10）。
- (3)，(4) は，分布関数をグラフに描いたとき，左側は横軸付近から始まり，右側は高さ 1 付近で終わることを表している（練習 10）。

 Ω を標本空間，Y を確率変数，その分布関数を $P(Y \leq x)$ とする。

(1) 命題 3-2 の (2) を次のように示せ。

　(a) $a < b$ のとき，$\{\omega \mid Y(\omega) \leq a\} \subset \{\omega \mid Y(\omega) \leq b\}$ を示せ。

　(b) 練習 6 の結果を考えて命題 3-2 の (2) が成り立つことを確認せよ。

(2) 命題 3-2 の (3) を，ここまでで確認した集合の規則と，公理 3-1 を用いて確かめよ。

(3) 命題 3-2 の (4) を確かめよ。

注意　関数の極限

実数の無限列（p. 118 の Review）と同じように，関数についても **極限** を考えることができる。両者は，感覚的な意味も，数学的な考え方もほとんど同じである（関数の極限に関する，より厳密な扱いについてはたとえば [12] の第 2 章などを参照）。

注意 **分布関数と分布** 分布関数は，その確率変数の分布に関する情報のほとんどすべてをもっている。確率変数 Y に関して私たちが知りたいと思うような確率のほとんどは，分布関数 $P(Y \le x)$ から求めることができる。

たとえば

$$P(2 < Y) = 1 - P(Y \le 2) \quad \cdots\cdots \ (7)$$

$$P(2 < Y \le 3) = P(Y \le 3) - P(Y \le 2) \quad \cdots\cdots \ (8)$$

などである。$P(Y = 3)$ のような確率も，やや複雑になるがたとえば

$$P(Y = 3) = P(Y \le 3) - \lim_{n \to \infty} P\left(Y \le 3 - \frac{1}{n}\right) \quad \cdots\cdots \ (9)$$

のように，分布関数で表すことができる。

さらに，この先に学習する **確率密度関数** や，**期待値**，**分散** なども分布関数から計算される。

練習 11　Y を確率変数とする。

(1)　(7) を公理 3-1 から導け。

(2)　(8) を公理 3-1 から導け。

(3)　(9) を公理 3-1 から導け。ただし，事象に関する等式

$$\{\omega \mid Y(\omega) = 3\} = \bigcap_{i=1}^{\infty} \left\{\omega \,\middle|\, 3 - \frac{1}{i} < Y(\omega) \le 3\right\}$$

と，確率の連続性（$p.123$ の命題 3-1）を用いてもよい。

┌─ **＋1ポイント** ─────────────────────────

可測な確率変数

ここまで，確率変数 Y の分布関数 $P(Y \le x)$ が存在することを前提に話を進めてきた。これは，すべての実数 x に対して，事象 $\{\omega \mid Y(\omega) \le x\}$ が，私たちの考えている σ-加法族 $\mathcal{A}$ に含まれていて，それに確率 $P(\{\omega \mid Y(\omega) \le x\})$ が公理 3-1 と矛盾しないように割り当てられている，という仮定を暗においてきたことになる。この仮定を満たすような確率変数を **可測** な確率変数という。

考えている確率変数が可測かどうかは，数学的には重要な問題である。しかし，統計学への応用においては，ほとんどの場合，確率変数は可測であると仮定して構わない（$p.116$ の注意（統計学と σ-加法族）も参照）。

└─────────────────────────────────────

連続な確率変数

確率変数一般は，$p.125$ の用語 3-9 のように説明されるが，その分布関数の形状によって，大まかには，**連続** なものと，そうでないものに分類できる。

用語 3-13　連続な確率変数

確率変数 Y の分布関数 $P(Y \leqq x)$ が，すべての実数 x において連続であるとき，その確率変数は連続である，という。

ビー玉投げ—連続性　$p.129$ の例 15 で考えた分布関数 $P(Y^M \leqq x)$ は連続であるから，この確率変数 Y^M は連続である。

＋1ポイント

関数の連続

高校までの数学では，関数が連続かどうかを感覚以上に気にすることはあまり多くないかもしれない。感覚的には，グラフに描いたときに切れ目が見当たらなければ，その関数は連続である，と判断できる。この判断方法は，的外れではないが，欠点もある。スクリーンに映したり，機械で印刷したグラフを見て判断しても，そこに映らないようなとても小さな切れ目がある可能性を否定できない。

ある実数 a に対して，関数 f の値 $f(a)$ が存在し

$$\lim_{\delta \to +0} f(a-\delta) = f(a)$$
$$= \lim_{\delta \to +0} f(a+\delta)$$

を満たすとき，関数 f は，a で **連続** であるという。

ただし $\lim_{\delta \to +0} f(a-\delta)$ は，引数の値を左側から a に近付けていったときの関数の f の極限を表す。

なお，前ページの注意の (9) などでは自然数 n を使った極限を考えたが，実数 δ を使った極限はこれとほぼ同じ意味をもつ。

すなわち，本書の範囲では

$$\lim_{\delta \to +0} f(a-\delta) = \lim_{n \to \infty} f\left(a - \frac{1}{n}\right)$$

と考えて構わない。

同じように，$\lim_{\delta \to +0} f(a+\delta)$ は，右側から近付けていった極限を表す（「近付けていった」というのはやや感覚的な表現である。関数の連続に対するもう少し厳密な表現については，たとえば [12] の第 2 章などを参照）。

注意 **連続でない確率変数** 連続でない——すなわち，分布関数に不連続点があるような——確率変数の代表的なものが **離散な** 確率変数である。離散な確率変数は，可能な実現値が飛び飛びの値に限られ，分布関数は「階段」のような形をしている。

本書では確率変数を，次章において **誤差** を表現するために利用する。そこでは誤差を連続なものと考えるので，本書では離散な確率変数を扱わない。離散な確率変数についてより詳しくは，[10] の第 3 章などを参照。

連続な確率変数と確率 0 の事象

$p.131$ の注意で示したように，確率変数の実現値がある実数に一致する確率は，分布関数の極限の形で書くことができる。

ビー玉投げ—実現値が一致する確率 例 15 で分布関数を求めた確率変数 Y^{M} の実現値が 0.3 に一致する確率を考えてみよう。練習 11 と同じような考察と，$p.132$ の $+1$ ポイントから

$$P(Y^{\mathrm{M}}=0.3)=P(Y^{\mathrm{M}}\leqq0.3)-\lim_{\delta\to+0}P(Y^{\mathrm{M}}\leqq0.3-\delta)$$

である。分布関数 $P(Y^{\mathrm{M}}\leqq x)$ は **連続** であるから（例 16）

$$\lim_{\delta\to+0}P(Y^{\mathrm{M}}\leqq0.3-\delta)=P(Y^{\mathrm{M}}\leqq0.3)$$

である。
したがって

$$P(Y^{\mathrm{M}}=0.3)=P(Y^{\mathrm{M}}\leqq0.3)-P(Y^{\mathrm{M}}\leqq0.3)=0$$

が得られる。

この例では，事象 $\{\omega\mid Y^{\mathrm{M}}(\omega)=0.3\}$ を考えたが，それ以外のどのような実数でも，実現値が一致する確率を計算すると 0 になる。

一般に，次の命題が成り立つ。

> **命題 3-3** **実現値がある実数に一致する確率**
> Y を確率変数，a を実数とする。確率変数 Y が連続であるとき，その実現値が実数 a に一致する確率は，$P(Y=a)=0$ である。

注意　確率 0 の事象　例 17 の結果や命題 3-3 は感覚的には理解しにくいかもしれない。この命題では実数 a の値を特定していないので，どのような実数に対しても，確率変数 Y の実現値がそれに一致する確率が 0 であることを主張している。その一方で確率変数 Y の実現値 $Y(\omega)$ は，実数でなくてはならない。これは矛盾のように感じられるかもしれない。

実は，ある事象に割り当てられている確率が 0 であることと，ある事象の実現が不可能なこと——すなわち，それが空集合であること——は同じではない。

例 17 で考えた事象は

$$\{\omega \mid Y^{M}(\omega)=0.3\}=\{(u, \ v) \mid u=0.3, \ 0 \leqq v \leqq 1\}$$

のように表される。これは，縦軸から 0.3 だけ右側に位置する，長さが 1 の線分を表し，空集合 $\emptyset$ ではない。$p.\ 127$ の例 14 によると，この事象に含まれる帰結は，他の帰結と同じくらい「実現しやすい」と考えられるので，この事象は実現する可能性がある。それにもかかわらず，この事象に割り当てられる確率は 0 である。このように，実現する可能性がある事象に確率 0 を割り当てることには違和感があるかもしれない。

しかし，$p.\ 120$ の公理 3-1 や，例 14 でおいた仮定（ビー玉がある領域に落ちる確率はその面積に等しい（比例する））から考えると，線分の面積は 0 なので $P(Y^{M}=0.3)=0$ とするほかない。

直感的には，「ビー玉が，線分のピッタリ上に落ちることは可能なのだが，その確率はあまりにも小さく，値としては 0 とするほかない」と理解することができる。$p.\ 122$ の注意（帰結の確率）では，帰結に確率を割り当てると問題が生じることがあると説明したが，その問題はここにある。$p.\ 110$ の例 1 のゲームでは，正方形 ABCD に含まれる点の 1 つ 1 つが帰結になる。どんなに小さな領域も無数の点を含むので，点の 1 つ 1 つに正の確率を割り当てると，領域の確率は 1 を超えてしまう。

したがって，点の 1 つ 1 つに確率を割り当てるとすると，0 とするほかない。しかし，「すべての点に確率 0 を割り当てる」としてもゲームの状況や仮定を記述したことにはならないだろう。例 14 のように帰結の集合である事象を考え，その事象が表す領域の面積と等しい確率を割り当てる，とした方がゲームの状況をうまく記述できる。

前ページの注意の考察では，ビー玉投げのゲームで，領域の面積に比例するように確率を割り当てると，線分に割り当てられる確率は常に 0 であった。そこで，線分の長さに比例するように確率を割り当てれば，面積が 0 の事象にも正の確率を割り当てることができる。ただし，ビー玉投げのゲームでこのような割り当て方をすると不都合が生じてしまう。どのような不都合か答えよ。

分位数

Y を確率変数とする。実数上の区間をたとえば $\{x \mid x \leqq 2\}$ のように定めると，確率変数 Y の実現値がそこに含まれる確率は $P(Y \leqq 2)$ のように分布関数から求めることができる。ここでは逆に，確率の値を定めたときに，それに対応する区間を求めることを考える。

> **用語 3-14　左側分位数**
> Y を確率変数，α を $0 < \alpha < 1$ を満たす実数とする。このとき，$P(Y \leqq l_\alpha) = \alpha$ を満たす実数 l_α が存在するならば，この l_α を，確率変数 Y の左側 α-分位数という。

> **用語 3-15　右側分位数**
> Y を確率変数，α を $0 < \alpha < 1$ を満たす実数とする。このとき，$P(r_\alpha \leqq Y) = \alpha$ を満たす実数 r_α が存在するならば，この r_α を，確率変数 Y の右側 α-分位数という。

確率変数 Y が連続である場合，分位数を求めるのに分布関数の **逆関数** を使うことができる。

> **命題 3-4　分位数と分布関数の逆関数**
> Y を連続な確率変数，その分布関数 $F_Y(x) = P(Y \leqq x)$ の逆関数を F_Y^{-1} とし，また α を $0 < \alpha < 1$ を満たす実数とする。実数 α に対して，逆関数の値 $F_Y^{-1}(\alpha)$ が存在するとき，確率変数 Y の左側 α-分位数 l_α は，$l_\alpha = F_Y^{-1}(\alpha)$ で与えられる。
> また，実数 $1 - \alpha$ に対して，逆関数の値 $F_Y^{-1}(1 - \alpha)$ が存在するとき，確率変数 Y の右側 α-分位数 r_α は，$r_\alpha = F_Y^{-1}(1 - \alpha)$ で与えられる。

ビー玉投げ―分位数 $p.129$ の例 15 で求めた，確率変数 Y^{M} の分布関数は，$0<\alpha<1$ において逆関数 $F_Y{}^{\mathrm{M}^{-1}}$ の値が存在し

$$F_Y{}^{\mathrm{M}^{-1}}(\alpha)=\alpha, \quad (0<\alpha<1)$$

である。

確率変数 Y^{M} の左側 0.05-分位数は

$$F_Y{}^{\mathrm{M}^{-1}}(0.05)=0.05$$

である。また，右側 0.05-分位数は

$$F_Y{}^{\mathrm{M}^{-1}}(1-0.05)=1-0.05=0.95$$

である。

Review **逆関数** $p.125$ の Review では，関数を，引数と値の間の対応関係として説明した。

f を関数とする。その引数と値を「入れ替えた」関係を，その関数の **逆関数** といい，f^{-1} で表す。

すなわち，関数 f の引数の値 a における値 $f(a)$ が存在し，それが $f(a)=b$ であるとする。関数 f の逆関数 f^{-1} においては，（引数と値を入れ替えて）$f^{-1}(b)=a$ のように，引数の値 b における関数の値が a である。

より厳密には，逆関数も関数の条件を満たす必要があるので，たとえ $f(a)=b$ であったとしても，a の他に $f(c)=b$ を満たす実数 c が存在するとき，逆関数の値 $f^{-1}(b)$ は存在しないと考える。そうしないと，関数 f^{-1} の値が，$f^{-1}(b)=a$ と $f^{-1}(b)=c$ の 2 つ存在することになり，関数の条件を満たさなくなってしまう。

練習
13 命題 3-4 では，「$F_Y{}^{-1}$ が逆関数として存在するとき」などと条件を付けたが，実数 $0<\alpha<1$ において $F_Y{}^{-1}$ が逆関数として存在しないのは，分布関数 F_Y がどのような特徴をもっているときか考えよ。またその特徴は，確率変数 Y の分布に対してどのような意味があるか答えよ。

◆確率密度関数

$p.131$ の注意で説明したように，分布関数は，その確率変数の分布に関する情報のほとんどすべてをもっている。しかし私たちが，例 15 で求めた分布関数の式や，それをグラフで表した図 4 を見て，そこから確率変数 Y^{M} の分布の特徴を読み取ることは簡単ではない。

連続な確率変数の場合，分布関数よりも，その **導関数** である **確率密度関数** を観察した方が，分布の特徴を捉えやすい。

用語 3-16　確率密度関数

Y を確率変数とする。その分布関数 $P(Y\leqq x)$ を引数 x で微分した

$$\frac{\mathrm{d}}{\mathrm{d}x}P(Y\leqq x)$$

の値を，確率変数 Y の値 x における確率密度という。

また，微分可能なすべての x について確率密度を求め，それを関数とみなしたもの，すなわち分布関数の導関数を確率密度関数あるいは単に密度関数という。

例 19

ビー玉投げ—確率密度関数　例 15 で求めた，確率変数 Y^{M} の分布関数 $P(Y^{\mathrm{M}}\leqq x)$ を微分して導関数を求めると

$$\frac{\mathrm{d}}{\mathrm{d}x}P(Y^{\mathrm{M}}\leqq x)=\begin{cases}0, & (x\leqq 0,\ 1<x)\\ 1, & (0<x\leqq 1)\end{cases}$$

のように得られる。

これが，確率変数 Y^{M} の確率密度関数である。図 5 はこのグラフである。

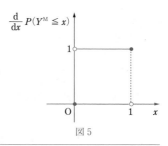

図 5

注意 **確率密度関数と事象の確率** 確率密度関数のグラフからは，確率変数の実現値が
どのあたりに位置しそうかを読み取ることができる。すなわち，確率密度関数の
グラフを見て，値が大きいところがあれば，それは，その付近に実現値が位置す
る確率が大きいことを表している。

たとえば，例 19 で求めた確率密度関数の形からは，確率変数 Y^M の実現値が 0
以下や 1 より大きいところに位置する確率がないことがわかる。また，0 と 1 の
間では，確率密度の値が等しいので，そのどこも同じ確率で実現値が位置するこ
とがわかる。このことは，*p.* 132 の例 16 の仮定と概ね整合的である。

確率密度関数の形をこのように解釈できる理由を考えてみよう。Y を確率変数，
その確率密度関数を f_Y とする。すなわち，$f_Y(x) = \dfrac{\mathrm{d}}{\mathrm{d}x} P(Y \leq x)$ である。ここ
で，この微分が左側からのものであるとすると

$$f_Y(x) = \lim_{\mathrm{d}x \to +0} \frac{P(Y \leq x) - P(Y \leq x - \mathrm{d}x)}{\mathrm{d}x}$$

である。この等式は $\mathrm{d}x \longrightarrow +0$ の極限においては厳密に成り立っているが，極
限でなく，$\mathrm{d}x$ を十分に小さな正の値とした場合には

$$f_Y(x) \simeq \frac{P(Y \leq x) - P(Y \leq x - \mathrm{d}x)}{\mathrm{d}x}$$

という近似として考えられる。両辺に $\mathrm{d}x$ を掛けると

$$f_Y(x)\mathrm{d}x \simeq P(Y \leq x) - P(Y \leq x - \mathrm{d}x)$$
$$= P(x - \mathrm{d}x < Y \leq x)$$

という近似が得られる。これは，確率変数の実現値が，x 付近の幅 $\mathrm{d}x$ の区間に
含まれる確率が，確率密度関数の値 $f_Y(x)$ に近似的に比例することを表してい
る。

Review **微分と導関数** 高校の数学で学んだ通り，関数の微分とは，その
関数のグラフ上のある点における **接線** の傾きを求めることや，
求めた傾きの値を指す。傾きを求めることができるすべての点で
傾きを求め，それぞれの点での接線の傾きを値とする関数と考え
たものが **導関数** である（より詳しくは，[12] の第 3 章など）。
分布関数 $P(Y \leq x)$ の，点 $(x, P(Y \leq x))$ における傾きを求める
には，左側からの極限 $\displaystyle \lim_{\mathrm{d}x \to +0} \frac{P(Y \leq x) - P(Y \leq x - \mathrm{d}x)}{\mathrm{d}x}$

を使うやり方と，右側からの極限

$$\lim_{\mathrm{d}x \to +0} \frac{P(Y \leqq x + \mathrm{d}x) - P(Y \leqq x)}{\mathrm{d}x}$$

を使うやり方がある。微分積分学などでは，左側からの極限と右側からの極限の両方が存在して，その値が等しいときに，分布関数 $P(Y \leqq x)$ は点 $(x, P(Y \leqq x))$ で **微分可能** という。しかし本書では，分布関数を微分して確率密度関数を求める際に（少しおおらかに）左側からの微分があれば十分としよう。$p.\,129$ の例 15 で考えた分布関数 $P(Y^{\mathrm{M}} \leqq x)$ については，上の厳密な意味では，引数の値 0 と 1 において微分可能でなく，これらの点で確率密度は存在しない。しかし例 19 では，左側からの微分を確率密度とした。

練習 14　確率変数 U の分布関数が $P(U \leqq x) = \begin{cases} 0, & (x < 0) \\ x^2, & (0 \leqq x \leqq 1) \\ 1, & (1 < x) \end{cases}$ であるとする。

(1)　確率変数 U の分布関数のグラフをかけ。

(2)　確率密度関数を求め，そのグラフをかけ。

(3)　確率密度関数のグラフの形状から考えて，確率変数 U の実現値は，0.1 付近と 0.9 付近のどちらにより位置しやすいか答えよ。

確率密度関数は次の性質を満たす。

命題 3-5　確率密度関数の性質

Y を連続な確率変数とする。その確率密度関数 f_Y は次を満たす。

(1)　値が定義されているところでは，その値は 0 か正で，負になることはない。この性質を非負性という。

(2)　$a < b$ のとき　　$\displaystyle\int_a^b f_Y(u)\,\mathrm{d}u = P(Y \leqq b) - P(Y \leqq a) = P(a < Y \leqq b)$
　　が成り立つ。

(3)　実数 x に対し　　$\displaystyle\int_{-\infty}^{x} f_Y(u)\,\mathrm{d}u = P(Y \leqq x)$

(4)　$\displaystyle\int_{-\infty}^{\infty} f_Y(u)\,\mathrm{d}u = 1$

命題 3-5 の (1) は，分布関数の性質 (命題 3-2) のどれから導かれるか答えよ。

＋１ポイント

関数の積分　命題 3-5 の (2)，(3)，(4) は確率密度関数の **積分** に関するものである。関数の積分には，いくつかのやり方があるが，本書では **リーマン和** で考えよう。Y を確率変数，f_Y をその確率密度関数としよう。この命題の (1) より，関数 f_Y は非負であるから，グラフにかくと，横軸より上にある部分と，横軸にくっついている部分からなるが，横軸より下にはみ出ることはない。関数 $f_Y(u)$，横軸，直線 $u=a$，$u=b$ で囲まれる図形の面積 S を求める方法を **求積法** という。求積法で用いられるのが，**定積分** と呼ばれる関数 f への操作である。求積法と定積分の詳しい区別は解析学や測度論の教科書に譲るとして，ここではひとまずこれらを同一視する。

まず，n を自然数として，横軸上で a から b までの区間を n 等分する。こうして作った n 個の (小さい) 区間それぞれについて，横軸から上に伸びる長方形を，右上が関数 f_Y のグラフと重なるように描く (図6)。この n 個の長方形の面積を足し合わせた値 S_n は **リーマン和** と呼ばれる。こ

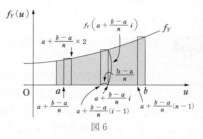

図6

のリーマン和 S_n が，上で定めた図形の面積 S の近似になっていることは，直感的にもわかりやすいだろう。また，区間を分割する数 n が大きくなるほど，近似が正確になっていくことも直感的に当然と思えるかもしれない。実際，a から b までの区間で関数 f_Y が **一様に連続** であれば，$\lim_{n\to\infty} S_n = S$ であることを示すことができる。この極限が，リーマン和による定積分であり，この値を

$$\lim_{n\to\infty} S_n = S = \int_a^b f_Y(u)\mathrm{d}u$$

と書く。

なお，関数 f が，ある区間で **一様に連続** であることの意味は，$p.132$ の ＋１ ポイントの **連続** とほぼ同じだが，これよりも少し強い (詳しくは [12] の第 4 章など)。確率論で扱う関数でも，時々 (たとえば区間の端の極限で関数 f の値が収束しない場合など) 一様に連続でない場合があるが，その場合には積分の別の方法を考える必要がある。ただし，ここでは積分そのものでなく，命題 3-5 の理解を目的としているので，こうした方法は考えない。

確率変数 Y の確率密度関数 f_Y のリーマン和を考えてみよう。

a から b までの区間を n 等分したので，長方形の幅はすべて $\dfrac{b-a}{n}$ である。

左端から i 番目の長方形の高さは $f_Y\left(a+\dfrac{b-a}{n}i\right)$ であるから，この面積は

$f_Y\left(a+\dfrac{b-a}{n}i\right)\times\dfrac{b-a}{n}$ になる。n 個の長方形の面積の和 S_n は

$$S_n=\sum_{i=1}^{n} f_Y\left(a+\frac{b-a}{n}i\right)\frac{b-a}{n}$$

である。

上に述べたように，もし確率密度関数 f_Y が a から b までの区間で一様に連続であれば，このリーマン和の極限を

$$\lim_{n\to\infty}S_n=\lim_{n\to\infty}\sum_{i=1}^{n} f_Y\left(a+\frac{b-a}{n}i\right)\frac{b-a}{n}$$

$$=\int_a^b f_Y(u)\,\mathrm{d}u$$

のように積分の値とする。

分割の数 n が大きくて，長方形の幅 $\dfrac{b-a}{n}$ が十分に小さければ $p.138$ の注意より，近似

$$f_Y\left(a+\frac{b-a}{n}i\right)\simeq\frac{P\left(Y\le a+\dfrac{b-a}{n}i\right)-P\left(Y\le a+\dfrac{b-a}{n}(i-1)\right)}{\dfrac{b-a}{n}}$$

が使える。

また，$n\longrightarrow\infty$ の極限では，この近似は，厳密な等式になる。

この近似を用いると

$$S_n\simeq\sum_{i=1}^{n}\frac{P\left(Y\le a+\dfrac{b-a}{n}i\right)-P\left(Y\le a+\dfrac{b-a}{n}(i-1)\right)}{\dfrac{b-a}{n}}\times\frac{b-a}{n}$$

$$=\sum_{i=1}^{n}\left\{P\left(Y\le a+\frac{b-a}{n}i\right)-P\left(Y\le a+\frac{b-a}{n}(i-1)\right)\right\}$$

$$=P\left(Y\le a+\frac{b-a}{n}\times n\right)-P\left(Y\le a+\frac{b-a}{n}\times(1-1)\right)$$

$$=P(Y\le b)-P(Y\le a)$$

が成り立つ。

また，この近似は $n \longrightarrow \infty$ の極限で厳密な等式になる。

以上より

$$\lim_{n\to\infty} S_n = P(Y \leqq b) - P(Y \leqq a)$$

$$= \int_a^b f_Y(u) \mathrm{d}u$$

すなわち，命題 3-5 の (2) が得られる。

ここで，$b = x$ とすると

$$\int_{-\infty}^x f_Y(u)\mathrm{d}u = \lim_{a\to-\infty}\int_a^x f_Y(u)\mathrm{d}u$$

$$= \lim_{a\to-\infty} \{P(Y \leqq x) - P(Y \leqq a)\}$$

であるが，p. 130 の命題 3-2 の (3) より，p. 139 の命題 3-5 の (3) が得られる。さらにここで $x \longrightarrow \infty$ の極限を考えると，同様に (4) が得られる。

◆ 期待値

ここまでで学習したように，確率変数の分布関数や確率密度関数は，その分布に関する情報のほとんどをもっている。特に確率密度関数のグラフを見ると，確率が実数の上にどのように分布しているのかの様子がわかりやすい。

この分布に関する情報を要約する指標があると便利だろう。こうした指標には（記述統計の場合と同様）さまざまなものがあるが，本項で学習する **期待値** が代表的である。期待値は，分布の真ん中の位置を表す指標の 1 つである。確率変数が連続な場合，その期待値は次のように定められる。

用語 3-17　期待値

Y を連続な確率変数，f_Y をその確率密度関数とする。

このとき，積分

$$\int_{-\infty}^{\infty} u f_Y(u)\mathrm{d}u$$

で計算される値を，確率変数 Y の期待値という。

確率変数 Y の期待値を，記号 E を使って表すことがある。

すなわち

$$\mathrm{E}(Y) = \int_{-\infty}^{\infty} u f_Y(u)\mathrm{d}u$$

と書くことがある。

例 20 ビー玉投げ─期待値 $p.137$ の例 19 で求めた，確率変数 Y^M の確率密度関数を $f_{Y^M}(u)=\dfrac{\mathrm{d}}{\mathrm{d}u}P(Y^M \leqq u)$ とおく。用語 3-17 によると，確率変数 Y^M の期待値は

$$E(Y^M)=\int_{-\infty}^{\infty} u f_{Y^M}(u)\,\mathrm{d}u$$

と表される。

この右辺の積分は，例 19 で求めた確率密度関数を代入すると

$$\int_{-\infty}^{\infty} u f_{Y^M}(u)\,\mathrm{d}u=\int_{-\infty}^{0} u\times 0\,\mathrm{d}u+\int_{0}^{1} u\times 1\,\mathrm{d}u+\int_{1}^{\infty} u\times 0\,\mathrm{d}u$$

$$=0+\int_{0}^{1} u\,\mathrm{d}u+0=\left[\frac{1}{2}u^2\right]_{0}^{1}$$

$$=\frac{1}{2}\times 1^2-\frac{1}{2}\times 0^2$$

$$=\frac{1}{2}$$

のように計算される。

$p.137$ の図 5 の確率密度関数 f_{Y^M} のグラフを見ると，この値 $E(Y^M)=\dfrac{1}{2}$ が分布の真ん中の位置を表していることが直感的にもわかる。

注意 **確率の重心としての期待値** 期待値が，確率分布の真ん中の指標といえる理由は，それが確率の **重心** を表していることである。数直線を，重さが無視できて曲がらない棒だと考える。そして，数直線上に，確率密度関数のグラフと同じ形をした板状のおもりが貼り付けてあるとしよう。期待値は，このおもり付きの棒を下から支えて釣り合う，数直線上の重心の位置を表している（図 7）。

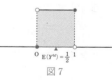

図 7

練習 16 練習 14 で求めた，確率変数 U の確率密度関数から，期待値 $E(U)$ を求めよ。また，この値を確率密度関数のグラフと比べて，重心の位置を表しているかと考えられるか考察せよ。

Column	確率の重心としての期待値
コラム	

用語 3-17 の確率変数の期待値を示す積分が，確率の重心の位置を計算する式になっていることを確認しよう。まず数直線を幅 du の（小さな）区間に分割する。整数 i に対して，i 番目の区間を，$idu-du$ から idu とする。確率変数 Y の実現値が i 番目の区間に位置する確率は $P(idu-du<Y\leqq idu)$ である。この確率が，位置 μ にある支点に及ぼす**トルク**（ねじりの力）t_i は，区間の幅 du が十分小さければ

$$t_i\simeq(idu-\mu)\times P(idu-du<Y\leqq idu)$$

で近似できる（図 8 参照）。ただし，（重力加速度などが計算に入ってこないように）単位を適当に調整したものとする。この近似は，確率 $P(idu-du<Y\leqq idu)$ が区間の右端の 1 点 idu に集中しているとみなすことによって得られるもので，$du\longrightarrow0$ の極限で厳密な等式になる。$p.138$ の注意で考えた近似を使うと

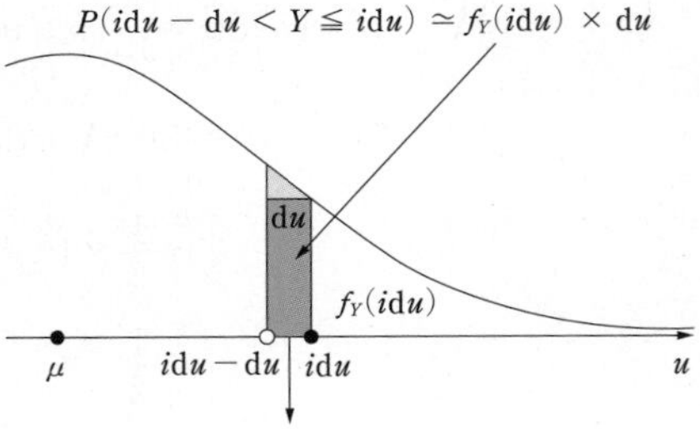

$$P(idu-du<Y\leqq idu)\simeq f_Y(idu)\times du$$

図 8

$$t_i\simeq(idu-\mu)\times f_Y(idu)du$$

が得られる。位置 μ にある支点に及ぼされるトルクの総和は

$$t\simeq\sum_{i=-\infty}^{\infty}(idu-\mu)\times f_Y(idu)du$$

で近似されるが，この近似は $du\longrightarrow0$ の極限で厳密な等式になる。この近似式の右辺は，関数 $(u-\mu)f_Y(u)$ に関する**リーマン和**といわれるものである。$p.140$ の ＋1 ポイントでは，有限な区間の分割数を n として，$n\longrightarrow\infty$ の極限を考えた。ここでは，区間の幅を du として，$du\longrightarrow0$ の極限を考えるが，面積を求めるという意味では同じことである。上のリーマン和の極限は

$$\lim_{du\to0}\sum_{i=-\infty}^{\infty}(idu-\mu)\times f_Y(idu)du=\int_{-\infty}^{\infty}(u-\mu)f_Y(u)du$$

となる。これを使うと，トルクの総和 t は

$$t=\int_{-\infty}^{\infty}(u-\mu)f_Y(u)du$$

$$=\int_{-\infty}^{\infty}uf_Y(u)du-\mu\int_{-\infty}^{\infty}f_Y(u)du=\int_{-\infty}^{\infty}uf_Y(u)du-\mu \quad\cdots\cdots(10)$$

と計算される。重心では，トルクの総和が 0 になるので，$t=0$ を代入し整理すると

$$\mu=\int_{-\infty}^{\infty}uf_Y(u)du$$

が重心の位置，すなわち期待値である。

練習 17 コラムの (10) の最後の等式において用いた命題 3-5 の性質はどれか答えよ。

注意 **期待値の存在** 確率変数 Y の確率密度関数を f_Y とする。厳密には，確率変数 Y の期待値が存在するのは，積分の極限 $\displaystyle\lim_{a\to\infty}\int_{-a}^{a}|u|f_Y(u)\mathrm{d}u$ の値が存在する場合のみである。本書の範囲では，この条件はほとんどの場合成り立っていると考えて構わない。ただし，⑦ 節で確認する自由度 1 の t 分布が期待値をもたない分布の例である。

4 確率変数の変換

　高校までの数学や $p.125$ の Review で学習したように，関数とは，引数と値の対応関係を指す。すなわち，関数の引数として何か数を与えると，別の数が値として得られる。

　本節では，関数の引数として確率変数を与えて，値として別の確率変数を得ることを考える。この操作を，確率変数の変換と呼ぶことにしよう。

◆ 1 次関数による変換

まずは，次の例から考えてみよう。

ビー玉投げ—得点と賞金　$p.124$ の例 10 で定めたように，ビー玉投げのゲームの得点を付けるとする。さらにこのゲームでは，この得点を 1000 倍しただけの賞金がもらえるとする。たとえば，得点が 0.3 であれば，$0.3 \times 1000 = 300$ 円の賞金がもらえる。ただし，最初に参加費 600 円が徴収されているものとする。

得点を x で表すとすると，このゲームの収支は，x を 1000 倍して 600 を引いた値になる。この得点と収支の関係は関数 g^{M} を用いて，1 次関数

$$g^{\mathrm{M}}(x) = 1000x - 600$$

で表すことができる。なお実際には，金銭的な収支の値は整数に限られるだろうが，ここでは実数で考えることにする。前節では，このゲームの得点を確率変数 Y^{M} で表した。これを，関数 g^{M} の引数に与えると

$$g^{\mathrm{M}}(Y^{\mathrm{M}}) = 1000Y^{\mathrm{M}} - 600$$

が得られる。$p.126$ の例 12 で定めた標本空間 Ω に含まれるどの帰結 ω を与えても　$g^{\mathrm{M}}(Y^{\mathrm{M}}(\omega)) = 1000Y^{\mathrm{M}}(\omega) - 600$

は実数であるから，この $g^{\mathrm{M}}(Y^{\mathrm{M}})$ も確率変数である。この確率変数を Z^{M} とおくことにしよう。すなわち　　$Z^{\mathrm{M}} = 1000Y^{\mathrm{M}} - 600$

とする。

例 21 において，例 12 で定めた標本空間 Ω に含まれるどの帰結 ω を与えても，$g^{\mathrm{M}}(Y^{\mathrm{M}}(\omega)) = 1000Y^{\mathrm{M}}(\omega) - 600$ は実数であることを示せ。

例 21 では，得点を表す確率変数 Y^{M} を 1 次関数 g^{M} で変換して，ゲームの収支を表す確率変数 Z^{M} を得たことになる。私たちの興味は，この変換後の確率変数 Z^{M} がどのような特徴をもつのかにあるかもしれない。このように，確率変数を 1 次関数で変換して得られた（新しい）確率変数の特徴が重要になることがある。前節で学習したように，確率変数の特徴を捉える出発点は，その **分布関数** に据えるとよい。

一般に，ある確率変数の分布関数と，1 次関数を用いてそれを変換して得られた確率変数の分布関数の関係は，次のように表すことができる。

命題 3-6 **1 次関数と分布関数**

Y を確率変数，a，b を実数とする。ただし，$a \neq 0$ とする。確率変数 Y を 1 次関数で変換して得られる確率変数を $Z = aY + b$ で定める。

このとき，確率変数 Z の分布関数と Y の分布関数の間には次のような関係がある。

- $0 < a$ のとき　$P(Z \leqq x) = P\left(Y \leqq \dfrac{x-b}{a}\right)$

  である。

- $a < 0$ のとき　$P(Z \leqq x) = 1 - \lim_{n \to \infty} P\left(Y \leqq \dfrac{x-b}{a} - \dfrac{1}{n}\right)$

  である。特に，確率変数 Y が連続であれば

  $$P(Z \leqq x) = 1 - P\left(Y \leqq \dfrac{x-b}{a}\right)$$

  である。

 $p.\,129$ の例 15 では，確率変数 Y^{M} の分布関数を $p.\,127$ の例 14 の仮定のもとで求めた。この結果と，命題 3-6 を用いて，例 21 で定めた確率変数 Z^{M} の分布関数を求めよ。また，そのグラフをかけ。

 命題 3-6 について，以下を確認せよ。
(1) $0 < a$ の場合
(2) $a < 0$ の場合

命題 3-6 において，確率変数 Y が連続で，微分可能であれば，確率密度関数について次の命題が成り立つ。

命題 3-7 1次関数と確率密度関数

Y を連続で，その分布関数が微分可能な確率変数とする。また a, b は実数で，$a \neq 0$ とする。確率変数 Y を1次関数で変換して得られる確率変数を $Z = aY + b$ で定めるとき，確率変数 Z の確率密度関数 f_Z と Y の確率密度関数 f_Y の間には次のような関係がある。

- $0 < a$ のとき $f_Z(x) = \dfrac{1}{a} f_Y\left(\dfrac{x-b}{a}\right)$

  である。

- $a < 0$ のとき $f_Z(x) = -\dfrac{1}{a} f_Y\left(\dfrac{x-b}{a}\right)$

  である。

練習 21
(1) $p.137$ の例 19 で求めた，確率変数 Y^M の確率密度関数と(1)の結果を比べ，命題 3-7 が正しく成り立っていることを示せ。

(2) 練習 19 で求めた確率変数 Z^M の分布関数の導関数，その確率密度関数 f_{Z^M} を求めよ。また，そのグラフをかけ。

　変換後の確率変数の期待値はどのように求められるだろうか。命題 3-7 によると，変換前の確率変数の密度関数と，変換に利用する1次関数がわかれば，変換後の確率変数の密度関数が求められる。これを使って $p.142$ の用語 3-17 の積分を計算すれば，期待値を求められる。

　このやり方は正しいのだが，1次関数による変換の場合は，次の命題 3-8 を覚えておいて利用した方がはるかに簡単である。

命題 3-8 1次関数と期待値

Y を確率変数，a, b は実数とする。確率変数 Y を1次関数で変換して得られる確率変数 Z を $Z = aY + b$
で定めるとき，確率変数 Z の期待値 $E(Z)$ と確率変数 Y の期待値 $E(Y)$ の間には $E(Z) = aE(Y) + b$
という関係がある。

(1) 練習 21 で求めた確率密度関数 f_{Z^M} を用い，用語 3-17 の積分を計算する
ことで，確率変数 Z^M の期待値 $\mathrm{E}(Z^M)$ を求めよ。

(2) $p.143$ の例 20 で求めた，確率変数 Y^M の期待値 $\mathrm{E}(Y^M)$ の値と，例 21
で定められる確率変数 Y^M，Z^M の間の関係，命題 3-8 から確率変数 Z^M の
期待値 $\mathrm{E}(Z^M)$ を求めよ。また，これが (1) の結果と等しいことを確かめよ。

注意　1 次関数による変換　命題 3-8 からは，変換後の確率変数の期待値を求めるには，
変換前の確率変数の期待値があれば十分で，分布について考える必要がないこと
がわかる。

$p.147$ の命題 3-6，命題 3-7，命題 3-8 を比べると，期待値を求めることが一番
簡単であることがわかる。

本来，期待値は確率変数に対して計算されるものであるが，命題 3-8 において，
$a=0$ とすると次の命題が得られる。

命題 **3-9**　**実数の期待値**
　b を実数とすると，$\mathrm{E}(b)=b$ である。

◆ 関数による変換

前項では，1 次関数による変換を考えたが，ここでは，それ以外も含めた関数
での変換を考える。

注意　関数による変換 1　Y を確率変数，g を関数とする。標本空間 Ω に含まれるすべ
ての帰結 ω に対して，$g(Y(\omega))$ の値が実数として存在すれば，$g(Y)$ を確率変数
と考えることができる。このことを強調するために，記号 Z を用いて $Z=g(Y)$
のように書くことがある。

注意　関数による変換 2　直前の注意の条件は，時々満たされないことがある。たとえ
ば，ある帰結 ω_0 に対して確率変数 Y の実現値が $Y(\omega_0)=0$ であるとしよう。確
率変数 Y を変換したもの $Z=\dfrac{1}{Y}$ を考えると，帰結 ω_0 に対して $Z(\omega_0)=\dfrac{1}{0}$ は実
数としての値が存在しない。

こうした問題は，事象 $E_0=\{\omega\,|\,Y(\omega)=0\}$ に割り当てられている確率が 0 であれば，次のように対処することが多い。すなわち，標本空間 Ω からこの事象を取り除いて，新しい標本空間 $\Omega'=\Omega\cap E_0{}^c$ を考え，これを利用すればよい。確率 0 の事象を取り除いても，他の事象の確率に影響しないので，この対処方法は有用な場合が多いだろう。用いる標本空間が何かを明示する必要がない場合には，事実上この問題は「放置」しておいて影響がないこともある。

たとえば，後述の **t 分布** を考えるときなどにこの問題が生じるが，分母の実現値が 0 になってしまう可能性が問題視されることは（少なくとも統計学への応用においては）ほとんどない。

確率 $P(E_0)$ の値が 0 でない場合には，この事象は，きちんと対処すべき大きな問題といえる。

前項と同様，変換後の確率変数の特徴を捉える出発点を，その分布関数に据えるのは当然に思われる。変換前の確率変数 Y の分布関数と，変換に用いた関数 g が定まれば，——前項で確認した 1 次関数の場合と同様に——変換後の確率変数 $Z=g(Y)$ の分布関数も定まる。しかし，確率変数 Z の分布関数が数学的に定まることと，それが利用可能な形で計算できることは全く別の話である。

注意 **関数による変換—分布関数** $p.149$ の注意（関数による変換 1 ）で定めた確率変数 Z の分布関数は $P(Z\leq x)=P(g(Y)\leq x)$
と書くことができる。しかし，関数 g が特定されないと，分布関数はこれ以上簡単な形に整理をすることができない。この値がきちんと定まっていることは，確率変数 $g(Y)$ が **可測**（$p.131$ の $+1$ ポイント参照）であることと同値であるが，統計学で扱うような変換では，この点が問題になることはあまりないといえる（[10] の 3 章など参照）。

上の分布関数の表す確率は $P(Z\leq x)=P(\{\omega\in\Omega\,|\,g(Y(\omega))\leq x\})$
と書き換えることができる。すなわち，事象 $\{\omega\in\Omega\,|\,g(Y(\omega))\leq x\}$ に割り当てられている確率が求められればよい。しかしこの確率が，前項の場合のように，分布関数 $P(Y\leq x)$ と関数 g を用いた簡単な形で表されるのは，むしろ例外的といえる。

本書では，この確率が計算できる例外的な場合をいくつか扱うが，一般にこの確率を計算することが容易でないことは，知っておくべきであろう。本書では扱わないが，分布の **特性関数** を使う方法が利用できる場合もある（[10] の 3 章）。**モンテカルロ法** によって近似的な値を求めることもある。

変換後の確率変数の分布関数を求めることが前ページの注意のように難しい場合，その導関数である確率密度関数を求めることも同様に難しい。$\boxed{3}$ 節で学んだように，期待値の計算には，確率密度関数を用いる。したがって，変換後の確率変数の期待値の計算は一層困難であることが想像されるだろう。しかし意外なことに，変換後の確率変数の期待値は，その分布関数や確率密度関数がわからなくても，変換前の確率変数の確率密度関数を用いて計算できる。

命題 3-10 確率変数の変換と期待値

Y を連続な確率変数，f_Y をその確率密度関数とする。さらに，ある関数 g に対して，$Z = g(Y)$ が確率変数であるとする。

このとき，確率変数 Z の期待値は次の積分

$$\mathrm{E}(Z) = \int_{-\infty}^{\infty} g(u) f_Y(u)\,\mathrm{d}u$$

を計算することで得られる。

注意 **確率変数の変換と期待値** 厳密には，命題 3-10 のように，確率変数 $g(Y)$ の期待値が存在するのは，積分の極限 $\displaystyle\lim_{a\to\infty}\int_{-a}^{a}|g(u)|f_Y(u)\,\mathrm{d}u$ の値が存在する場合のみである（$p.\,145$ の注意参照）。

また，ほとんどの場合

$$\mathrm{E}(g(Y)) \neq g(\mathrm{E}(Y))$$

である点には注意が必要である。

確率変数 Y と関数 g_1，g_2 に対して，$g_1(Y)$，$g_2(Y)$ が確率変数で，これらの期待値が存在するとき

$$\mathrm{E}(g_1(Y) + g_2(Y)) = \mathrm{E}(g_1(Y)) + \mathrm{E}(g_2(Y))$$

が成り立つことは覚えておくと便利なことがある。

一般の場合についての命題 3-10 の証明は困難だが，直感的には次のように理解できる。

Y を確率変数，f_Y をその確率密度関数とする。確率変数 Y を関数 g で変換して作った確率変数を $Z=g(Y)$ とする。ここでは，簡単のために関数 g が連続であるとしよう。

確率変数 Z も連続で，しかもその分布関数が微分可能であるとすると，確率変数 Z は確率密度関数 f_Z をもつ。確率変数 Z の期待値は，$p.142$ の用語 3-17 より

$$\mathrm{E}(Z)=\int_{-\infty}^{\infty} v f_Z(v)\mathrm{d}v$$

であるが，この右辺の積分は，$p.144$ のコラムで考えたように，リーマン和の極限

$$\int_{-\infty}^{\infty} v f_Z(v)\mathrm{d}v=\lim_{\mathrm{d}v\to+0}\sum_{i=-\infty}^{\infty} i\,\mathrm{d}vP(i\,\mathrm{d}v-\mathrm{d}v<Z\leqq i\,\mathrm{d}v) \ \cdots\cdots \ (11)$$

で表すことができる。

この和は，次のように理解できる。まず，確率変数 Z の可能な実現値の範囲を，幅 $\mathrm{d}v$ の区間に分割する。i 番目の区間について考えると，確率変数 Z の実現値は区間の右端 $i\,\mathrm{d}v$ で近似できる。また，確率変数 Z の実現値がこの区間に含まれる確率は $P(i\,\mathrm{d}v-\mathrm{d}v<Z\leqq i\,\mathrm{d}v)$ である。(11) は，確率変数 Z の実現値と，その確率の積を，すべての実現値について足し上げたものである。

同じ計算を，分割のやり方を変えて行うことができる。すなわち，確率変数 Y の可能な実現値の範囲を，幅 $\mathrm{d}u$ の区間に分割する。j を整数として j 番目の区間について考えると，確率変数 Y の実現値は $j\,\mathrm{d}u$ で近似できるので，確率変数 $Z=g(Y)$ の実現値は $g(j\,\mathrm{d}u)$ で近似される。また，確率変数 Y の実現値がこの区間に含まれる確率は $P(j\,\mathrm{d}u-\mathrm{d}u<Y\leqq j\,\mathrm{d}u)$ である。このとき，Z の実現値とその確率の積を足し上げると $\sum_{j=-\infty}^{\infty} g(j\,\mathrm{d}u)P(j\,\mathrm{d}u-\mathrm{d}u<Y\leqq j\,\mathrm{d}u)$ が得られる。この極限は

$$\lim_{\mathrm{d}u\to+0}\sum_{j=-\infty}^{\infty} g(j\,\mathrm{d}u)P(j\,\mathrm{d}u-\mathrm{d}u<Y\leqq j\,\mathrm{d}u)=\int_{-\infty}^{\infty} g(u)f_Y(u)\mathrm{d}u \ \cdots\cdots \ (12)$$

である。

(11) の積分と，(12) の積分は，リーマン和の分割のやり方を変えただけなので，等しいはずである。

5 分散と標準偏差

③ 節の期待値の項（$p.142$）では，分布の真ん中の指標として期待値について学習した。ここでは，分布のひろがりの指標としての **分散** と **標準偏差** を学習しよう。

分散や標準偏差も，確率変数の分布の特徴を表す指標であるから，その意味からは，③ 節に含まれるべきものだろう。それをここで学習する理由は，分散や標準偏差が，確率変数を変換したものの期待値として表されるからである。

◆分散

用語 3-18　分散

Y を連続な確率変数，f_Y をその確率密度関数，$\mu = \mathrm{E}(Y)$ をその期待値とする。積分 $\displaystyle\int_{-\infty}^{\infty} (u-\mu)^2 f_Y(u)\,\mathrm{d}u$ の値が存在するとき，この値を，確率変数 Y の分散という。

確率変数 Y の分散を，記号 V を使って表すことがある。すなわち

$$\mathrm{V}(Y) = \int_{-\infty}^{\infty} (u-\mu)^2 f_Y(u)\,\mathrm{d}u$$

と書くことがある。

 例 19 で求めた，確率変数 Y^{M} の確率密度関数と，例 20 で求めた期待値を用いて，用語 3-18 の積分を計算することで，確率変数 Y^{M} の分散を求めよ。

注意　**分散の計算**　用語 3-18 の積分は，期待値の記号を使って

$$\mathrm{V}(Y) = \mathrm{E}(\{Y - \mathrm{E}(Y)\}^2) \quad \cdots\cdots \ (13)$$

と書くことができる。この式の右辺では，期待値の記号が 2 重に使われている。まず，内側の期待値 $\mathrm{E}(Y)$ を計算してしまえば，これは実数なので，「確率変数 Y から実数 $\mathrm{E}(Y)$ を引いて 2 乗して作った確率変数」の期待値を求めると考えればよい。この式は　$\mathrm{V}(Y) = \mathrm{E}(Y^2) - \{\mathrm{E}(Y)\}^2 \quad \cdots\cdots \ (14)$

と変形することもできる。

 (1)　(13) に含まれる 2 乗を展開して，前節までに学んだ期待値の性質を利用して整理し，(14) を導け。

(2)　練習 23 で計算した確率変数 Y^{M} の分散を，今度は (14) を用いて計算せよ。また，両者が等しいことを確かめよ。

次の命題は，用語 3-18 から当たり前であるが，重要でもある。

命題 3-11 分散の非負性

確率変数 Y の分布がどのようなものであっても，それが分散 $V(Y)$ をもつならば，$0 \leq V(Y)$ である。

注意 分散と分布のひろがり具合 用語 3-18 の積分が，確率変数 Y の分布のひろがりをどのように表しているのかを考えてみよう。まず，確率変数 Y の期待値を $\mu = E(Y)$ とする。この期待値 μ を分布の真ん中と考えよう。

$p.\ 144$ のコラムのように，数直線を幅 du の（小さな）区間に分割する。整数 i に対して，i 番目の区間を $idu - du$ から idu までとする。

この i 番目の区間に割り当てられている確率の大きさは

$$P(idu - du < Y \leq idu) \simeq f_Y(idu)du$$

である。ただし，f_Y は確率変数 Y の確率密度関数である。

この i 番目の区間が，分布の真ん中 μ とどれだけ離れているかは，差 $idu - \mu$ からわかる。ただしこの差は，区間と真ん中の距離だけでなく，区間が真ん中の左右どちら側にあるのか，という情報ももっている。すなわち，i 番目の区間が真ん中の左側にあれば $idu - \mu < 0$ で，右側にあれば $0 < idu - \mu$ である。しかし，分布のひろがり具合を知りたい場合，個々の区間が左側にあるのか右側にあるのかの情報は余計である。そこで $(idu - \mu)^2$ のように，2 乗すれば符号を消すことができる。

この値と確率の積 $(idu - \mu)^2 P(idu - du < Y \leq idu)$ は，真ん中から離れたところに大きな確率が割り当てられていれば大きくなる。すべての区間についてこの積の和を取ると，$\sum\limits_{i=-\infty}^{\infty} (idu - \mu)^2 P(idu - du < Y \leq idu)$ である。

この極限は

$$\lim_{du \to +0} \sum_{i=-\infty}^{\infty} (idu - \mu)^2 P(idu - du < Y \leq idu) = \lim_{du \to +0} \sum_{i=-\infty}^{\infty} (idu - \mu)^2 f_Y(idu)du$$

$$= \int_{-\infty}^{\infty} (u - \mu)^2 f_Y(u)du$$

となり，用語 3-18 の分散が得られる。

$p.\,148$ の命題 3-8 では，確率変数を 1 次関数で変換して作った確率変数の期待値を考えた。分散については次の命題が成り立つ。

命題 3-12　1 次関数と分散

Y を確率変数，a，b を実数とする。確率変数 Y を 1 次関数で変換して得られる確率変数 Z を　　　$Z = aY + b$

で定める。このとき，確率変数 Z の分散 $\mathrm{V}(Z)$ と確率変数 Y の分散 $\mathrm{V}(Y)$ の間には　　　$\mathrm{V}(Z) = a^2 \mathrm{V}(Y)$

という関係がある。

---

(1)　練習 21 で求めた確率密度関数と，練習 22 で求めた期待値を用いて，確率変数 Z^{M} の分散 $\mathrm{V}(Z^{\mathrm{M}})$ を求めよ。

(2)　練習 23 で求めた，確率変数 Y^{M} の分散 $\mathrm{V}(Y^{\mathrm{M}})$ の値と，例 21 で定められる，確率変数 Y^{M} と Z^{M} の間の関係，命題 3-12 から，確率変数 Z^{M} の分散 $\mathrm{V}(Z^{\mathrm{M}})$ を求めよ。また，これが (1) の結果と等しいことを確かめよ。

注意　**1 次関数と分散**　命題 3-12 から，変換後の確率変数の分散を求めるためには，変換前の確率変数の分散があれば十分であることがわかる。これは，$p.\,148$ の命題 3-8 の期待値の場合と同じであるが，関係の式を見ると次のような違いもある。まず，確率変数の係数は，分散の記号 V の外に出すときに 2 乗されている。これは，分散の計算に，確率変数の 2 乗が関わっていることによる。また，足されている定数は，変換後の確率変数の分散から消えている。これは，次のように理解できる。確率変数に定数を足すという操作は，分布を数直線上で「ずらす」操作に相当する。この操作によって，分布全体がどこにずれても，分布の広がりには影響しない。したがって，定数を足すという操作は，分散には影響しない。

(13) や，前節で学習した期待値の性質を用いて，命題 3-12 が正しく成り立つことを示せ。

期待値と同様，本来，分散は確率変数に対して計算されるものであるが，命題 3-12 において，$a = 0$ とすると次の命題が得られる。

命題 3-13　実数の分散

b を実数とすると，$\mathrm{V}(b) = 0$ である。

◆ 標準偏差

たとえば，ある実現値が，分布のひろがり具合から見て，真ん中に近いのか，端に近いのかを知りたいことがあるかもしれない。分布のひろがり具合は，前項で考えた分散で捉えることができるが，分散は，もとの確率変数を2乗した次元をもつため，これらを比べることはできない。ここでも，（やや強引に）分散の平方根を考える。

> **用語 3-19　標準偏差**
> 確率変数 Y が分散 $V(Y)$ をもつとき，その平方根 $\sqrt{V(Y)}$ を，確率変数 Y の標準偏差という。

◆ 確率変数の基準化

1次関数による変換の中でも，次の変換はしばしば用いられる。

> **用語 3-20　確率変数の基準化**
> Y を確率変数，$E(Y)$ をその期待値，$\sqrt{V(Y)}$ をその標準偏差とする。このとき，確率変数 Z を
> $$Z=\frac{Y-E(Y)}{\sqrt{V(Y)}}$$
> で定めるような変換を，基準化という。

注意　確率変数の基準化　用語 3-20 の変換は，1次関数による変換　$Z=aY+b$
において，実数 a, b をそれぞれ

$$a=\frac{1}{\sqrt{V(Y)}}, \quad b=-\frac{E(Y)}{\sqrt{V(Y)}}$$

としたものと考えることができる。

確率変数 Y の分布がどのようなものであっても，次ページの命題が成り立つ。

命題 3-14 確率変数の基準化

確率変数 Y が期待値 $E(Y)$ と分散 $V(Y)$ をもつとき，それを基準化して得られた確率変数 $\quad Z=\dfrac{Y-E(Y)}{\sqrt{V(Y)}}$

の期待値は $E(Z)=0$ で，分散は $V(Z)=1$ である。

練習
27
命題 3-14 が正しく成り立つことを示せ。

◆ チェビシェフの不等式

$p.154$ の注意からもわかるが，期待値から離れたところ——すなわち，分布の裾——に大きな確率が割り当てられている場合，分散の値は大きくなることが見込まれる。分布の裾に割り当てられている確率の大きさと，分散の間には何らかの関係があってしかるべきだろう。**チェビシェフの不等式** はこうした関係をわかりやすく表すものである。

定理 3-1 チェビシェフの不等式

Y を確率変数，その期待値を $\mu=E(Y)$，分散を $\sigma^2=V(Y)$ とする。このとき，どのような正の実数 a に対しても

$$P(Y\leqq\mu-a)+P(\mu+a\leqq Y)\leqq\frac{\sigma^2}{a^2}$$

が成り立つ。この不等式をチェビシェフの不等式という。

練習
28
$p.129$ の例 15 で求めた確率変数 Y^M の分布関数と，$p.143$ の例 20 で求めた期待値，$p.153$ の練習 24 で計算した分散を用いて，$a=0.1$，$a=0.4$ のときにチェビシェフの不等式が成り立っていることを示せ。

注意 **チェビシェフの不等式** 定理 3-1 は次のように理解することができる。期待値 μ から a 以上離れた部分を分布の裾と考えると，左右の裾に割り当てられている確率は，$P(Y\leqq\mu-a)+P(\mu+a\leqq Y)$ である（図 9）。チェビシェフの不等式は，この確率の上限が分散 σ^2 で決められていることを表している。

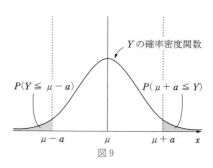

図 9

注意 チェビシェフの不等式 定理 3-1 は次のように示すことができる。確率変数 Y の分散を計算する積分

$$\sigma^2=\int_{-\infty}^{\infty}(u-\mu)^2 f_Y(u)\mathrm{d}u$$

は，3 つに分けることができる。

すなわち

$$\sigma^2=\int_{-\infty}^{\mu-a}(u-\mu)^2 f_Y(u)\mathrm{d}u+\int_{\mu-a}^{\mu+a}(u-\mu)^2 f_Y(u)\mathrm{d}u+\int_{\mu+a}^{\infty}(u-\mu)^2 f_Y(u)\mathrm{d}u$$

は常に成り立つ。

3 つに分けたうち最初の積分について考えよう。積分区間 $u \leq \mu-a$ においては，$(u-\mu)^2 \geq a^2$ が成り立つから

$$\int_{-\infty}^{\mu-a}(u-\mu)^2 f_Y(u)\mathrm{d}u \geq \int_{-\infty}^{\mu-a}a^2 f_Y(u)\mathrm{d}u$$

$$=a^2\int_{-\infty}^{\mu-a} f_Y(u)\mathrm{d}u$$

$$=a^2 P(Y \leq \mu-a)$$

が得られる。

また，2 番目の積分については

$$\int_{\mu-a}^{\mu+a}(u-\mu)^2 f_Y(u)\mathrm{d}u \geq 0$$

が成り立つ。

最後の積分については，最初のものと同様に，積分区間 $\mu+a \leq u$ においては $(u-\mu)^2 \geq a^2$ が成り立つから

$$\int_{\mu+a}^{\infty}(u-\mu)^2 f_Y(u)\mathrm{d}u \geq \int_{\mu+a}^{\infty}a^2 f_Y(u)\mathrm{d}u$$

$$=a^2\int_{\mu+a}^{\infty} f_Y(u)\mathrm{d}u$$

$$=a^2 P(\mu+a \leq Y)$$

が得られる。

これらから

$$a^2 P(Y \leq \mu-a)+0+a^2 P(\mu+a \leq Y) \leq \sigma^2$$

となり，これを整理すると定理の不等式が得られる。

6 多変数の確率変数

$\boxed{3}$ 節 ($p.124$) では，単一の確率変数とその分布について考えてきた。ここでは複数の確率変数を一度に扱うことを考える。まずは，2 つの確率変数を並べてまとめた **2 変数の確率変数** を考える。その後，n 個の確率変数を並べてまとめた **n 変数の確率変数** について考える。

なお，この文脈では，前節までで扱ってきた単一の確率変数を **1 変数の確率変数** と呼ぶことがある。

◆ 2 変数の確率変数と同時分布関数

たとえば，偶然によって決まる量が 2 つある状況などを表現するとき，確率変数を 2 つ用意しておくと便利である。

> **用語 3-21　2 変数の確率変数と実現値**
>
> 1 変数の確率変数 Y_1，Y_2 がある。これらを並べてまとめた (Y_1, Y_2) を 2 変数の確率変数という。混同のおそれがない場合，2 変数の確率変数を単に確率変数と呼ぶことがある。
>
> 帰結 ω が実現したときの，2 変数の確率変数の実現値は，$(Y_1(\omega), Y_2(\omega))$ と表される。$Y_1(\omega)$，$Y_2(\omega)$ がそれぞれ実数であるから，$(Y_1(\omega), Y_2(\omega))$ は，実数を 2 つ並べてまとめたものである。

例 22

ビー玉投げ—2 変数の確率変数　$p.124$ の例 10 では，ビー玉の落ちた点と，正方形 ABCD の辺 DA との距離を，1 変数の確率変数 Y^M を使って表した。ここからは，これを $Y_1{}^M$ と表すことにする。

確率変数 $Y_1{}^M$ に加えて，確率変数 $Y_2{}^M$ を次のように定めよう。ビー玉を投げ直さずそのままにして，ビー玉が落ちた点と，辺 CD との距離も測り，それを $Y_2{}^M$ とする ($p.111$ の図 2)。すなわち，標本空間

$$\Omega = \{(u_1, u_2) \mid 0 \leqq u_1 \leqq 1, \ 0 \leqq u_2 \leqq 1\}$$

に対して，確率変数 $Y_2{}^M$ を

$$Y_2{}^M(u_1, u_2) = u_2, \quad ((u_1, u_2) \in \Omega)$$

とする。

これらを並べてまとめた $(Y_1{}^M, Y_2{}^M)$ は 2 変数の確率変数である。

$p. 111$ の例 2 のように，帰結を，ビー玉が落ちた点の座標で表すことにする。帰結 $\omega=(0.3,\ 0.8)$ が実現したときの確率変数 $Y_1{}^M$ の実現値は $Y_1{}^M(\omega)=0.3$ で，確率変数 $Y_2{}^M$ の実現値は $Y_2{}^M(\omega)=0.8$ になる。

したがって，2 変数の確率変数 $(Y_1{}^M,\ Y_2{}^M)$ の実現値は

$$(Y_1{}^M(\omega),\ Y_2{}^M(\omega))=(0.3,\ 0.8)$$

である[*]。

同時分布関数

1 変数の確率変数の場合，特徴を捉える出発点を分布関数におくが，2 変数の確率変数の場合には，**同時分布関数** と呼ばれるものを出発点に据える。

用語 3-22　同時分布関数

$(Y_1,\ Y_2)$ を 2 変数の確率変数とする。実数 $x_1,\ x_2$ の組に対して，確率 $P(Y_1\leqq x_1,\ Y_2\leqq x_2)$ を，$(x_1,\ x_2)$ を引数とする関数と見なしたものを，2 変数の確率変数 $(Y_1,\ Y_2)$ の **同時分布関数** という。

ビー玉投げ―同時分布関数　例 22 で定めた 2 変数の確率変数 $(Y_1{}^M,\ Y_2{}^M)$ の同時分布関数を，$p. 127$ の例 14 の仮定のもとで求めてみよう。

2 変数の確率変数 $(Y_1{}^M,\ Y_2{}^M)$ の同時分布関数を求めるには，実数 $x_1,\ x_2$ のさまざまな値の組合せに対して確率 $P(Y_1{}^M\leqq x_1,\ Y_2{}^M\leqq x_2)$ を考えればよい。

次の 5 つの場合に分けて考えよう。

[1]　$x_1<0$ または $x_2<0$ の場合

　　ビー玉がどこに落ちても，確率変数 $Y_1{}^M$ も $Y_2{}^M$ も負の値になることはない。

　　よって，$Y_1{}^M\leqq x_1$ か $Y_2{}^M\leqq x_2$ のどちらかは実現が不可能である。

　　したがって

$$P(Y_1{}^M\leqq x_1,\ Y_2{}^M\leqq x_2)=P(\emptyset)=0$$

　　である。

---

[*]　ここまで，帰結を $\omega=(u,\ v)$ と表してきたが，ここから先は $\omega=(u_1,\ u_2)$ と表す。

[2] $0 \leqq x_1 \leqq 1$ かつ $0 \leqq x_2 \leqq 1$ の場合

事象 $\{\omega \mid Y_1{}^{\mathrm{M}}(\omega) \leqq x_1,\ Y_2{}^{\mathrm{M}}(\omega) \leqq x_2\}$ は，図 10

で示す長方形の領域に対応し，その面積は

$x_1 x_2$ である。例 14 の仮定のもとでは，事象の

確率と，対応する領域の面積が等しいので

$$P(Y_1{}^{\mathrm{M}} \leqq x_1,\ Y_2{}^{\mathrm{M}} \leqq x_2) = x_1 x_2$$

が得られる。

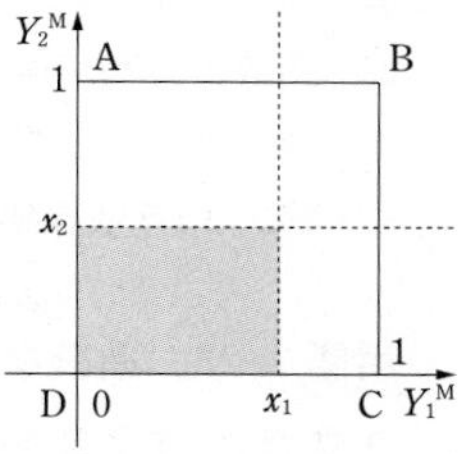

図 10

[3] $1 < x_1$ かつ $0 \leqq x_2 \leqq 1$ の場合

ビー玉がどこに落ちても事象 $Y_1{}^{\mathrm{M}} \leqq x_1$ は常に満たされているので

$$\{\omega \mid Y_1{}^{\mathrm{M}}(\omega) \leqq x_1,\ Y_2{}^{\mathrm{M}}(\omega) \leqq x_2\} = \{\omega \mid Y_2{}^{\mathrm{M}}(\omega) \leqq x_2\}$$

である。また，事象 $\{\omega \mid Y_2{}^{\mathrm{M}}(\omega) \leqq x_2\}$ に対応する領域の面積は x_2 である。

したがって

$$P(Y_1{}^{\mathrm{M}} \leqq x_1,\ Y_2{}^{\mathrm{M}} \leqq x_2) = x_2$$

が得られる。

[4] $0 \leqq x_1 \leqq 1$ かつ $1 < x_2$ の場合

[3] において x_1 と x_2 を入れ替えて考えればよい。

したがって

$$P(Y_1{}^{\mathrm{M}} \leqq x_1,\ Y_2{}^{\mathrm{M}} \leqq x_2) = x_1$$

が得られる。

[5] $1 < x_1$ かつ $1 < x_2$ の場合

$Y_1{}^{\mathrm{M}} \leqq x_1,\ Y_2{}^{\mathrm{M}} \leqq x_2$ も常に満たされる。

したがって

$$P(Y_1{}^{\mathrm{M}} \leqq x_1,\ Y_2{}^{\mathrm{M}} \leqq x_2) = P(\Omega) = 1$$

である。

[1]〜[5] より

$$P(Y_1{}^{\mathrm{M}} \leqq x_1,\ Y_2{}^{\mathrm{M}} \leqq x_2) = \begin{cases} 0 & (x_1 < 0 \ \text{または} \ x_2 < 0) \\ x_1 x_2 & (0 \leqq x_1 \leqq 1 \ \text{かつ} \ 0 \leqq x_2 \leqq 1) \\ x_2 & (1 < x_1 \ \text{かつ} \ 0 \leqq x_2 \leqq 1) \\ x_1 & (0 \leqq x_1 \leqq 1 \ \text{かつ} \ 1 < x_2) \\ 1 & (1 < x_1 \ \text{かつ} \ 1 < x_2) \end{cases}$$

である。

注意 **同時分布関数と分布**　2 変数の確率変数 (Y_1, Y_2) の同時分布関数は，この確率変数の分布に関する情報のほとんどすべてをもっている。大雑把にいうと，その情報は確率変数 Y_1, Y_2 を単体で見たときの分布の情報と，確率変数 Y_1, Y_2 の間の **相互依存構造** を含む。

> **用語 3-23　連続な 2 変数の確率変数**
> 2 変数の確率変数 (Y_1, Y_2) の分布関数 $P(Y_1 \leqq x_1, Y_2 \leqq x_2)$ が，すべての実数の組 (x_1, x_2) において連続であるとき，その確率変数は連続である，という。

周辺分布関数

　上の注意で説明したように，2 変数の確率変数 (Y_1, Y_2) の同時分布関数は，確率変数 Y_1, Y_2 を単体で見たときの分布の情報をもっている。

　したがって，同時分布関数から，1 変数の確率変数の分布関数を「取り出す」ことが可能なはずである。こうして取り出した，1 変数の確率変数の分布関数を，**周辺分布関数** という。

　周辺分布関数については，次の命題が成り立つ。

命題 3-15　周辺分布関数

　$P(Y_1 \leqq x_1, Y_2 \leqq x_2)$ を，2 変数の確率変数 (Y_1, Y_2) の同時分布関数とする。
　このとき
$$\lim_{x_1 \to \infty} P(Y_1 \leqq x_1, Y_2 \leqq x_2) = P(Y_2 \leqq x_2)$$
$$\lim_{x_2 \to \infty} P(Y_1 \leqq x_1, Y_2 \leqq x_2) = P(Y_1 \leqq x_1)$$
が成り立つ。

注意 **周辺分布関数**　命題 3-15 で得られる $P(Y_1 \leqq x_1)$, $P(Y_2 \leqq x_2)$ は，それぞれ確率変数 Y_1, Y_2 の **分布関数** そのものである。しかし，2 変数の文脈では，混同を避けるために，**周辺分布関数** と呼ぶことがある。

練習 29　例 23 で得た同時分布関数に命題 3-15 を用いて，確率変数 $Y_1{}^M$ の周辺分布関数を求めよ。

練習 30　命題 3-15 が正しいことを事象の包含関係と公理 3-1 から示せ。

◆同時密度関数

　前ページの注意で説明したように，同時分布関数は，その 2 変数の確率変数の分布に関する情報のほとんどすべてをもっている。しかしここでも，私たちが，$p.160$ の例 23 で求めた同時分布関数の式を見て，そこから 2 変数の確率変数 $(Y_1^M,\ Y_2^M)$ の分布の特徴を読み取ることは簡単ではないだろう。

　2 変数の確率変数が **連続** で **微分可能** な場合，同時分布関数よりも，その **偏導関数** である **同時密度関数** を見た方が分布の特徴を捉えやすい。

用語 3-24　同時密度関数

$(Y_1,\ Y_2)$ を 2 変数の確率変数とする。その同時分布関数 $P(Y_1 \leqq x_1,\ Y_2 \leqq x_2)$ を引数 $x_1,\ x_2$ でそれぞれ偏微分した

$$\frac{\partial^2}{\partial x_1 \partial x_2} P(Y_1 \leqq x_1,\ Y_2 \leqq x_2)$$

の値を，確率変数 $(Y_1,\ Y_2)$ の，値 $(x_1,\ x_2)$ における同時確率密度という。
また，すべての $(x_1,\ x_2)$ の組合せについて確率密度を求め，それを関数とみなしたもの，すなわち同時分布関数の偏導関数を同時密度関数，あるいは単に密度関数という。

例 24　**ビー玉投げ—同時密度関数**　例 23 で求めた，確率変数 $(Y_1^M,\ Y_2^M)$ の同時分布関数を偏微分して同時密度関数を求めると

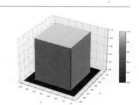

$$\frac{\partial^2}{\partial x_1 \partial x_2} P(Y_1^M \leqq x_1,\ Y_2^M \leqq x_2)$$

$$= \begin{cases} 1, & (0 < x_1 \leqq 1 \ \text{かつ} \ 0 < x_2 \leqq 1) \\ 0, & (\text{それ以外}) \end{cases}$$

である（また，グラフは右のようになる）。

注意 **同時密度関数と事象の確率** *p.* 138 の注意の 1 変数の確率変数の確率密度関数の場合と同じように，同時密度関数のグラフからは，2 変数の確率変数の実現値がどのあたりに位置しそうかを読み取ることができる。すなわち，同時密度関数のグラフを見て，値が大きいところがあれば，それは，その付近に実現値が位置しやすいことを表している。

たとえば，*p.* 137 の例 19 で求めた同時密度関数の形からは，確率変数 $(Y_1{}^{\mathrm{M}},\ Y_2{}^{\mathrm{M}})$ の実現値が，どちらかの値が負の領域や，1 よりも大きい領域に位置する確率がないことがわかる。また，領域 $0<Y_1{}^{\mathrm{M}}\leqq1,\ 0<Y_2{}^{\mathrm{M}}\leqq1$ の上では同時確率密度の値が等しいので，その中のどこも同じくらい実現値が位置しやすいことがわかる。このことは，*p.* 127 の例 14 の仮定と概ね整合的である。

同時密度関数の値をこのように解釈できる理由も，*p.* 138 の注意と同じように説明できる。$(Y_1,\ Y_2)$ を 2 変数の確率変数，その同時密度関数を f_{Y_1,Y_2} とする。すなわち

$$f_{Y_1,Y_2}(x_1,\ x_2)=\frac{\partial^2}{\partial x_1\,\partial x_2}P(Y_1\leqq x_1,\ Y_2\leqq x_2)$$

である。

ここでも，左極限であるとすると

$$f_{Y_1,Y_2}(x_1,\ x_2)$$

$$=\lim_{(dx_1,dx_2)\to(+0,+0)}\frac{P(x_1-dx_1<Y_1\leqq x_1,\ x_2-dx_2<Y_2\leqq x_2)}{dx_1\,dx_2}\ \cdots\cdots\ (15)$$

が成り立つ。

ここから，近似

$$f_{Y_1,Y_2}(x_1,\ x_2)dx_1\,dx_2$$

$$\simeq P(x_1-dx_1<Y_1\leqq x_1,\ x_2-dx_2<Y_2\leqq x_2)$$

が得られる。

これは，確率変数 $(Y_1,\ Y_2)$ の実現値が，点 $(x_1,\ x_2)$ 付近の面積 $dx_1\times dx_2$ の長方形に含まれる確率が，確率密度関数の値 $f_{Y_1,Y_2}(x_1,\ x_2)$ に近似的に比例することを表している。

┌─ **＋1ポイント** ─────────────────────────

偏微分と偏導関数 引数が 2 つの実数の組であるような関数に対して，片方の引数の値を固定して定数と見なし，もう片方の引数で微分することを，**偏微分** という。引数 $(x_1,\ x_2)$ をもつ関数 g に対して，引数に含まれる x_1 を定数とみなして，極限

$$\lim_{dx_2\to+0}\frac{g(x_1,\ x_2)-g(x_1,\ x_2-dx_2)}{dx_2}$$

を計算することを，関数 g を引数 x_2 で偏微分するという。

この極限値を，($p.138$ の Review のような普通の) 微分と区別するために，

$\dfrac{\partial}{\partial x_2}g(x_1,\ x_2)$ と書く。

偏微分についても，一般に数学では左右両方からの極限が存在し，値が一致する場合にのみ計算される。しかしここでも，同時分布関数を偏微分して同時密度関数を求める際には，左側からの極限が存在すれば十分であるとしよう。

+1 ポイントの偏微分の計算の仕方から，(15) が成り立つことを示せ。

同時密度関数について，次の命題が成り立つ。

命題 3-16　同時密度関数の性質

$(Y_1,\ Y_2)$ を 2 変数の確率変数とする。その同時密度関数 f_{Y_1, Y_2} は次を満たす。

(1)　値が定義されているところでは，その値は 0 か正で，負になることはない。すなわち，非負である。

(2)　$a<b$ かつ $c<d$ のとき

$$\int_a^b\int_c^d f_{Y_1, Y_2}(u_1,\ u_2)\mathrm{d}u_2\mathrm{d}u_1 = P(a<Y_1\leqq b,\ c<Y_2\leqq d)$$

が成り立つ。

(3)　実数の組 $(x_1,\ x_2)$ に対し

$$\int_{-\infty}^{x_1}\int_{-\infty}^{x_2} f_{Y_1, Y_2}(u_1,\ u_2)\mathrm{d}u_2\mathrm{d}u_1 = P(Y_1\leqq x_1,\ Y_2\leqq x_2)$$

が成り立つ。

(4)　$$\int_{-\infty}^{\infty}\int_{-\infty}^{\infty} f_{Y_1, Y_2}(u_1,\ u_2)\mathrm{d}u_2\mathrm{d}u_1 = 1$$

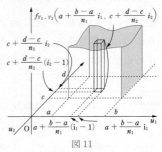

＋1ポイント

2重積分 命題 3-16 の (2), (3), (4) は，同時密度関数の **2重積分** に関するものである。$p.140$ の ＋1 ポイントでは，（1重の）積分を平面図形の面積と関連付けて，リーマン和の極限として説明したが，2重積分は立体図形の体積と関連付けて，リーマン和の極限として理解することができる。図 11 のように，$a<b$ かつ $c<d$ として，平面上の長方形 $a \leqq u_1 \leqq b$, $c \leqq u_2 \leqq d$ と，平面 $u_1=a$, $u_1=b$, $u_2=c$, $u_2=d$, 同時密度関数 $f_{Y_1,Y_2}(u_1, u_2)$ が作る曲面に囲まれた立体図形の体積を求める方法を考えてみよう。$p.140$ の ＋1 ポイントの場合と同じように細かく分割して近似すればよい。a と b の間を n_1 個の区間に分割し，c と d の間を n_2 個の区間に分割する。そうして分割した中で，左から i_1 番目，下から i_2 番目の領域の体積は，縦 $\dfrac{d-c}{n_2}$，横 $\dfrac{b-a}{n_1}$，高さ $f_{Y_1,Y_2}\Big(a+\dfrac{b-a}{n_1}i_1, c+\dfrac{d-c}{n_2}i_2\Big)$ の体積

$$f_{Y_1,Y_2}\Big(a+\frac{b-a}{n_1}i_1, c+\frac{d-c}{n_2}i_2\Big)\frac{d-c}{n_2}\frac{b-a}{n_1} \text{ で近似できる。}$$

したがって，図形の体積 V はリーマン和

$$V \simeq \sum_{i_1=1}^{n_1}\sum_{i_2=1}^{n_2} f_{Y_1,Y_2}\Big(a+\frac{b-a}{n_1}i_1, c+\frac{d-c}{n_2}i_2\Big)\frac{d-c}{n_2}\frac{b-a}{n_1}$$

で近似できる。この極限を

$$\lim_{n_1\to\infty}\lim_{n_2\to\infty}\sum_{i_1=1}^{n_1}\sum_{i_2=1}^{n_2} f_{Y_1,Y_2}\Big(a+\frac{b-a}{n_1}i_1, c+\frac{d-c}{n_2}i_2\Big)\times\frac{d-c}{n_2}\frac{b-a}{n_1}$$

$$=\int_a^b\int_c^d f_{Y_1,Y_2}(u_1, u_2)\mathrm{d}u_2\,\mathrm{d}u_1$$

と書く。

命題 3-17　周辺密度関数

(Y_1, Y_2) を 2 変数の確率変数，f_{Y_1,Y_2} をその同時密度関数とする。

このとき　$\displaystyle\int_{-\infty}^{\infty} f_{Y_1,Y_2}(u_1, u_2)\mathrm{d}u_1=\frac{\mathrm{d}}{\mathrm{d}u_2}P(Y_2\leqq u_2)$

$\displaystyle\int_{-\infty}^{\infty} f_{Y_1,Y_2}(u_1, u_2)\mathrm{d}u_2=\frac{\mathrm{d}}{\mathrm{d}u_1}P(Y_1\leqq u_1)$

が成り立つ。

用語 3-25　周辺密度関数

命題 3-17 で得られる $\dfrac{\mathrm{d}}{\mathrm{d}u_1}P(Y_1\leqq u_1)$, $\dfrac{\mathrm{d}}{\mathrm{d}u_2}P(Y_2\leqq u_2)$ は，それぞれ確率変数 Y_1, Y_2 の確率密度関数そのものである。しかし，2 変数の文脈では，混同を避けるために，周辺密度関数と呼ぶことがある。

練習 32　命題 3-17 を次のように確かめよ。

(1)　$0<a$ に対して

$$\int_{-a}^{a} f_{Y_1,Y_2}(u_1,\ u_2)\mathrm{d}u_1$$
$$=\frac{\partial}{\partial u_2}P(Y_1\leqq a,\ Y_2\leqq u_2)-\frac{\partial}{\partial u_2}P(Y_1\leqq -a,\ Y_2\leqq u_2)$$

を示せ。

(2)　$a\longrightarrow\infty$ の極限を考えて，命題 3-17 の最初の式を示せ。ただし，ここでは極限と偏微分の順番を入れ替えてもよいことを用いてもよい。

◆条件付確率

　[3] 節の説明からもわかるように，ある帰結が実現したことがわかると，確率変数の実現値が明らかになる。ここでは，実現した帰結が完全に明らかになるのではなく，部分的に情報が与えられた場合を考える。部分的な情報でも，それを用いて確率を更新できることがある。

確率が正の事象による条件付確率

　どの **帰結** が実現したかわからないが，ある **事象** が実現したことがわかったとしよう。すなわち，実現した帰結 ω そのものはわからないが，ある事象 E_2 に対して，$\omega\in E_2$ であることがわかったとする。このことがわかったうえでの，事象 E_1 が実現する確率を考えることができる。

用語 3-26　条件付確率

ある事象 E_2 に割り当てられている確率が $0<P(E_2)$ であるとする。このとき，事象 E_2 が実現した，という条件のもとでの，事象 E_1 が実現する確率を $\dfrac{P(E_1\cap E_2)}{P(E_2)}$ で定め，この確率を，事象 E_1 の，事象 E_2 による条件付確率という。

事象 E_1 の，事象 E_2 による条件付確率を表すのに，$P(E_1 \mid E_2)$ という表記を使うことがある。この表記では，確率の括弧の中を｜（縦棒）で仕切って，右側に実現したことがわかっている事象を書く。すなわち

$$P(E_1 \mid E_2) = \frac{P(E_1 \cap E_2)}{P(E_2)}$$

と書き換えることができる。

まずは単純な例を考えてみよう。

例 25 **ビー玉投げ—条件付確率** $p.113$ の例 4 では，ビー玉が正方形 ABCD の右半分に落ちるという事象を E^S とおいたが，この事象の確率を考えよう。$p.127$ の例 14 の仮定のもとで，何も情報のない状態では，この事象に割り当てられる確率は $P(E^\mathrm{S}) = \dfrac{1}{2}$ である。

ここで，正方形 ABCD に対角線 AC を引く（図12）。ビー玉を投げた後，ビー玉が落ちた位置がはっきりとは確認できなかったが，対角線 AC の右上であることだけがわかったとしよう。ビー玉が，対角線 AC の右上側に落ちるという事象を E^B とおく。このとき $P(E^\mathrm{B}) = \dfrac{1}{2}$ である。

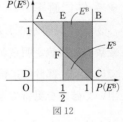

図 12

事象 E^B が実現したことがわかったうえでの，事象 E^S の確率は用語3-26 より $\qquad P(E^\mathrm{S} \mid E^\mathrm{B}) = \dfrac{P(E^\mathrm{B} \cap E^\mathrm{S})}{P(E^\mathrm{B})}$

とすることができる。例 14 の仮定のもとで確率 $P(E^\mathrm{B} \cap E^\mathrm{S})$ は，台形

EBCF の面積 $\dfrac{3}{8}$ に等しく $\qquad P(E^\mathrm{S} \mid E^\mathrm{B}) = \dfrac{\dfrac{3}{8}}{\dfrac{1}{2}} = \dfrac{3}{4}$

と計算できる。すなわち，事象 E^B が実現した，という条件付の事象 E^S の確率は $\dfrac{3}{4}$ で，$P(E^\mathrm{S}) = \dfrac{1}{2}$ よりも大きい。

同じようにすれば，**条件付分布関数** を考えることができる。

用語 3-27　条件付分布関数

ある事象 E_2 に割り当てられている確率が $0 < P(E_2)$ であるとする。また，Y_1 を確率変数とする。このとき，事象 E_2 が実現した，という条件のもとでの確率変数 Y_1 の分布関数を　　$P(Y_1 \leqq x_1 \mid E_2) = \dfrac{P(\{\omega \mid Y_1(\omega) \leqq x_1\} \cap E_2)}{P(E_2)}$

で定め，これを確率変数 Y_1 の，事象 E_2 による条件付分布関数という。

ビー玉投げ—条件付分布関数　$p.159$ の例 22 で考えた確率変数 $Y_1{}^{\mathrm{M}}$ について，例 25 で考えた事象 E^{B} による条件付分布関数を $0 \leqq x_1 \leqq 1$ について求めてみよう。事象 $\{\omega \mid Y_1{}^{\mathrm{M}} \leqq x_1\}$ と E^{B} の共通部分を図示すると，底辺と高さがそれぞれ x_1 の二等辺三角形であるから，その面積から

$$P(\{\omega \mid Y_1{}^{\mathrm{M}} \leqq x_1\} \cap E^{\mathrm{B}}) = \frac{x_1{}^2}{2}$$

である。よって，$0 \leqq x_1 \leqq 1$ における条件付分布関数は

$$P(Y_1{}^{\mathrm{M}} \leqq x_1 \mid E^{\mathrm{B}}) = \frac{\dfrac{x_1{}^2}{2}}{\dfrac{1}{2}} = x_1{}^2$$

のように定まる。

事象 $\{\omega \mid Y_1{}^{\mathrm{M}} \leqq x_1\}$ と E^{B} をそれぞれ図示し，これらの共通部分が底辺と高さがそれぞれ x_1 の二等辺三角形であることを確認せよ。

　用語 3-27 のように条件付分布関数を定めると，**条件付密度関数** や **条件付期待値** は以下のように定めることができる。

用語 3-28　条件付密度関数と条件付期待値

確率変数 Y_1 と事象 E_2 に対して，条件付分布関数 $P(Y_1 \leqq x_1 \mid E_2)$ が定まっているとする。この条件付分布関数が引数 x_1 で微分可能なとき，

$\dfrac{\mathrm{d}}{\mathrm{d}x_1} P(Y_1 \leqq x_1 \mid E_2)$ を，確率変数 Y_1 の事象 E_2 による条件付密度関数という。

この条件付密度関数を　　$f_{Y_1}(x_1 \mid E_2) = \dfrac{\mathrm{d}}{\mathrm{d}x_1} P(Y_1 \leqq x_1 \mid E_2)$

と表すことにしよう。

条件付密度関数を用いて計算した期待値を条件付期待値という。確率変数 Y_1 の事象 E_2 による条件付期待値は，$\int_{-\infty}^{\infty} u_1 f_{Y_1}(u_1 \mid E_2) \mathrm{d}u_1$ で計算される。条件付期待値についても，$|$（縦棒）を用いて

$$\mathrm{E}(Y_1 \mid E_2) = \int_{-\infty}^{\infty} u_1 f_{Y_1}(u_1 \mid E_2) \mathrm{d}u_1$$

のように書くことがある。

練習 **34**　例 26 で求めた確率変数 $Y_1{}^\mathrm{M}$ の，事象 E^B による条件付分布関数を用いて，確率変数 $Y_1{}^\mathrm{M}$ の，事象 E^B による条件付密度関数と，条件付期待値を求めよ。

確率が 0 の事象による条件付確率

2 変数の確率変数 (Y_1, Y_2) について考えているとする。ただし，確率変数 Y_1，Y_2 ともに連続であるとする。私たちが，確率変数 Y_1 については何も観察できないまま，確率変数 Y_2 の実現値が実数 x_2 であることだけがわかったとしよう。すなわち，実現した帰結そのものはわからないが，実現した帰結が事象 $\{\omega \mid Y_2(\omega) = x_2\}$ に含まれていることがわかったことになる。

この情報のもとでの確率変数 Y_1 の条件付分布関数を考えてみよう。

練習 **35**　確率変数 Y_2 が連続であるとき，事象 E_2 に対して，$E_2 = \{\omega \mid Y_2(\omega) = x_2\}$ として用語 3-27 の方法をそのまま用いるとうまくいかない。この理由を答えよ。

連続な確率変数の実現値がわかった場合の条件付分布は，次のように考える。

用語 3-29　**確率変数の実現値による条件付分布関数**

(Y_1, Y_2) を 2 変数の確率変数とする。ただし，確率変数 Y_1，Y_2 ともに連続であるとする。確率変数 Y_2 の x_2 における確率密度関数の値 $\dfrac{\mathrm{d}}{\mathrm{d}x_2}P(Y_2 \leqq x_2)$ が正であるとき，実現値が実数 x_2 である，という事象 $\{\omega \mid Y_2(\omega) = x_2\}$ による確率変数 Y_1 の条件付分布関数は

$$P(Y_1 \leqq x_1 \mid Y_2 = x_2) = \frac{\dfrac{\partial}{\partial x_2}P(Y_1 \leqq x_1,\ Y_2 \leqq x_2)}{\dfrac{\mathrm{d}}{\mathrm{d}x_2}P(Y_2 \leqq x_2)}$$

で定められる。

練習 36 例 23 で求めた分布関数 $P(Y_1{}^{\mathrm{M}}\leq x_1,\ Y_2{}^{\mathrm{M}}\leq x_2)$ から，条件付分布関数 $P(Y_1{}^{\mathrm{M}}\leq x_1\mid Y_2{}^{\mathrm{M}}=0.8)$ を求めよ。

注意 実現値による条件付分布関数 用語 3-29 の式は次のように得られる。$\mathrm{d}x_2$ を（小さい）正の実数とする。

確率 $P(x_2-\mathrm{d}x_2 < Y_2\leq x_2)$ が正であれば，事象 $\{\omega\mid x_2-\mathrm{d}x_2 < Y_2\leq x_2\}$ による条件付分布関数

$$P(Y_1\leq x_1\mid x_2-\mathrm{d}x_2 < Y_2\leq x_2)$$

$$=\frac{P(Y_1\leq x_1,\ x_2-\mathrm{d}x_2 < Y_2\leq x_2)}{P(x_2-\mathrm{d}x_2 < Y_2\leq x_2)}$$

は計算することができる。

これに対して，$\mathrm{d}x_2 \longrightarrow 0$ の極限は，$Y_2=x_2$ の条件付分布関数になる。すなわち

$$P(Y_1\leq x_1\mid Y_2=x_2)$$

$$=\lim_{\mathrm{d}x_2\to 0}\frac{P(Y_1\leq x_1,\ x_2-\mathrm{d}x_2 < Y_2\leq x_2)}{P(x_2-\mathrm{d}x_2 < Y_2\leq x_2)}$$

$$=\lim_{\mathrm{d}x_2\to 0}\frac{\dfrac{P(Y_1\leq x_1,\ x_2-\mathrm{d}x_2 < Y_2\leq x_2)}{\mathrm{d}x_2}}{\dfrac{P(x_2-\mathrm{d}x_2 < Y_2\leq x_2)}{\mathrm{d}x_2}}$$

$$=\frac{\dfrac{\partial}{\partial x_2}P(Y_1\leq x_1,\ Y_2\leq x_2)}{\dfrac{\mathrm{d}}{\mathrm{d}x_2}P(Y_2\leq x_2)}$$

が得られる。

用語 3-29 の条件付分布関数を偏微分すると次が得られる。

用語 3-30 実現値による条件付密度関数

$(Y_1,\ Y_2)$ を 2 変数の確率変数とする。f_{Y_1,Y_2} をその同時密度関数，f_{Y_2} を確率変数 Y_2 の周辺密度関数とする。このとき，確率変数 Y_2 の実現値が x_2 である，という条件付の Y_1 の密度関数 $f_{Y_1}(x_1\mid Y_2=x_2)$ は

$$f_{Y_1}(x_1\mid Y_2=x_2)=\frac{f_{Y_1,Y_2}(x_1,\ x_2)}{f_{Y_2}(x_2)}$$

で与えられる。

練習 37 練習 36 で求めた条件付分布関数から，確率変数 $Y_2{}^M$ の実現値が 0.8 であるという確率変数 Y_1 の条件付密度関数を求めよ。

◆ 確率変数の独立性

事象の独立性

直感的には，2 つの事象 E_1，E_2 が互いに **独立** であるとは，事象 E_2 が実現するかどうかが，事象 E_1 の確率に関係しないと理解することができる。確率論では，独立の意味は次のように定められる。

> **用語 3-31　事象の独立**
>
> 2 つの事象 E_1，E_2 が
> $$P(E_1 \cap E_2) = P(E_1)P(E_2)$$
> を満たすとき，事象 E_1，E_2 は互いに独立であるという。

練習 38 例 14 の仮定のもとで次の問いに答えよ。

(1) 例 5 で考えた事象 E^S と練習 2 で考えた事象 E^U が互いに独立であるか答えよ。

(2) 例 5 で考えた事象 E^S と，例 25 で考えた事象 E^B が互いに独立であるか答えよ。

(3) 事象 $E_1(\neq \emptyset)$，$E_2(\neq \emptyset)$ が互いに **排反** であるとする。このとき，事象 E_1，E_2 が互いに独立であることはありえるか答えよ。

注意 **事象の独立性**　用語 3-31 の式が成り立つことと，独立性の直感的な説明がどのように関係するかは，条件付確率を考えるとわかりやすい。

事象 E_1 の，事象 E_2 に関する条件付確率は
$$P(E_1 \mid E_2) = \frac{P(E_1 \cap E_2)}{P(E_2)}$$

で計算されるが，事象 E_1，E_2 が互いに独立であれば $P(E_1 \cap E_2) = P(E_1)P(E_2)$ が成り立つ。これを代入すると
$$P(E_1 \mid E_2) = \frac{P(E_1 \cap E_2)}{P(E_2)} = \frac{P(E_1)P(E_2)}{P(E_2)} = \frac{P(E_1)\cancel{P(E_2)}}{\cancel{P(E_2)}} = P(E_1)$$

である。

これは，事象 E_2 が実現したという情報が与えられても，事象 E_1 の確率に変化がないことを表している。すなわち，用語 3-31 の式が満たされるとき，事象 E_2 が実現するかどうかは，事象 E_1 の確率に関係しない。

確率変数の独立性

確率変数についても，独立性を考えることができる。直感的には，2つの確率変数 Y_1，Y_2 が互いに独立であるとは，確率変数 Y_2 の実現値がどのような値であるかが，Y_1 の分布に関係しないと理解することができる。確率論では，次のように定められる。

> **用語 3-32　確率変数の独立**
> 2つの確率変数 Y_1，Y_2 が，すべての実数の組合せ (x_1, x_2) に対して
> $$P(Y_1 \leqq x_1, \ Y_2 \leqq x_2) = P(Y_1 \leqq x_2) P(Y_2 \leqq x_2)$$
> を満たすとき，確率変数 Y_1，Y_2 は互いに独立であるという。

練習 39　例 23 で求めた分布関数から，確率変数 $Y_1{}^{\mathrm{M}}$，$Y_2{}^{\mathrm{M}}$ が互いに独立であるか答えよ。

注意　**確率変数の独立性**　用語 3-32 の式が成り立つことと，独立性の直感的な説明がどのように関係するかも，条件付確率を考えるとわかりやすい。確率変数 Y_1 の，確率変数 Y_2 の実現値に関する条件付確率は

$$P(Y_1 \leqq x_1 \mid Y_2 = x_2) = \frac{\dfrac{\partial}{\partial x_2} P(Y_1 \leqq x_1, \ Y_2 \leqq x_2)}{\dfrac{\mathrm{d}}{\mathrm{d}x_2} P(Y_2 \leqq x_2)}$$

で計算されるが，確率変数 Y_1，Y_2 が互いに独立であれば
$P(Y_1 \leqq x_1, \ Y_2 \leqq x_2) = P(Y_1 \leqq x_1) P(Y_2 \leqq x_2)$ が成り立つ。
これを代入すると

$$
\begin{aligned}
P(Y_1 \leqq x_1 \mid Y_2 = x_2) &= \frac{\dfrac{\partial}{\partial x_2} P(Y_1 \leqq x_1, \ Y_2 \leqq x_2)}{\dfrac{\mathrm{d}}{\mathrm{d}x_2} P(Y_2 \leqq x_2)} = \frac{\dfrac{\partial}{\partial x_2} P(Y_1 \leqq x_1) P(Y_2 \leqq x_2)}{\dfrac{\mathrm{d}}{\mathrm{d}x_2} P(Y_2 \leqq x_2)} \\
&= \frac{P(Y_1 \leqq x_1) \dfrac{\partial}{\partial x_2} P(Y_2 \leqq x_2)}{\dfrac{\mathrm{d}}{\mathrm{d}x_2} P(Y_2 \leqq x_2)} = \frac{P(Y_1 \leqq x_1) \dfrac{\partial}{\partial x_2} \cancel{P(Y_2 \leqq x_2)}}{\dfrac{\mathrm{d}}{\mathrm{d}x_2} \cancel{P(Y_2 \leqq x_2)}} \\
&= P(Y_1 \leqq x_1)
\end{aligned}
$$

である。これは，確率変数 Y_2 の実現値が x_2 であるという情報が与えられても，確率変数 Y_1 の分布に変化がないことを表している。すなわち，用語 3-31 の式が満たされるとき，確率変数 Y_2 の実現値が何であるかは，確率変数 Y_1 の分布に関係しない。

> **命題 3-18** 独立な確率変数の同時密度関数
>
> 　確率変数 Y_1, Y_2 が互いに独立であるとする。このとき，これらの同時密度関数と周辺密度関数の間には
>
> $$\frac{\partial^2}{\partial x_1 \partial x_2} P(Y_1 \leqq x_1, \ Y_2 \leqq x_2) = \left\{\frac{\mathrm{d}}{\mathrm{d}x_1} P(Y_1 \leqq x_1)\right\} \left\{\frac{\mathrm{d}}{\mathrm{d}x_2} P(Y_2 \leqq x_2)\right\}$$
>
> という関係がある。

◆ 確率変数の和

　(Y_1, Y_2) を 2 変数の確率変数とする。確率変数 Y_1, Y_2 の和 $Y_1 + Y_2$ は 1 変数の確率変数である。

例 27

ビー玉投げ―確率変数の和　$p.\,159$ の例 22 で挙げた 2 変数の確率変数 $(Y_1^{\mathrm{M}}, Y_2^{\mathrm{M}})$ について，和 $Y_1^{\mathrm{M}} + Y_2^{\mathrm{M}}$ は 1 変数の確率変数である。これを $W^{\mathrm{M}} = Y_1^{\mathrm{M}} + Y_2^{\mathrm{M}}$ とおこう。

たとえば，帰結 $\omega = (0.3, 0.8)$ が実現したとき，確率変数 W^{M} の実現値は

$$\begin{aligned} W^{\mathrm{M}}(\omega) &= Y_1^{\mathrm{M}}(\omega) + Y_2^{\mathrm{M}}(\omega) \\ &= 0.3 + 0.8 = 1.1 \end{aligned}$$

である。

注意　確率変数の和　あらかじめ道筋を示しておく。本項では，確率変数の和 $Y_1 + Y_2$ の分布関数，確率密度関数，期待値と，もとになった 2 変数の確率変数 (Y_1, Y_2) の同時分布の関係をそれぞれ示す。和の分布関数と確率密度関数についての結果である命題 3-19，$p.\,177$ の命題 3-20 は，重要ではあるものの，使いやすいとはいい難い。それに比べると，期待値についての結果である $p.\,179$ の命題 3-21 は使いやすく，暗記しておく価値のあるものといえる。

　ここまでの道筋では，分布関数から期待値を求めた。しかし本項からもわかるように，分布関数や確率密度関数よりも，期待値の方が求めやすいことがある。確率論の統計学への応用においては，「分布関数はわからないけど，期待値についてはある程度わかる」という状況に出会うことは珍しくない。

和の分布関数

$p.162$ の注意（同時分布関数と分布）で説明したように，確率変数 (Y_1, Y_2) の同時分布関数は，この確率変数の分布に関する情報のほとんどすべてをもっている。この同時分布関数から導かれる同時密度関数を用いて，和の分布関数を表すことができる。

命題 3-19 　**和の分布関数**

(Y_1, Y_2) を連続な 2 変数の確率変数とする。確率変数 (Y_1, Y_2) の分布関数が偏微分可能で，同時密度関数 f_{Y_1, Y_2} が存在するとする。また，確率変数 Y_1, Y_2 の和を $W = Y_1 + Y_2$ とおくと，W は 1 変数の確率変数である。このとき，確率変数 W の分布関数は，同時密度関数 f_{Y_1, Y_2} を用いて

$$P(W \leqq x) = \int_{-\infty}^{\infty} \int_{-\infty}^{x-u_1} f_{Y_1, Y_2}(u_1, u_2) \, \mathrm{d}u_2 \, \mathrm{d}u_1$$

と表される。

例 22 で考えた 2 変数の確率変数 $(Y_1{}^{\mathrm{M}}, Y_2{}^{\mathrm{M}})$ に対して，確率変数 W^{M} を $W^{\mathrm{M}} = Y_1{}^{\mathrm{M}} + Y_2{}^{\mathrm{M}}$ で定める。このとき，例 14 の仮定のもとで次の問いに答えよ。

(1) 例 24 の確率変数 $(Y_1{}^{\mathrm{M}}, Y_2{}^{\mathrm{M}})$ の同時密度関数に，命題 3-19 を用いて，確率変数 W^{M} の分布関数を求めよ。

(2) (a) 実数 x を，$x < 0$，$0 \leqq x \leqq 1$，$1 < x \leqq 2$，$2 < x$ に場合分けをして，それぞれについて事象 $\{\omega \mid Y_1{}^{\mathrm{M}}(\omega) + Y_2{}^{\mathrm{M}}(\omega) \leqq x\}$ を，$p.111$ の例 2 で挙げた平面の上に図示せよ。

(b) 図示した事象の面積から，分布関数 $P(W^{\mathrm{M}} \leqq x)$ を求め，(1) の結果と等しいことを確認せよ。

Column
コラム
和の分布関数

命題 3-19 のきちんとした証明はやや面倒だが，直感的には次のように理解できる。
2 変数の確率変数 (Y_1, Y_2) に対して，$W = Y_1 + Y_2$ とおいて，確率変数 W の確率密度関数を f_W とする。

確率変数 W の分布関数は

$$P(W \leqq x) = \int_{-\infty}^{x} f_W(u) \mathrm{d}u$$

$$= \lim_{\mathrm{d}u \to +0} \sum_{i\mathrm{d}u \leqq x} f_W(i\mathrm{d}u) \mathrm{d}u$$

$$= \lim_{\mathrm{d}u \to +0} \sum_{i\mathrm{d}u \leqq x} P(i\mathrm{d}u - \mathrm{d}u < W \leqq i\mathrm{d}u)$$

のように表すことができる。

この計算では，数直線上に存在する，確率変数 $W = Y_1 + Y_2$ の可能な実現値を幅 $\mathrm{d}u$ の区間に分割している。同じ計算は，分割のやり方を変えても行うことができる。

すなわち，平面上に存在する，2 変数の確率変数 (Y_1, Y_2) の可能な実現値を，面積 $\mathrm{d}u_1 \times \mathrm{d}u_2$ の長方形に分割して確率

$$P(i_1 - \mathrm{d}u_1 < Y_1 \leqq i_1\mathrm{d}u_1, \ i_2 - \mathrm{d}u_2 < Y_2 \leqq i_2\mathrm{d}u_2)$$

を，$i_1\mathrm{d}u_1 + i_2\mathrm{d}u_2 \leqq x$ を満たす範囲で足し上げることでも確率 $P(Y_1 + Y_2 \leqq x)$ を計算できる（図 13）。

近似

$$P(i_1 - \mathrm{d}u_1 < Y_1 \leqq i_1\mathrm{d}u_1, \ i_2 - \mathrm{d}u_2 < Y_2 \leqq i_2\mathrm{d}u_2) \simeq f_{Y_1, Y_2}(i_1\mathrm{d}u_1, \ i_2\mathrm{d}u_2)\mathrm{d}u_2\mathrm{d}u_1$$

を用いると

$$P(Y_1 + Y_2 \leqq x)$$

$$\simeq \sum_{i_1\mathrm{d}u_1 + i_2\mathrm{d}u_2 \leqq x} f_{Y_1, Y_2}(i_1\mathrm{d}u_1, \ i_2\mathrm{d}u_2)\mathrm{d}u_2\mathrm{d}u_1$$

であるが，これに対して極限 $\mathrm{d}u_1 \longrightarrow +0$，$\mathrm{d}u_2 \longrightarrow +0$ を考えると

$$P(Y_1 + Y_2 \leqq x) = \int_{-\infty}^{\infty} \int_{-\infty}^{x - u_1} f_{Y_1, Y_2}(u_1, \ u_2)\mathrm{d}u_2\mathrm{d}u_1$$

が得られる。

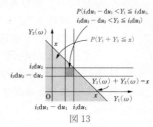
図 13

注意　**和の分布関数—特性関数を使う方法**　本書では扱わないが，命題 3-19 を用いる方法以外にも，和の分布を求めるために **特性関数** を用いることもある。この方法は特に，確率変数 Y_1，Y_2 が独立であるときに有効なこともある（[10] の 3 章などを参照）。

176 | 第 3 章　確率論の概要

和の確率密度関数

　和の確率密度関数も，もとの同時密度関数を用いて表すことができる。

命題 3-20 　和の確率密度関数

　$(Y_1,\ Y_2)$ を 2 変数の確率変数，f_{Y_1,Y_2} をその同時密度関数とする。また，確率変数 Y_1，Y_2 の和を $W = Y_1 + Y_2$ とおくと W は 1 変数の確率変数の確率変数である。

　このとき，確率変数 W は連続で，その分布関数は微分可能である。その確率密度関数は，同時密度関数 f_{Y_1,Y_2} を用いて

$$\frac{\mathrm{d}}{\mathrm{d}x}P(W \leq x) = \int_{-\infty}^{\infty} f_{Y_1,Y_2}(u_1,\ x - u_1)\,\mathrm{d}u_1$$

と表される。

---

(1)　練習 40 で求めた確率変数 W^{M} の分布関数を微分して，その確率密度関数を求めよ。

(2)　例 24 の確率変数 $(Y_1^{\mathrm{M}},\ Y_2^{\mathrm{M}})$ の同時密度関数に，命題 3-20 を用いて，確率変数 W^{M} の確率密度関数を求めよ。また，これが (1) の結果と一致することを確認せよ。

命題 3-20 は次のように確かめることができる。分布関数の微分は

$$\frac{\mathrm{d}}{\mathrm{d}x}P(W \le x) = \lim_{\mathrm{d}x \to 0} \frac{P(W \le x) - P(W \le x - \mathrm{d}x)}{\mathrm{d}x}$$

と表される。

まず分子に含まれる確率 $P(W \le x - \mathrm{d}x)$ について考えよう。

$p.175$ の命題 3-19 より，正の実数 $\mathrm{d}x$ に対して

$$P(W \le x - \mathrm{d}x) = \int_{-\infty}^{\infty} \int_{-\infty}^{x - \mathrm{d}x - u_1} f_{Y_1, Y_2}(u_1, u_2) \mathrm{d}u_2 \mathrm{d}u_1$$

である。

これと

$$P(W \le x) = \int_{-\infty}^{\infty} \int_{-\infty}^{x - u_1} f_{Y_1, Y_2}(u_1, u_2) \mathrm{d}u_2 \mathrm{d}u_1$$

との差は

$$P(W \le x) - P(W \le x - \mathrm{d}x) = \int_{-\infty}^{\infty} \int_{x - u_1 - \mathrm{d}x}^{x - u_1} f_{Y_1, Y_2}(u_1, u_2) \mathrm{d}u_2 \mathrm{d}u_1$$

のように計算される。

積分する区間の幅 $\mathrm{d}x$ が小さければ

$$\int_{x - u_1 - \mathrm{d}x}^{x - u_1} f_{Y_1, Y_2}(u_1, u_2) \mathrm{d}u_2 \simeq f_{Y_1, Y_2}(u_1, x - u_1) \mathrm{d}x$$

のように近似できるので

$$\frac{\int_{x - u_1 - \mathrm{d}x}^{x - u_1} f_{Y_1, Y_2}(u_1, u_2) \mathrm{d}u_2}{\mathrm{d}x} \simeq \frac{f_{Y_1, Y_2}(u_1, x - u_1) \mathrm{d}x}{\mathrm{d}x}$$
$$= f_{Y_1, Y_2}(u_1, x - u_1)$$

が得られる。

なお，この近似は $\mathrm{d}x \longrightarrow 0$ の極限で厳密な等式になる。

よって

$$\frac{\mathrm{d}}{\mathrm{d}x}P(W \le x) = \lim_{\mathrm{d}x \to 0} \frac{P(W \le x) - P(W \le x - \mathrm{d}x)}{\mathrm{d}x}$$
$$= \int_{-\infty}^{\infty} f_{Y_1, Y_2}(u_1, x - u_1) \mathrm{d}u_1$$

が得られる。

なお

$$\int_{-\infty}^{\infty} f_{Y_1, Y_2}(u_1, x - u_1) \mathrm{d}u_1 = \int_{-\infty}^{\infty} f_{Y_1, Y_2}(x - u_2, u_2) \mathrm{d}u_2$$

である。 ■

和の期待値

ここまでに学習してきた和の分布関数や密度関数は，積分の計算が伴い，扱いやすいとはいえないだろう。和の期待値は，これらと比べるとはるかに簡単に計算できる。

命題 3-21 和の期待値

(Y_1, Y_2) を 2 変数の確率変数とする。また，確率変数 Y_1, Y_2 の期待値 $\mathrm{E}(Y_1)$, $\mathrm{E}(Y_2)$ が存在するとする。このとき，和 $Y_1 + Y_2$ の期待値は
$$\mathrm{E}(Y_1 + Y_2) = \mathrm{E}(Y_1) + \mathrm{E}(Y_2)$$
で計算できる。

練習 42

(1) 練習 41 で求めた確率密度関数から，確率変数 W^{M} の期待値を求めよ。

(2) 例 14 の仮定のもとで確率変数 $Y_1{}^{\mathrm{M}}$, $Y_2{}^{\mathrm{M}}$ の期待値をそれぞれ求め，その和を求めよ。また，それが (1) の結果と一致することを確認せよ。

Column
コラム
和の期待値

命題 3-21 の結果は単純で，しかもとても有用だが，これをきちんと確かめるのは少々面倒である。ここではあらすじのみを示すことにしよう。f_{Y_1, Y_2} を，確率変数 (Y_1, Y_2) の同時密度関数，f_W を，和 $W = Y_1 + Y_2$ の確率密度関数とする。確率変数 W の期待値は
$$\mathrm{E}(W) = \int_{-\infty}^{\infty} v f_W(v) \mathrm{d}v$$
である。ここで，この右辺の積分をリーマン和の極限で表したものと，$p.176$ のコラムと同じように分割のしかたを変えたものの極限
$$\int_{-\infty}^{\infty} \int_{-\infty}^{\infty} (u_1 + u_2) f_{Y_1, Y_2}(u_1, u_2) \mathrm{d}u_2 \mathrm{d}u_1$$
が等しいことを示すことができる。すなわち
$$\mathrm{E}(W) = \int_{-\infty}^{\infty} v f_W(v) \mathrm{d}v = \int_{-\infty}^{\infty} \int_{-\infty}^{\infty} (u_1 + u_2) f_{Y_1, Y_2}(u_1, u_2) \mathrm{d}u_2 \mathrm{d}u_1 \quad \cdots\cdots (16)$$
が成り立つ。この 2 重積分を整理すると
$$\mathrm{E}(W) = \int_{-\infty}^{\infty} u_1 f_{Y_1}(u_1) \mathrm{d}u_1 + \int_{-\infty}^{\infty} u_2 f_{Y_2}(u_2) \mathrm{d}u_2$$
$$= \mathrm{E}(Y_1) + \mathrm{E}(Y_2) \quad \cdots\cdots (17)$$
が得られる。 ■

ただし，f_{Y_1}, f_{Y_2} はそれぞれ確率変数 Y_1, Y_2 の周辺密度関数である（練習 45）。

練習43 (16) の 2 重積分を整理して，(17) を示せ。

◆ 一般の変換

前項では，2 変数の確率変数 (Y_1, Y_2) があるとき，それらの要素の和 $Y_1 + Y_2$ について考えた。しかし，2 つの確率変数から 1 変数の確率変数を作り出す方法は和以外にもいくらでも考えることができる。たとえば，積 $Y_1 \times Y_2$ や 2 乗和 $Y_1{}^2 + Y_2{}^2$ などを考えることができるし，比 $\dfrac{Y_2}{Y_1}$ を考えられる場合もある。

練習44 例 22 で挙げた確率変数 $(Y_1{}^{\mathrm{M}}, Y_2{}^{\mathrm{M}})$ に対して，比 $\dfrac{Y_2{}^{\mathrm{M}}}{Y_1{}^{\mathrm{M}}}$ が確率変数といえるためには，標本空間 $\Omega = \{(u_1, u_2) \mid 0 \leq u_1 \leq 1,\ 0 \leq u_2 \leq 1\}$ からどのような事象を取り除けばよいか。また，そのような操作は，ゲームのルールをどのように変更することに相当するか答えよ。

なお，本項では，連続な 2 変数の確率変数 (Y_1, Y_2) があり，ある関数 g に対して $g(Y_1, Y_2)$ が 1 変数の連続な確率変数になるような場合を考える。

一般の変換の分布関数

和の場合と同じように，一般の変換についても次の命題が成り立つ。

命題 3-22 一般の変換の分布関数

(Y_1, Y_2) を連続な 2 変数の確率変数とする。確率変数 (Y_1, Y_2) の分布関数が偏微分可能で，同時密度関数 f_{Y_1, Y_2} が存在するとする。関数 g に対して $W_g = g(Y_1, Y_2)$ としたとき，W_g が 1 変数の確率変数であるとする。このとき，その分布関数は，同時分布関数 f_{Y_1, Y_2} と，変換に用いた関数 g によって

$$P(W_g \leq x) = \iint_{g(u_1, u_2) \leq x} f_{Y_1, Y_2}(u_1, u_2)\, \mathrm{d}u_2\, \mathrm{d}u_1$$

と表される。

一般の変換の分布関数　命題 3-22 は，*p*. 175 の命題 3-19 における積分する範囲 $u_1+u_2\leqq x$ を，$g(u_1, u_2)\leqq x$ に変えて得られたものである。この式は，関数 f_{Y_1, Y_2} や関数 g が特定されないとこれ以上は整理できない。この式は，このままでは使い勝手がよいとはいえず，(*p*. 176 の注意のように) 特性関数を使う方法や，例 28 のように ad hoc な方法によることも多い。

例 28

ビー玉投げ—比の分布　*p*. 160 の例 23 で同時分布関数を求めた確率変数 $Y_1{}^{\mathrm{M}}$，$Y_2{}^{\mathrm{M}}$ に対して $W_1{}^{\mathrm{M}}=\dfrac{Y_2{}^{\mathrm{M}}}{Y_1{}^{\mathrm{M}}}$ として，その分布関数を求めてみよう。ただし，*p*. 182 の練習 45 のように標本空間が操作されており，比が確率変数であるとする。ここでは，命題 3-22 の積分を直接計算するのではなく，ad hoc に近い方法で考えてみよう。次の 3 つの場合に分けて考える。

[1]　確率変数 $Y_1{}^{\mathrm{M}}$，$Y_2{}^{\mathrm{M}}$ の可能な実現値の範囲は $0<Y_1{}^{\mathrm{M}}\leqq 1$，

$0\leqq Y_2{}^{\mathrm{M}}\leqq 1$ である。したがって，比 $W_1{}^{\mathrm{M}}=\dfrac{Y_2{}^{\mathrm{M}}}{Y_1{}^{\mathrm{M}}}$ の実現値が負になることはないので，$x\leqq 0$ において，$P(W_1{}^{\mathrm{M}}\leqq x)=0$ である。

[2]　$0\leqq x\leqq 1$ のとき，

$\dfrac{Y_2{}^{\mathrm{M}}}{Y_1{}^{\mathrm{M}}}\leqq x \iff Y_2{}^{\mathrm{M}}\leqq xY_1{}^{\mathrm{M}}$ であるが，これを満たす領域の面積は $\dfrac{x}{2}$ なので (図 14)，$P(W_1{}^{\mathrm{M}}\leqq x)=\dfrac{x}{2}$ である。

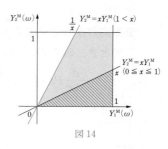

図 14

[3]　$1<x$ のときも同様に，$\dfrac{Y_2{}^{\mathrm{M}}}{Y_1{}^{\mathrm{M}}}\leqq x$ を満たす領域の面積から $P(W_1{}^{\mathrm{M}}\leqq x)=1-\dfrac{1}{2x}$ である。

[1]〜[3] より，$P(W_1{}^{\mathrm{M}}\leqq x)=\begin{cases} 0, & (x<0), \\[2mm] \dfrac{x}{2}, & (0\leqq x\leqq 1), \\[3mm] 1-\dfrac{1}{2x}, & (1<x) \end{cases}$

が得られる。

練習 **45**

(1) 例 28 で得られた分布関数をグラフにかけ。

(2) 同じ確率変数 $(Y_1{}^{\mathrm{M}},\ Y_2{}^{\mathrm{M}})$ について，$W_2{}^{\mathrm{M}}=Y_1{}^{\mathrm{M}}\times Y_2{}^{\mathrm{M}}$ としたとき，確率変数 $W_2{}^{\mathrm{M}}$ の分布関数を次のように求めよ。

(a) $x<0$ のとき，$P(W_2{}^{\mathrm{M}}\leqq x)=0$ となる理由を考えよ。

(b) $x=0$ のとき，$P(W_2{}^{\mathrm{M}}\leqq x)=0$ となる理由を考えよ。

(c) $0<x<1$ のとき，$Y_1{}^{\mathrm{M}}\times Y_2{}^{\mathrm{M}}\leqq x$ を満たす領域を，例 28 にならって図示せよ。また，その領域の面積を求めよ。ただし，$0<a<1$ のとき，

$$\int_a^1 \frac{1}{u}\,\mathrm{d}u=\log 1-\log a=-\log a \text{ を利用してもよい。}$$

(d) $1\leqq x$ のとき，$P(W_2{}^{\mathrm{M}}\leqq x)=1$ となる理由を考えよ。

(e) (a)〜(d) により，分布関数のグラフをかけ。

一般の変換の確率密度関数

$p.\ 180$ の命題 3-22 で表される分布関数を微分すれば，次の命題が得られる。

命題 3-23 **一般の変換の確率密度関数**

$(Y_1,\ Y_2)$ を連続な 2 変数の確率変数とする。確率変数 $(Y_1,\ Y_2)$ の分布関数が偏微分可能で，同時密度関数 f_{Y_1,Y_2} が存在するとする。関数 g に対して $W_g=g(Y_1,\ Y_2)$ としたとき，W_g が 1 変数の連続な確率変数で，その分布関数が微分可能であるとする。

このとき，確率変数 W_g の確率密度関数は

$$\frac{\mathrm{d}}{\mathrm{d}x}P(W_g\leqq x)=\frac{\mathrm{d}}{\mathrm{d}x}\iint_{g(u_1,u_2)\leqq x}f_{Y_1,Y_2}(u_1,\ u_2)\,\mathrm{d}u_2\,\mathrm{d}u_1$$

と表される。

ただしこれも，命題 3-22 と同様，使い勝手のよいものではない。これを直接用いるよりも，分布関数が適宜計算できれば，それを微分すればよい。

 練習 **46**

例 28 と練習 45 で得た分布関数 $P(W_1{}^{\mathrm{M}}\leqq x)$，$P(W_2{}^{\mathrm{M}}\leqq x)$ を微分して，それぞれ確率密度関数を求め，それらのグラフをかけ。ただし，$0<x$ に対して

$$\frac{\mathrm{d}}{\mathrm{d}x}\log x=\frac{1}{x} \text{ が成り立つことを利用してもよい。}$$

一般の変換の期待値

$p.179$ のコラムの (16) において，(u_1+u_2) を $g(u_1, u_2)$ と入れ替えると，次の命題が得られる。

命題 3-24　一般の変換の期待値

(Y_1, Y_2) を連続な 2 変数の確率変数とする。確率変数 (Y_1, Y_2) の分布関数が偏微分可能で，同時密度関数 f_{Y_1, Y_2} が存在するとする。関数 g に対して $g(Y_1, Y_2)$ が確率変数であるとする。

このとき，この期待値は

$$\mathrm{E}(g(Y_1, Y_2))=\int_{-\infty}^{\infty}\int_{-\infty}^{\infty}g(u_1, u_2)f_{Y_1, Y_2}(u_1, u_2)\mathrm{d}u_2\mathrm{d}u_1$$

で計算される。

命題 3-24 を用いれば，確率変数 $g(Y_1, Y_2)$ の期待値が，その確率密度関数を計算しなくても得られることがある。

　例 28，練習 45 で考えた確率変数 $W_1{}^{\mathrm{M}}$，$W_2{}^{\mathrm{M}}$ について次の問いに答えよ。

(1)　例 24 で得た同時密度関数に，命題 3-24 を用いて，確率変数 $W_1{}^{\mathrm{M}}$，$W_2{}^{\mathrm{M}}$ の期待値をそれぞれ求めよ。

(2)　練習 46 で求めた確率密度関数を用いて，確率変数 $W_1{}^{\mathrm{M}}$，$W_2{}^{\mathrm{M}}$ の期待値をそれぞれ求め，(1) の結果と一致することを確認せよ。

注意　**一般の変換の期待値**　厳密には，命題 3-24 のように，確率変数 $g(Y_1, Y_2)$ の期待値が存在するのは，2 重積分の極限

$\displaystyle\lim_{a\to\infty}\int_{-a}^{a}\int_{-a}^{a}|g(u_1, u_2)|f_{Y_1, Y_2}(u_1, u_2)\mathrm{d}u_2\mathrm{d}u_1$ の値が存在する場合のみである。

また，ほとんどの場合

$$\mathrm{E}(g(Y_1, Y_2))\neq g(\mathrm{E}(Y_1), \mathrm{E}(Y_2))$$

である点には注意が必要である。

関数 g_1，g_2 に対して，$g_1(Y_1, Y_2)$，$g_2(Y_1, Y_2)$ の両方の期待値が存在するとき

$$\mathrm{E}(g_1(Y_1, Y_2)+g_2(Y_1, Y_2))=\mathrm{E}(g_1(Y_1, Y_2))+\mathrm{E}(g_2(Y_1, Y_2))$$

が成り立つことは覚えておくと便利である。

◆共分散と相関係数

(Y_1, Y_2) を 2 変数の確率変数とする。潜在的には，確率変数 Y_1, Y_2 の間にありうる相互依存関係は非常に多様である。

厳密に考えると，等式 $P(Y_1 \leqq x_1, Y_2 \leqq x_2) = P(Y_1 \leqq x_1) P(Y_2 \leqq x_2)$ が成り立たないような実数の組 (x_1, x_2) が 1 つでも存在すれば，確率変数 Y_1, Y_2 の間には相互依存関係があることになる。この等式が「どのように成り立たないのか」がとても多様であることは容易に想像できる。こうした多様な相互依存関係を見るうえで，代表的な見方が **相関** と呼ばれるものである。確率変数 Y_1, Y_2 の実現値が大小をともにするような事象に大きい確率が割り当てられているとき，これらの間には正の相関があるという。

共分散

相関の有無を判断するには，**共分散** と呼ばれる指標が使われることがある。

用語 3-33 共分散

(Y_1, Y_2) を 2 変数の確率変数，f_{Y_1, Y_2} をその同時密度関数，確率変数 Y_1, Y_2 の期待値をそれぞれ $\mu_1 = \mathrm{E}(Y_1)$, $\mu_2 = \mathrm{E}(Y_2)$ とする。

積分

$$\int_{-\infty}^{\infty} \int_{-\infty}^{\infty} (u_1 - \mu_1)(u_2 - \mu_2) f_{Y_1, Y_2}(u_1, u_2) \mathrm{d}u_2 \mathrm{d}u_1$$

の値が存在するとき，この値を，確率変数 Y_1, Y_2 の間の共分散という。

確率変数 Y_1, Y_2 の間の共分散を，記号 Cov を使って表すことがある。すなわち

$$\mathrm{Cov}(Y_1, Y_2) = \int_{-\infty}^{\infty} \int_{-\infty}^{\infty} (u_1 - \mu_1)(u_2 - \mu_2) f_{Y_1, Y_2}(u_1, u_2) \mathrm{d}u_2 \mathrm{d}u_1$$

と書くことがある。

練習 **48** 例 24 で求めた同時密度関数を用いて，確率変数 Y_1^{M}, Y_2^{M} の間の共分散を求めよ。

注意 **共分散の計算** 用語 3-33 の積分は，期待値の記号を用いて

$$\mathrm{Cov}(Y_1,\ Y_2)=\mathrm{E}(\{Y_1-\mathrm{E}(Y_1)\}\{Y_2-\mathrm{E}(Y_2)\}) \cdots\cdots (18)$$

と書くことができる。

この式の右辺では，期待値の記号が 2 重に使われているが，*p.* 153 の注意と同じように考えればよい。

またこの式は

$$\mathrm{Cov}(Y_1,\ Y_2)=\mathrm{E}(Y_1Y_2)-\mathrm{E}(Y_1)\mathrm{E}(Y_2) \cdots\cdots (19)$$

と変形することもできる。共分散の計算にはどれでも使いやすいものを用いればよい。

(1) (18) の期待値の中を展開して，ここまでに学習した期待値の性質を利用し，(19) を導け。

(2) 練習 47 の結果を用い，(19) によって共分散を計算せよ。また，これが練習 48 の結果と一致することを確認せよ。

用語 3-34 共分散と相関

確率変数 Y_1，Y_2 の間の共分散の符号によって，これらの間の相関について次のように判断ができる。

- 共分散の値が正のとき，確率変数 Y_1，Y_2 は正の相関をもつという。
- 共分散の値が 0 のとき，確率変数 Y_1，Y_2 は無相関であるという。
- 共分散の値が負のとき，確率変数 Y_1，Y_2 は負の相関をもつという。

共分散の次の性質は覚えておくと便利である。

命題 3-25 共分散の性質

確率変数 $(Y_1,\ Y_2)$ と実数 $a_1,\ a_2,\ b_1,\ b_2$ に対して

- $\mathrm{Cov}(Y_1,\ Y_2)=\mathrm{Cov}(Y_2,\ Y_1)$
- $\mathrm{Cov}(a_1Y_1+b_1,\ a_2Y_2+b_2)=a_1a_2\mathrm{Cov}(Y_1,\ Y_2)$

が成り立つ。

また，分散との関係では

- $\mathrm{V}(Y_1)=\mathrm{Cov}(Y_1,\ Y_1)$
- $\mathrm{V}(Y_1+Y_2)=\mathrm{V}(Y_1)+\mathrm{V}(Y_2)+2\mathrm{Cov}(Y_1,\ Y_2)$

は重要である。

(1) 命題 3-25 が正しく成り立つことを示せ。

(2) 確率変数 Y_1 と実数 b_2 の間の共分散 $\mathrm{Cov}(Y_1, b_2)$ はどのような値か，命題 3-25 から求めよ。

(3) 確率変数 Y_1, Y_2 が無相関であるとき，和の分散 $\mathrm{V}(Y_1+Y_2)$ と，それぞれの分散 $\mathrm{V}(Y_1)$, $\mathrm{V}(Y_2)$ の関係はどのように表されるか示せ。

＋1ポイント

共分散と相関

$p.\,184$ の用語 3-33 の積分が，確率変数 Y_1, Y_2 の間の相関をどのように表しているのかを考えてみよう。

まず，確率変数 Y_1, Y_2 の期待値をそれぞれ $\mu_1=\mathrm{E}(Y_1)$, $\mu_2=\mathrm{E}(Y_2)$ とする。平面上の点 (μ_1, μ_2) を分布の真ん中と考えて，平面を 4 つの領域に分割する（図 15）。

このとき，領域 I，III に割り当てられている確率の大きさが，領域 II，IV のものよりも大きければ，確率変数 Y_1, Y_2 は正の相関をもつといえるだろう。

$p.\,176$ のコラムのように，この平面を縦 $\mathrm{d}u_2$ 横 $\mathrm{d}u_1$ の（小さな）長方形に分割して，整数 i_1, i_2 を用いて番号を振り，実現値 $(Y_1(\omega), Y_2(\omega))$ がそこに含まれる事象を E_{i_1,i_2} と表す。この事象 E_{i_1,i_2} に割り当てている確率の大きさは

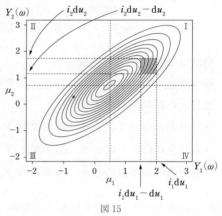

図 15

$$P(i_1u_1-\mathrm{d}u_1<Y_1\leqq i_1u_1,\ i_2u_2-\mathrm{d}u_2<Y_2\leqq i_2u_2)\simeq f_{Y_1,Y_2}(i_1\mathrm{d}u_1,\ i_2\mathrm{d}u_2)\mathrm{d}u_1\mathrm{d}u_2$$

である。

ただし，f_{Y_1,Y_2} は，2 変数の確率変数 (Y_1, Y_2) の同時密度関数である。

事象 E_{i_1,i_2} が平面上の 4 つの領域のどこにあるのかは，積

$$c_{i_1,i_2}=(i_1\mathrm{d}u_1-\mu_1)(i_2\mathrm{d}u_2-\mu_2)$$

の符号をみればわかる。

すなわち

領域 I，III：積 c_{i_1,i_2} の符号が正

領域 II，IV：積 c_{i_1,i_2} の符号が負

のように判断ができる。

したがって

$$c_{i_1, i_2} P(i_1 u_1 - \mathrm{d}u_1 < Y_1 \leqq i_1 u_1, \; i_2 u_2 - \mathrm{d}u_2 < Y_2 \leqq i_2 u_2)$$

は，長方形が含まれる領域と，確率の大きさの両方によって決まる量である。これ
をすべて足し合わせた極限

$$\lim_{(du_1, du_2) \to (+0, +0)} c_{i_1, i_2} \times P(i_1 u_1 - \mathrm{d}u_1 < Y_1 \leqq i_1 u_1, \; i_2 u_2 - \mathrm{d}u_2 < Y_2 \leqq i_2 u_2)$$

$$= \int_{-\infty}^{\infty} \int_{-\infty}^{\infty} (u_1 - \mu_1)(u_2 - \mu_2) f_{Y_1, Y_2}(u_1, \; u_2) \mathrm{d}u_2 \mathrm{d}u_1$$

として共分散が得られる。

これは，相関の指標として使えるだろう。

独立性と無相関性

$p.172$ で学んだように，ある確率変数の実現値がどのような値であるかが，
別の確率変数の分布に関係しないとき，これらの確率変数は **独立** であるという。
独立であることと，無相関であることの間には，次の命題のような関係がある。

命題 3-26　**独立性と無相関性**

$(Y_1, \; Y_2)$ を 2 変数の確率変数とする。

- 確率変数 Y_1，Y_2 が互いに独立であれば，これらは無相関である。
- 確率変数 Y_1，Y_2 が無相関であっても，これらが互いに独立とは限らない。

命題 3-26 は，2 つの確率変数が無相関であっても，独立でない場合が存在す
ることを意味している。このことは次のように理解できる。すなわち相関は，2
つの確率変数の間にありうる相互依存の形の 1 つに過ぎないので，相関がなくて
も，それ以外の形で 2 つの確率変数が互いに依存することは可能である (章末問
題 7)。

相関係数

共分散の値は，確率変数の間の相関の有無や正負を教えてくれるが，共分散の
値から相関の強弱を読み取ることは容易でない。相関の強弱を見るためには，**相
関係数** と呼ばれる指標が使われることが多い。

このように相関係数を定めると，次の命題が成り立つ。

命題 3-27　相関係数の性質

$(Y_1,\ Y_2)$ を 2 変数の確率変数とする。これらの間の相関係数は

$$-1\leqq\mathrm{Corr}(Y_1,\ Y_2)\leqq1$$

を満たす。

相関係数の値が 0 付近であれば相関は弱く，±1 付近であれば強いことがわか
る。

◆ N 変数の確率変数

前項まで，2 つの確率変数の組について考えてきた。ここでは，N を自然数と
して N 個の確率変数の組，すなわち N **変数の確率変数** $(Y_1,\ Y_2,\ \cdots\cdots,\ Y_N)$ につ
いて考えよう。ただし，ほとんどの事柄に関しては，2 変数の場合を自然に拡張
したものといえる。

同時分布関数と同時密度関数

2 変数の確率変数のものの自然な拡張として次のように定めることができる。

用語 3-36　同時分布関数

N 変数の確率変数 $(Y_1,\ Y_2,\ \cdots\cdots,\ Y_N)$ と，実数の組 $(x_1,\ x_2,\ \cdots\cdots,\ x_N)$ に対して，確率 $P(Y_1{\leqq}x_1,\ Y_2{\leqq}x_2,\ \cdots\cdots,\ Y_N{\leqq}x_N)$ を，$(x_1,\ x_2,\ \cdots\cdots,\ x_N)$ を引数とする関数とみなしたものを，N 変数の確率変数 $(Y_1,\ Y_2,\ \cdots\cdots,\ Y_N)$ の同時分布関数という。

用語 3-37　同時密度関数

同時分布関数 $P(Y_1{\leqq}x_1,\ Y_2{\leqq}x_2,\ \cdots\cdots,\ Y_N{\leqq}x_N)$ を，引数 $x_1,\ x_2,\ \cdots\cdots,\ x_N$ で偏微分したもの

$$\frac{\partial^N}{\partial x_1 \partial x_2 \cdots\cdots \partial x_N}P(Y_1{\leqq}x_1,\ Y_2{\leqq}x_2,\ \cdots\cdots,\ Y_N{\leqq}x_N)$$

を，N 変数の確率変数 $(Y_1,\ Y_2,\ \cdots\cdots,\ Y_N)$ の同時密度関数という。

独立な場合

独立性についても次のように定めることができる。

用語 3-38　確率変数の独立

すべての実数の組合せ $(x_1,\ x_2,\ \cdots\cdots,\ x_N)$ に対して

$$P(Y_1{\leqq}x_1,\ Y_2{\leqq}x_2,\ \cdots\cdots,\ Y_N{\leqq}x_N)$$
$$=P(Y_1{\leqq}x_1)P(Y_2{\leqq}x_2)\cdots\cdots P(Y_N{\leqq}x_N)$$

が満たされるとき，N 個の確率変数 $Y_1,\ Y_2,\ \cdots\cdots,\ Y_N$ は互いに独立であるという。

独立性が成り立つ場合，同時密度関数は，周辺密度関数の積で表すことができる。

命題 3-28　独立な確率変数の同時密度関数

$f_{Y_1, Y_2, \cdots\cdots, Y_N}$ を確率変数 $(Y_1,\ Y_2,\ \cdots\cdots,\ Y_N)$ の同時密度関数，$f_{Y_1},\ f_{Y_2},\ \cdots\cdots,\ f_{Y_N}$ をそれぞれ $Y_1,\ Y_2,\ \cdots\cdots,\ Y_N$ の周辺密度関数とする。このとき　$f_{Y_1, Y_2, \cdots\cdots, Y_N}(x_1,\ x_2,\ \cdots\cdots,\ x_N)=f_{Y_1}(x_1)f_{Y_2}(x_2)\cdots\cdots f_{Y_N}(x_N)$ が成り立つ。

注意 **確率変数の独立性** 確率変数 Y_1, Y_2, ……, Y_N が互いに独立である場合,命題 3-28 のように同時密度関数を,周辺密度関数の積で表すことができる。このことは,さまざまな計算を行う上で大きな助けになることがある。逆にいうと,N の値が大きく,しかも確率変数 Y_1, Y_2, ……, Y_N が互いに独立ではない場合,その同時分布関数や同時密度関数は複雑で手に負えなくなってしまうことが多い。

こうした理由もあり,次章のように,多変数の確率変数を現実に当てはめる場合,独立性を仮定することが多い。

確率変数の和

$(Y_1, Y_2, ……, Y_N)$ を N 変数の確率変数とすると,そこに含まれる確率変数の和 $S_N = \sum_{i=1}^{N} Y_i$ は 1 変数の確率変数である。

その分布関数と確率密度関数は次のように書くことができる。

命題 3-29 **N 変数の和の分布関数と密度関数**

$(Y_1, Y_2, ……, Y_N)$ を N 変数の確率変数,$f_{Y_1, Y_2, ……, Y_N}$ をその同時密度関数とする。

そこに含まれる確率変数の和 $S_N = \sum_{i=1}^{N} Y_i$ の分布関数は

$$P(S_N \leqq x)$$
$$= \underset{u_1+u_2+……+u_N \leqq x}{\iint \cdots\cdots \int} f_{Y_1, Y_2, ……, Y_N}(u_1, u_2, ……, u_N) \times \mathrm{d}u_1 \mathrm{d}u_2 \cdots\cdots \mathrm{d}u_N$$

と書くことができる。

また,確率密度関数は,これを引数 x で微分して

$$\frac{\mathrm{d}}{\mathrm{d}x} P(S_N \leqq x)$$
$$= \frac{\mathrm{d}}{\mathrm{d}x} \underset{u_1+u_2+……+u_N \leqq x}{\iint \cdots\cdots \int} f_{Y_1, Y_2, ……, Y_N}(u_1, u_2, ……, u_N) \times \mathrm{d}u_1 \mathrm{d}u_2 \cdots\cdots \mathrm{d}u_N$$

と書くことができる。

注意 **確率変数の和** 2 変数の和の場合と同様,命題 3-29 も使いやすいものではないだろう。

確率変数を現実の問題に当てはめたとき，確率変数の和が重要になることはよくある。しかし，和の分布が扱いやすい形で計算できるのは例外的といえる。たとえ独立性を仮定して，分布関数を扱いやすいものにしたとしても，和の分布は計算しにくいことが多い。

次節で扱う **正規分布** はこうした例外の 1 つである。確率変数の従う分布が多変数の正規分布である場合，和の分布もやはり正規分布になることが知られており，和の分布が容易に求められる。

期待値についての次の命題は，期待値が存在しさえすれば成り立ち，とても便利である。

命題 3-30　**N変数の和の期待値**

$(Y_1, Y_2, \cdots\cdots, Y_N)$ を N 変数の確率変数とする。このとき，和の期待値に関して

$$\mathrm{E}\left(\sum_{i=1}^{N} Y_i\right) = \sum_{i=1}^{N} \mathrm{E}(Y_i)$$

が成り立つ。

注意　**N変数の和の期待値**　命題 3-30 は，2 変数の場合の $p.179$ の命題 3-21 と，数学的帰納法で証明することができる。

命題 3-30 は次の形で用いられることもある。

命題 3-31　**期待値の線形性**

$(Y_1, Y_2, \cdots\cdots, Y_N)$ を N 変数の確率変数，$a_1, a_2, \cdots\cdots, a_N$ を実数の列とする。

このとき，確率変数の線形和に関して

$$\mathrm{E}\left(\sum_{i=1}^{N} a_i Y_i\right) = \sum_{i=1}^{N} a_i \mathrm{E}(Y_i)$$

が成り立つ。

この性質を，期待値の線形性という。

ついでに，共分散の次の性質についても確認しておこう。

命題 3-32 線形和と共分散

$(Y_1, Y_2, \cdots\cdots, Y_N)$ を N 変数の確率変数，$a_1, a_2, \cdots\cdots, a_N$ と $b_1, b_2, \cdots\cdots, b_N$ を 2 つの実数の列とする。このとき，線形和 $\sum\limits_{i=1}^{N} a_i Y_i$ と $\sum\limits_{i=1}^{N} b_i Y_i$ の間の共分散は

$$\mathrm{Cov}\left(\sum_{i=1}^{N} a_i Y_i, \sum_{i=1}^{N} b_i Y_i\right) = \sum_{i=1}^{N}\sum_{j=1}^{N} a_i b_j \mathrm{Cov}(Y_i, Y_j)$$

のように展開できる。

 練習 51 $p.185$ の注意のように共分散を期待値の記号で表し，期待値の線形性を用いることで命題 3-32 が正しく成り立つことを示せ。

注意 **線形和と線形性** 関数，確率変数，ベクトルなどの列 $A_1, A_2, \cdots\cdots, A_N$ が条件

- 要素同士の足し算 $A_i + A_j$ が計算できる
- 実数 a_i に対して，掛け算 $a_i \times A_i$ が計算できる

を満たすとする。このとき，実数の列 $a_1, a_2, \cdots\cdots, a_N$ に対して和 $a_1 A_1 + a_2 A_2 + \cdots\cdots + a_N A_N$ を，**線形和** あるいは **線形結合** という。

列 $A_1, A_2, \cdots\cdots, A_N$ の要素に対して演算 $\mathcal{F}$ が定義されているとする。たとえば，関数に対する微分や積分，確率変数に対する期待値などがこうした演算である。この演算 $\mathcal{F}$ を線形和に当てはめたときに

$$\mathcal{F}(a_1 A_1 + a_2 A_2 + \cdots\cdots + a_N A_N)$$
$$= a_1 \mathcal{F}(A_1) + a_2 \mathcal{F}(A_2) + \cdots\cdots + a_N \mathcal{F}(A_N)$$

が満たされる場合，この演算 $\mathcal{F}$ は **線形性** をもつという。関数に対する微分や積分，確率変数に対する期待値は，線形性をもつ演算の例である。他方で，確率変数に対する分散は線形性をもたない。

和の分散に関しては次の命題が成り立つ。

命題 3-33 N 変数の和の分散

$(Y_1, Y_2, \cdots\cdots, Y_N)$ を N 変数の確率変数とする。このとき，和の分散に関して

$$\mathrm{V}\left(\sum_{i=1}^{N} Y_i\right) = \sum_{i=1}^{N} \mathrm{V}(Y_i) + 2\sum_{i=1}^{N-1}\sum_{j=i+1}^{N} \mathrm{Cov}(Y_i, Y_j)$$

が成り立つ。

特に，確率変数 Y_1，Y_2，……，Y_N のすべてが互いに独立あるいは無相関ならば

$$V\left(\sum_{i=1}^{N} Y_i\right) = \sum_{i=1}^{N} V(Y_i)$$

が成り立つ。

命題 3-33 が正しく成り立つことを示せ。

◆ 大数の法則

N を自然数として，Y_1，Y_2，……，Y_N を互いに独立に同じ分布に従う N 個の確率変数とする。同じ分布に従うと仮定したため，期待値と分散も共通である。この共通の期待値を $\mu = E(Y_1) = E(Y_2) = \cdots = E(Y_N)$，共通の分散を $\sigma^2 = V(Y_1) = V(Y_2) = \cdots = V(Y_N)$ とする。

確率変数 $\overline{Y_N}$ を $\overline{Y_N} = \dfrac{1}{N} \sum_{i=1}^{N} Y_i$ で定めると，その期待値は

$$E(\overline{Y_N}) = \mu \quad \cdots\cdots \ (20)$$

のように計算できる。

また分散は，独立性を仮定したので

$$V(\overline{Y_N}) = \frac{\sigma^2}{N} \quad \cdots\cdots \ (21)$$

のように計算できる。

ここまでに学んだ期待値や分散の性質を用いて，(20) と (21) が成り立つことを示せ。

(20) からは，$\overline{Y_N}$ の期待値は，計算に入れる確率変数の個数に関わらず μ であることがわかる。またその分散は，計算に入れる確率変数の個数が増えるほど小さくなる。

すなわち，計算に入れる確率変数の個数 N を大きくしていくと，分布のひろがりが小さくなり，確率が期待値付近に集中していく。

ε を正の実数として，**チェビシェフの不等式** を当てはめると

$$P(\overline{Y}_N \leqq \mu - \varepsilon) + P(\mu + \varepsilon \leqq \overline{Y}_N) \leqq \frac{\sigma^2}{\varepsilon^2 N}$$

が成り立つ。

この式からは，もとの確率変数

　　$Y_1,\ Y_2,\ \cdots\cdots,\ Y_N$

の分布がどのようなものであったとし
ても，N の値を大きくしていくと分布
の裾の部分の確率の上限が小さくなっ
ていくことがわかる（図 15）。

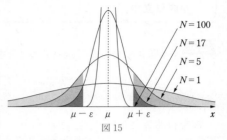

図 15

さらに，$N \longrightarrow \infty$ の極限を考えると，**大数の法則** が得られる。

定理 3-2　大数の法則

　確率変数 $Y_1,\ Y_2,\ \cdots\cdots$ が互いに独立に期待値 μ，分散 σ^2 の同じ分布に
従っているとする。また，自然数 N に対して確率変数 $\overline{Y}_N$ を

$$\overline{Y}_N = \frac{1}{N} \sum_{i=1}^{N} Y_i$$

で定める。

このとき，どのような（小さな）正の実数 ε に対しても

$$\lim_{N \to \infty} \{P(\overline{Y}_N \leqq \mu - \varepsilon) + P(\mu + \varepsilon \leqq \overline{Y}_N)\} = 0$$

が成り立つ。

これを大数の法則という。

注意　**大数の法則**　大数の法則は，ふつう定理 3-2 の形で知られているが，これは

$$\lim_{N \to \infty} P(\mu - \varepsilon < \overline{Y}_N < \mu + \varepsilon) = 1$$

と変形できる。

$N \longrightarrow \infty$ の極限で確率変数 $\overline{Y}_N$ の実現値は確率 1 で期待値 μ の周りの幅 2ε の小
さな区間に位置することを意味している。

やや直感的に解釈すれば，N を大きくしていくと，$\overline{Y}_N$ は次第に確率変数として
の性質を失っていき，$N \longrightarrow \infty$ の極限では実数 μ と見なすことができる。

なお，定理 3-2 は，**大数の弱法則** と呼ばれることもある。

7　正規分布とその他のパラメトリックな分布

　ここまでで考えてきたビー玉投げのゲームなどの例では，まずゲームのルールなど状況を定式化し，確率に関する仮定を導入することで，確率変数の分布を定めた。ビー玉投げのように状況が単純な場合，こうした方法も有効である。このように仮定から分布を導くのではなく，確率変数が従う分布の形を，ある程度先験的に仮定してしまう方法もある。特に，複雑な状況を表現する場合，このような方法の方がよく使われる。こうしたときに使われるのが，**パラメトリックな分布** と呼ばれる種類の分布である。パラメトリックな分布の中でも，最もよく使われる，代表的なものが **正規分布** と呼ばれるものである。

◆パラメトリックな分布とは

　潜在的には，確率分布の種類は非常に多様である。たとえば，*p*. 130 の命題3-2を満たすような関数を（適当に）決めれば，それは1つの確率分布を表す分布関数といえる。これらの中で，比較的頻繁に使われる分布を **パラメトリックな分布** と呼ぶことがある。

　パラメトリックな分布が何なのかをきちんと定義することは難しいが，概ね次のような特徴をもつものと考えることができるだろう。

- 正規分布，χ^2 分布など，パラメトリックな分布には名前がついている。
- パラメトリックな分布は，**パラメータ** と呼ばれる量を含んでいる。私たちがパラメトリックな分布を使うときには，パラメータの値を適切に調節する必要がある。
- パラメトリックな分布は，特定の状況を厳密に表現することよりも，広範囲の状況を大まかに近似することに適している。
- 和の分布が求めやすいなど，数学的に扱いやすいことが多い。

◆正規分布

　パラメトリックな分布の中でも，正規分布は代表的なもので，統計学では，**モデル** の中の **誤差** を表現するための重要なものである。正規分布はふつう，確率密度関数を用いて定められる。

用語 3-39　正規分布

μ を実数，σ^2 を正の実数とする。確率密度関数が

$$\frac{\mathrm{d}}{\mathrm{d}x}P(Y \leqq x) = \frac{1}{\sqrt{2\pi\sigma^2}}\mathrm{e}^{-\frac{(x-\mu)^2}{2\sigma^2}} \quad \cdots\cdots \text{ (22)}$$

で表されるような分布を正規分布という。右辺の実数 μ と σ^2 はこの正規分布のパラメータである。

正規分布を表すのに記号 N を使うことがある。すなわち，確率変数 Y の分布が，パラメータ μ と σ^2 の正規分布に従うことを $Y \sim \mathrm{N}(\mu, \sigma^2)$ と書くことがある。

用語 3-40　正規変数

正規分布に従う確率変数を正規変数という。

注意 **正規分布の確率密度関数**　(22) において，この関数の引数 x は，指数の分子の 2 乗の中にある。右辺最初の分数の分母の平方根の中は，円周率 $\pi \approx 3.14$ の 2 倍とパラメータ σ^2 の積である。このパラメータ σ^2 はもう 1 カ所，指数の分母にもある。この指数の底は **自然対数の底** $\mathrm{e} \approx 2.72$ である。指数の分子の 2 乗の中は，引数 x とパラメータ μ の差である。

この関数をグラフに表すと，図 16 のようになる。この図では，パラメータの値を $\mu=0$，$\sigma^2=1$ とした場合と，$\mu=1$，$\sigma^2=0.09$ とした場合を描いている。どちらも，μ の値を中心に左右に対

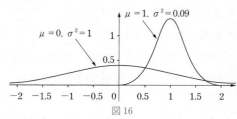

図 16

称な釣鐘型をしていることがわかる。一般に，正規分布の確率密度関数は $x=\mu$ を中心に左右対称な釣鐘型をしている。中心 μ から離れると，裾は急速に横軸に

近づいていき　$\displaystyle\lim_{x \to -\infty} \frac{1}{\sqrt{2\pi\sigma^2}}\mathrm{e}^{-\frac{(x-\mu)^2}{2\sigma^2}} = \lim_{x \to \infty} \frac{1}{\sqrt{2\pi\sigma^2}}\mathrm{e}^{-\frac{(x-\mu)^2}{2\sigma^2}} = 0$

が成り立つ。しかし，横軸にくっついたり，交差することはない。また，この収束がとても「速い」ことも特徴といえる。n を自然数とする。x の値を大きくしていったときに x^n の値が大きくなっていく「速さ」よりも正規分布の密度関数の値が 0 に近づく「速さ」の方が大きく

$$\lim_{x \to -\infty} x^n \frac{1}{\sqrt{2\pi\sigma^2}}\mathrm{e}^{-\frac{(x-\mu)^2}{2\sigma^2}} = \lim_{x \to \infty} x^n \frac{1}{\sqrt{2\pi\sigma^2}}\mathrm{e}^{-\frac{(x-\mu)^2}{2\sigma^2}} = 0$$

が成り立つ。

またこの関数はすべて点において連続で，微分可能である。

(22) は確率密度関数であるから，$p. 139$ の命題 3-5 を満たす。すなわち，(1) に関しては，非負より強く，値は常に正であり，引数やパラメータ x, μ, σ^2 の値がどのようなものであっても

$$0 < \frac{1}{\sqrt{2\pi\sigma^2}} e^{-\frac{(x-\mu)^2}{2\sigma^2}}$$

が成り立つ。また (4) に関しては，パラメータ μ, σ^2 の値がどのようなものであっても

$$\int_{-\infty}^{\infty} \frac{1}{\sqrt{2\pi\sigma^2}} e^{-\frac{(u-\mu)^2}{2\sigma^2}} \mathrm{d}u = 1$$

が成り立つ。

命題 3-34　正規分布の期待値と分散

確率変数 Y が，パラメータ μ, σ^2 の正規分布に従うとする。このとき，確率変数 Y の期待値と分散はそれぞれ　　$\mathrm{E}(Y) = \mu$, $\mathrm{V}(Y) = \sigma^2$
である（章末問題 9）。
すなわち，正規分布のパラメータ μ, σ^2 は，それぞれ期待値と分散を決める役割をもっている。

注意　**正規分布のパラメータ**　命題 3-34 からもわかるように，パラメータにはそれぞれ役割がある。このことは，他のパラメトリックな分布についてもいえる。本来，分布のパラメータを表す記号は何でも構わないのだが，習慣的に，その役割がわかるような記号が使われることが多い。

たとえば，(22) のパラメータ μ は，正規変数 Y の期待値を決める役割をもっている。このことがわかるように，期待値を表すのに使われることが多い記号 μ が使われることが多い。同じように，パラメータ σ^2 は，正規変数 Y の分散を決める役割をもっている。このことから，σ^2 という記号が使われることが多い。こうしたことから，パラメータ μ は正規分布の期待値，σ^2 は分散とそれぞれ呼ばれることがある。

正規分布に従う確率変数を扱うときのコツは，「期待値は何だろうか」と「分散は何だろうか」を常に考えることである。期待値と分散さえわかれば，その確率変数の分布についてはほとんど把握できたことになる。

注意 **正規分布の分布関数** 確率変数 Y がパラメータ μ, σ^2 の正規分布に従うとする。

確率変数 Y の分布関数は、その確率密度関数との関係から

$$P(Y \leqq x) = \int_{-\infty}^{x} \frac{1}{\sqrt{2\pi\sigma^2}} e^{-\frac{(u-\mu)^2}{2\sigma^2}} du$$

と書くことができる。

ただし、この式の右辺の積分はこれ以上簡単な形に整理することができない。必要な場合には、数値積分などの方法により近似値を求めることになる。なお、ほとんどの計算パッケージには、これを計算するための関数が準備されている。

1次関数による変換（$p.146$ 以降）との関係では次の命題が成り立つ。

命題 3-35 **正規分布と1次関数**

確率変数 Y の分布が $Y \sim \mathrm{N}(\mu, \sigma^2)$ で定められるとし、a と b を実数とする。ただし、$a \neq 0$ とする。

このとき、確率変数 Z を

$$Z = aY + b$$

で定めると、この Z も正規分布に従い、期待値と分散は

$$\mathrm{E}(Z) = a\mu + b, \quad \mathrm{V}(Z) = a^2\sigma^2$$

で与えられる。

すなわち

$$Z \sim \mathrm{N}(a\mu + b, \ a^2\sigma^2)$$

である。

練習 **54** 命題 3-35 を次のように確認せよ。

(1) 確率変数 Z の分布関数を、確率変数 Y の分布関数を用いて表せ。

(2) (1)で得た確率変数 Z の分布関数を微分して、その確率密度関数が、期待値 $a\mu + b$、分散 $a^2\sigma^2$ の正規分布のものであることを示せ。ただし、連続で微分可能な関数 f と g に関して

$$\frac{\mathrm{d}}{\mathrm{d}x} \int_{-\infty}^{g(x)} f(u) du = \left(\frac{\mathrm{d}}{\mathrm{d}\{g(x)\}} \int_{-\infty}^{g(x)} f(u) du \right) \frac{\mathrm{d}}{\mathrm{d}x} g(x)$$

$$= f(g(x)) \frac{\mathrm{d}}{\mathrm{d}x} g(x)$$

が成り立つことを用いてもよい。

正規分布のパラメータの値の組合せの中で，$\mu=0$，$\sigma^2=1$ は特別に扱われる。

用語 3-41　標準正規分布

正規分布の中でも，期待値が $\mu=0$ で，分散が $\sigma^2=1$ であるものは，標準正規分布と呼ばれる。

標準正規分布の確率密度関数を記号 ϕ を用いて表すことがある。

すなわち

$$\phi(x)=\frac{1}{\sqrt{2\pi}}e^{-\frac{x^2}{2}}$$

とすることがある。

同じように，標準正規分布の分布関数も記号 Φ を用いて表すことがある。

すなわち

$$\Phi(x)=\int_{-\infty}^{x}\phi(u)\mathrm{d}u$$

とすることがある。

練習 55

(1)　Φ を標準正規分布の分布関数とする。確率変数 Y が期待値 μ，分散 σ^2 の正規分布に従っているとする。このとき，確率変数 Y の分布関数は

$$P(Y\leqq x)=\Phi\left(\frac{x-\mu}{\sigma}\right)$$

と表されることを示せ。

(2)　ϕ を標準正規分布の確率密度関数とする。このとき，(1) の確率変数 Y の確率密度関数は

$$\frac{\mathrm{d}}{\mathrm{d}x}P(Y\leqq x)=\frac{1}{\sigma}\phi\left(\frac{x-\mu}{\sigma}\right)$$

と表されることを示せ。

◆ 2 変数の正規分布

前節で学習したように，2 変数の確率変数は，ふつう扱いにくい部分が多い。こうした中で，**2 変数の正規変数** は和の分布が求めやすいなど，比較的扱いやすい例外といえる。

注意 **2変数の正規変数と2つの正規変数** 統計学への応用を考えた場合，2変数の正規変数に関しては次のように考えることができる。すなわち，確率変数 Y_1，Y_2 の両方が正規分布に従うことがわかったとする。このとき，これらを並べた (Y_1, Y_2) は **2変数の正規変数** であると考えて **概ね問題ない**。

厳密には用語 3-42 の条件が満たされた場合のみ，正規変数の組 (Y_1, Y_2) は2変数の正規変数と呼ばれ，本項で確認するさまざまな性質が保証される。すなわち厳密に考えると，確率変数 Y_1，Y_2 の両方が正規分布に従っていても，それらの組 (Y_1, Y_2) が2変数の正規変数とはいえないような場合も存在する（たとえば [10] の5章参照）。ただし，統計学への応用でこうした場合に出くわすことはほとんどないといえ，上に述べたように考えて概ね問題ないといえる。

こうしたことを認識したうえで，あまり厳密に考えないのであれば，以下の準備を飛ばして，*p.* 201 の注意以降を理解すればよい。

2変数の正規分布について考える前に，少し準備をしよう。

命題 3-36 **独立な標準正規変数の線形和**

Z_1，Z_2 を互いに独立な標準正規変数，a_0，a_1，a_2 を実数とする。ただし，a_1，a_2 のどちらかは 0 でないとする。

このとき，標準正規変数 Z_1，Z_2 と実数の線形和

$$a_0 + a_1 Z_1 + a_2 Z_2$$

は正規分布に従い，その期待値と分散はそれぞれ a_0，$a_1{}^2 + a_2{}^2$ である。すなわち

$$a_0 + a_1 Z_1 + a_2 Z_2 \sim \mathrm{N}(a_0,\ a_1{}^2 + a_2{}^2)$$

である（章末問題 9）。

命題 3-36 の線形和の係数を調整することで，さまざまな正規変数を作ることができる。

練習 56 Z_1，Z_2 を互いに独立な標準正規変数，$a_{1,0}$，$a_{1,1}$，$a_{2,0}$，$a_{2,1}$，$a_{2,2}$ を実数とする。確率変数 Y_1，Y_2 が

$$Y_1 = a_{1,0} + a_{1,1} Z_1, \quad Y_2 = a_{2,0} + a_{2,1} Z_1 + a_{2,2} Z_2$$

で定められ $\mathrm{E}(Y_1) = 1$，$\mathrm{V}(Y_1) = 4$，$\mathrm{E}(Y_2) = 3$，$\mathrm{V}(Y_2) = 5$，$\mathrm{Cov}(Y_1, Y_2) = 4$ が満たされているという。このとき，実数 $a_{1,0}$，$a_{1,1}$，$a_{2,0}$，$a_{2,1}$，$a_{2,2}$ の値を求めよ。

このように準備をしておくと，2 変数の正規分布は次のように定めることがで
きる。

用語 3-42　2 変数の正規分布

2 つの正規変数 Y_1, Y_2 が次の条件を満たすとき，これらを並べた (Y_1, Y_2)
を 2 変数の正規変数と呼ぶ。

2 変数の正規変数の条件：2 つの正規変数 Y_1, Y_2 を，互いに独立な標準正
規変数 Z_1, Z_2 と実数 $a_{1,0}$, $a_{1,1}$, $a_{1,2}$, $a_{2,0}$, $a_{2,1}$, $a_{2,2}$ を用いて

$$Y_1 = a_{1,0} + a_{1,1}Z_1 + a_{1,2}Z_2$$

$$Y_2 = a_{2,0} + a_{2,1}Z_1 + a_{2,2}Z_2$$

　と表すことができること。

またこのとき，2 変数の正規変数 (Y_1, Y_2) の同時分布を，2 変数の正規分布
という。

注意　**2 変数の正規分布**　(Y_1, Y_2) を 2 変数の正規変数とする。この同時密度関数は

$$\frac{\partial^2}{\partial x_1 \partial x_2} P(Y_1 \leq x_1, Y_2 \leq x_2)$$

$$= \frac{1}{2\pi\sqrt{\sigma_1^2 \sigma_2^2 (1-\rho^2)}} \times e^{-\frac{1}{2(1-\rho^2)}\left\{\left(\frac{x_1-\mu_1}{\sigma_1}\right)^2 + \left(\frac{x_2-\mu_2}{\sigma_2}\right)^2 - 2\rho\frac{x_1-\mu_1}{\sigma_1}\frac{x_2-\mu_2}{\sigma_2}\right\}}$$

と書くことができる。

パラメータは 5 つあり，それぞれ

$$\mu_1 = E(Y_1), \quad \sigma_1^2 = V(Y_1)$$

$$\mu_2 = E(Y_2), \quad \sigma_2^2 = V(Y_2)$$

$$\rho = \text{Corr}(Y_1, Y_2) = \frac{\text{Cov}(Y_1, Y_2)}{\sigma_1 \sigma_2}$$

のような役割をもっている。

すなわち，2 変数の正規分布は，含まれる正規変数の期待値，分散，正規変数の
間の共分散がわかれば分布の形が完全に特定されることになる。

$p.\,187$ の命題 3-26 では，無相関性と独立性の違いを強調した。しかし，考えているのが 2 変数の正規変数であれば，無相関性と独立性は同値になる。

命題 3-37　正規変数の無相関と独立

$(Y_1,\ Y_2)$ を 2 変数の正規変数とする。正規変数 $Y_1,\ Y_2$ が無相関であるならば，これらは互いに独立である。

---

(1)　2 変数の正規分布の同時密度関数において，$\rho=0$ とすると，同時密度関数が周辺密度関数の積で表されることを示せ。

(2)　(1) のとき，同時分布関数が周辺分布関数の積で表されることを示し，命題 3-37 が正しく成り立つことを示せ。

2 変数の正規分布の最も重要な性質の 1 つに，再生性と呼ばれるものがある。

命題 3-38　正規分布の再生性

$(Y_1,\ Y_2)$ を 2 変数の正規変数とする。このとき，和 Y_1+Y_2 は（1 変数の）正規分布に従う。この性質を，正規分布の再生性という。

注意　**正規分布の再生性**　$p.\,174$ では，確率変数の和の分布が必ずしも扱いやすいものではないことを学習した。命題 3-38 が意味するのは，2 変数の正規分布が，和の分布が求めやすい例外であることである。

なお，命題 3-38 が正しいことは，用語 3-42 の条件と，$p.\,200$ の命題 3-36 から示すことができる。

◆ N 変数の正規分布

N **変数の正規分布** は，2 変数の場合の自然な拡張として得られる。

用語 3-43　N 変数の正規分布

$Y_1,\ Y_2,\ \cdots\cdots,\ Y_N$ を N 個の正規変数とする。これらが，N 個の，互いに独立な標準正規変数 $Z_1,\ Z_2,\ \cdots\cdots,\ Z_N$ と実数の線形和として表されるとき，$(Y_1,\ Y_2,\ \cdots\cdots,\ Y_N)$ を N 変数の正規変数といい，その従う同時分布を N 変数の正規分布という。

N変数の正規分布　$(Y_1, Y_2, \cdots\cdots, Y_N)$ を N 変数の正規変数とする。これが従う N 変数の正規分布を特定するために必要なパラメータは，含まれる正規変数それぞれの期待値と，それぞれの分散，および，すべての組合せに対する共分散 $\mathrm{E}(Y_1), \mathrm{E}(Y_2), \cdots\cdots, \mathrm{E}(Y_N), \mathrm{V}(Y_1), \mathrm{V}(Y_2), \cdots\cdots, \mathrm{V}(Y_N), \mathrm{Cov}(Y_i, Y_j), (i \ne j)$ である。

和については次の命題が成り立つ。

命題 3-39　**N変数の正規分布の再生性**

$(Y_1, Y_2, \cdots\cdots, Y_N)$ を N 変数の正規変数とする。このとき和

$$S_N = \sum_{i=1}^{N} Y_i$$

は（1変数の）正規分布に従う。

注意　**N変数の正規分布の再生性**　（1変数の）正規分布のパラメータは期待値と分散のみなので，これらが定まれば命題 3-39 の和 S_N の分布が定まることになる。

$p.191$ の命題 3-30 より

$$\mathrm{E}(S_N) = \sum_{i=1}^{N} \mathrm{E}(Y_i)$$

であり，また $p.192$ の命題 3-33 より

$$\mathrm{V}(S_N) = \sum_{i=1}^{N} \mathrm{V}(Y_i) + 2 \sum_{i=1}^{N-1} \sum_{j=i+1}^{N} \mathrm{Cov}(Y_i, Y_j)$$

である。

特に，確率変数 $Y_1, Y_2, \cdots\cdots, Y_N$ が互いに無相関のとき——正規分布の場合は，したがって独立なとき——分散は

$$\mathrm{V}(S_N) = \sum_{i=1}^{N} \mathrm{V}(Y_i)$$

である。

2変数の場合の命題 3-38 と，数学的帰納法を用いて命題 3-39 を示せ。

◆ χ^2 分布

統計学への応用において正規分布は，誤差を表現するために用いられることが多い。第5章で学習するように，**統計的仮説検定** では，誤差の2乗和が重要になる。χ^2 **分布** は，正規変数の2乗和が従う分布として定めることができる。

用語 3-44 χ^2 分布

$Z_1,\ Z_2,\ \cdots\cdots,\ Z_N$ を互いに独立な N 個の正規変数とする。これらの2乗和 $S_N{}^2 = \sum_{i=1}^{N} Z_i{}^2$ を χ^2 変数と呼び，またこれが従う分布を χ^2 分布という。2乗和に含まれる標準正規変数の個数 N は自由度と呼ばれるパラメータである。確率変数 $S_N{}^2$ が自由度 N の χ^2 分布に従うことを

$$S_N{}^2 \sim \chi^2(N)$$

と書くことがある。

注意 χ はギリシア文字で日本語では「カイ」と発音される。

注意 χ^2 **分布** 自由度 N の χ^2 分布の確率密度関数は

$$\frac{\mathrm{d}}{\mathrm{d}x} P(S_N{}^2 \leqq x) = \begin{cases} 0, & (x \leqq 0) \\[2mm] \dfrac{x^{\frac{N}{2}-1}\mathrm{e}^{-\frac{x}{2}}}{2^{\frac{N}{2}}\Gamma\left(\dfrac{N}{2}\right)}, & (0 < x) \end{cases}$$

で表される。この式の中の関数 Γ は，**ガンマ関数** と呼ばれ，$0 < x$ に対して

$$\Gamma(x) = \int_0^\infty u^{x-1}\mathrm{e}^{-u}\,\mathrm{d}u$$

で定められる。

いくつかの自由度について確率密度関数のグラフをかくと図17のようになる。これを見ると，負の部分には確率が割り当てられていないことがわかる。これは2乗和の実現値が非負であることによる。

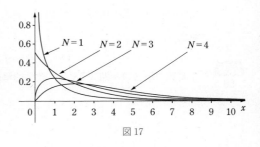

図17

自由度が 1 のとき，確率密度の値は $x \longrightarrow 0$ で無限大に発散してしまい値をもたない。自由度が 2 のときは $\dfrac{1}{2}$ に収束し，自由度が 3 以上のとき，0 に収束する。

自由度が何であっても，確率密度関数は右側に長い裾をもち，$x \longrightarrow \infty$ で 0 に収束するが，x 軸にくっついたり，交差することはない。

期待値と分散については，$\mathrm{E}(S_N{}^2)=N$，$\mathrm{V}(S_N{}^2)=2N$ が知られている。

◆ スチューデントの t 分布

本書で扱う統計的仮説検定において，**スチューデントの t 分布**は重要な役割をもつ。

> **用語 3-45　スチューデントの t 分布**
> Z_0 を標準正規変数，$S_N{}^2$ を自由度 N の χ^2 変数とし，これらが互いに独立であるとする。確率変数 t_N を
> $$t_N = \frac{Z_0}{\sqrt{S_N{}^2/N}}$$
> で定めたとき，この確率変数 t_N が従う分布は自由度 N の**スチューデントの t 分布**あるいは単に **t 分布**と呼ばれる。
> t 分布のパラメータは自由度のみで，これは分母の χ^2 変数 $S_N{}^2$ から引き継いだものである。
> 確率変数 t_N が自由度 N の t 分布に従うことを $t_N \sim t(N)$ と書くことがある。

注意　**スチューデントの t 分布**　用語 3-45 で確率変数 t_N を定める式の分母の $S_N{}^2$ の実現値が 0 になる事象は空集合ではない。このため，厳密に考えると t_N はこのままでは確率変数とはいえない。しかし，$P(S_N{}^2=0)=0$ であるから，標本空間から，この事象を取り除いて考えれば t_N はすべての帰結に対して実数の実現値をもち，確率変数といえる。ただし，私たちが何か特別な処理をする必要はなく，事実上この問題は放置しておいても問題は生じない（$p.\,149$ の注意（関数による変換 2 ）も参照）。

なお，自由度 N の t 分布の確率密度関数は
$$\frac{\mathrm{d}}{\mathrm{d}x}P(t_N \leqq x) = \frac{\Gamma\left(\dfrac{N+1}{2}\right)}{\sqrt{N\pi}\,\Gamma\left(\dfrac{N}{2}\right)}\left(1+\frac{x^2}{N}\right)^{-\frac{N+1}{2}}$$
で表されることが知られている。

いくつかの自由度について確率密度関数のグラフをかくと図18のようになる。これを見ると，どの自由度でも 0 を中心として左右に対称な裾をもち，標準正規分布に似た形をしていることがわかる。ただし，裾は標

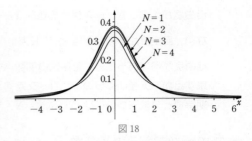

図 18

準正規分布のものよりも厚い。すなわち，自然数 n が t 分布の自由度 N よりも大きいと $\displaystyle\lim_{x\to\infty} x^n \frac{\mathrm{d}}{\mathrm{d}x} P(t_N \leqq x)$ は収束しない。裾は，自由度が 1 のとき最も厚く，自由度が大きくなると薄くなっていく。なお，$N \longrightarrow \infty$ の極限で，t 分布は標準正規分布に収束する。

自由度が 1 のとき，裾はとても厚く，積分の極限 $\displaystyle\lim_{a\to\infty} \int_{-a}^{a} |u| \frac{\mathrm{d}}{\mathrm{d}u} P(t_1 \leqq u)\mathrm{d}u$ が収束せず，期待値は存在しない。自由度が 2 以上のとき，期待値は 0 である。分散についても，自由度が 1 と 2 のときに存在しない。自由度が 3 以上のとき $\mathrm{V}(t_N) = \dfrac{N}{N-2}$ であることが知られている。

◆非心 t 分布

t 分布とともに**非心 t 分布**と呼ばれる分布についても知っておくと，統計的仮説検定を理解しやすい。

用語3-46　非心 t 分布
Z_μ を期待値 μ，分散 1 の正規変数，$S_N{}^2$ を自由度 N の χ^2 変数とし，これらが互いに独立であるとする。
確率変数 $t_{N,\mu}$ を

$$t_{N,\mu} = \frac{Z_\mu}{\sqrt{S_N{}^2 / N}}$$

で定めたとき，この確率変数 $t_{N,\mu}$ が従う分布は，自由度 N，非心パラメータ μ の非心 t 分布と呼ばれる。非心 t 分布には，自由度 N の他に，分子の正規変数 Z_μ の期待値 μ を非心パラメータとしてもっている。非心パラメータ μ の値が 0 のとき，非心 t 分布は t 分布に一致する。

注意　非心 t 分布　　自由度 N，非心パラメータ μ の非心 t 分布の確率密度関数は

$$\frac{\mathrm{d}}{\mathrm{d}x}P(t_{N,\mu}\le x)$$

$$=\frac{1}{\sqrt{\pi N}}\mathrm{e}^{-\frac{\mu^2}{2}}\times\sum_{k=0}^{\infty}\frac{2^{\frac{k}{2}}}{k!}\frac{\Gamma\left(\dfrac{N+k+1}{2}\right)}{\Gamma\left(\dfrac{N}{2}\right)}\left(\frac{\mu x}{\sqrt{N}}\right)^k\left(1+\frac{x^2}{N}\right)^{-\frac{N+k+1}{2}}$$

で表されることが知られている。

自由度が 4 の場合についてこの確率密度関数のグラフをかくと図 19 のようになる。これを見ると，非心パラメータの値が負のとき，分布の頂点は左に，正のとき右に移動することがわかる。確率密度関数の頂点の位置を M とすると，不等式

$$\sqrt{\frac{2N}{2N+5}}\,\mu<M<\sqrt{\frac{N}{N+1}}\,\mu$$

が成り立つことが知られている。自由度 N が大きいとき，確率密度関数の頂点の位置は非心パラメータ μ で近似できることがわかる。

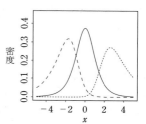

図 19　非心パラメータの値は $\mu=-2$ （破線），$\mu=0$ （実線），$\mu=3$ （点線）。

◆ F 分布

統計的仮説検定では，F 分布と呼ばれる分布が使われることもある。

用語 3-47　F 分布

2 つの確率変数 $V_N{}^2$，$W_M{}^2$ がそれぞれ

$$V_N{}^2\sim\chi^2(N)$$

$$W_M{}^2\sim\chi^2(M)$$

の分布に従うとする。また，これらの確率変数は互いに独立であるとする。これらを，それぞれの自由度で割った確率変数の比

$$F_{N,M}=\frac{V_N{}^2/N}{W_M{}^2/M}$$

が従う分布を自由度 $(N,\ M)$ の F 分布という。

確率変数 $F_{N,M}$ が自由度 $(N,\ M)$ の F 分布に従うことを，$F_{N,M}\sim F(N,M)$ と書くことがある。

注意　*F*分布　自由度 (N, M) の *F* 分布の確率密度関数は

$$\frac{\mathrm{d}}{\mathrm{d}x}P(F_{N,M} \leqq x) = \begin{cases} 0, & (x \leqq 0) \\ \dfrac{\left(\dfrac{N}{M}\right)^{\frac{N}{2}}}{B\left(\dfrac{N}{2}, \dfrac{M}{2}\right)} x^{\frac{N}{2}-1} \left(1 + \dfrac{N}{M}x\right)^{-\frac{N+M}{2}}, & (0 < x) \end{cases}$$

で表される。

この式の中の B は，**ベータ関数** と呼ばれ，$0 < x$, $0 < y$ に対して

$$B(x, y) = \int_0^1 u^{x-1}(1-u)^{y-1}\mathrm{d}u$$

で定められる。

いくつかの自由度について確率
密度関数のグラフをかくと図
20 のようになる。これを見る
と，χ^2 分布の場合と同じよう
に，負の部分には確率が割り当
てられていないことがわかる。

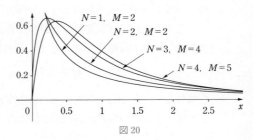

図 20

◆中心極限定理

N 個の確率変数 Y_1, Y_2, ……, Y_N が互いに独立に，ある同じ分布に従って
いるとする。その共通の分布の期待値を μ，分散を σ^2 とする。これらの和を
$S_N = \sum_{i=1}^{N} Y_i$ とする。すでに確認したように，和 S_N の分布を求めることは容易で
あるとは限らないが，この和の期待値と分散は $\mathrm{E}(S_N) = N\mu$, $\mathrm{V}(S_N) = N\sigma^2$ のよ
うに計算できる。

この和 S_N を **基準化** した確率変数 ψ_N を $\psi_N = \dfrac{S_N - N\mu}{\sqrt{N\sigma^2}}$ で定めると，N の値
に関わらず $\mathrm{E}(\psi_N) = 0$, $\mathrm{V}(\psi_N) = 1$ である。

すなわち，N の値を変えると，確率変数 ψ_N の分布の形は変わるはずだが，分
布の真ん中とひろがりは変わらない。ここで，$N \longrightarrow \infty$ の極限を考えると，**中
心極限定理** が得られる。

確率変数 Y_1, Y_2, …… が互いに独立に，ある同じ分布に従っているとする。その共通の分布の期待値を μ，分散を σ^2 とする。

このとき，確率変数 Y_1, Y_2, …… が従う分布がどのようなものであっても，すべての実数 x に対して

$$\lim_{N \to \infty} P\left(\frac{\sum\limits_{i=1}^{N} Y_i - N\mu}{\sqrt{N\sigma^2}} \leqq x \right) = \int_{-\infty}^{x} \frac{1}{\sqrt{2\pi}} e^{-\frac{u^2}{2}} du$$

が成り立つ。

注意　**正規分布による分布の近似**　中心極限定理は，$N \longrightarrow \infty$ の極限で，和の分布が正規分布に収束することを意味する。和に含める確率変数の数 N が無限大でなくても，十分に大きければ和 S_N の分布について $S_N \sim N(N\mu, N\sigma^2)$ という近似が成り立つ。N がどのくらいであれば十分に大きいといえるかは，もとの分布がどのくらい正規分布に近いかや，近似にどの程度の精度を求めるかなどによる。近似の精度は，分布の真ん中付近の方が裾の部分よりもよいことが知られている。

第3章のまとめ

1 確率とは

統計学において，偶然を表現するために確率論を用いる。ただし，現実の問題に確率論をあてはめる場合，観察によって確率の値を一意に定めることはできない。

重要用語　頻度論的解釈，ベイズ的解釈，公理的確率論

2 事象の確率

確率の公理　Ω を標本空間，$\mathcal{A}$ を事象の σ-加法族とする。また σ-加法族に含まれる事象 E とし，これに割り当てられる確率の値を $P(E)$ で表す。このとき，確率は次の3つの条件を満たさねばならない。

(1)　$0 \leqq P(E) \leqq 1$　　(2)　$P(\Omega) = 1$

(3)　$E_1,\ E_2,\ \cdots\cdots$ が互いに排反ならば　　$P\left(\bigcup_{i=1}^{\infty} E_i\right) = \sum_{i=1}^{\infty} P(E_i)$

重要用語　帰結，標本空間，事象，確率

3 確率変数とその分布

例えば，ゲームの得点，未来の経済指標のように，潜在的にはさまざまな値をとる可能性があり，その値が定まる過程に偶然が関与すると考えられるような量を表すのに確率変数を使うことができる。

帰結が与えられたときに確率変数がとる値を，その確率変数の実現値という。確率変数が，どのような確率でどのような実現値をとるかの様子を，その確率変数の確率分布という。

重要用語　分布関数，分位数，確率密度関数，期待値

4 確率変数の変換

関数の引数として確率変数を与え，値として別の確率変数を得る操作を，確率変数の変換という。

分散と標準偏差

分散，標準偏差は，分布のひろがりの指標である。以下のように定める。

分散 $\quad V(Y) = \displaystyle\int_{-\infty}^{\infty} (u - \mu)^2 f_Y(u) \mathrm{d}u$

標準偏差 $\quad \sqrt{V(Y)}$

分散と期待値の関係 $\quad V(Y) = E(\{Y - E(Y)\}^2), \quad V(Y) = E(Y^2) - \{E(Y)^2\}$

重要用語 チェビシェフの不等式

6 多変数の確率変数

複数の確率変数をまとめたものを，多変数の確率変数という。

2変数の確率変数の場合には，同時分布関数を出発点にして計算を行う。

同時分布関数から，1変数の確率変数の分布関数を取り出したものを，周辺分布関数という。

どの帰結が実現したか不明だが，ある事象が実現したことがわかったときの確率を条件付確率という。

重要用語 同時分布関数，周辺分布関数，同時密度関数，条件付分布関数，独立，相関，共分散，大数の法則，中心極限定理

7 正規分布とその他のパラメトリックな分布

確率変数 Y が，パラメータ μ と σ^2 の正規分布に従うことを $Y \sim N(\mu, \sigma^2)$ と書く。

重要用語 パラメータ，正規変数，標準正規分布，χ^2 分布，自由度，t 分布，F 分布，中心極限定理

章末問題

1. (1) *p*. 117 の例 8 を確認せよ。
   (2) *p*. 117 の (2) を証明せよ。

2. *p*. 110 の例 1 のゲームで，自然数 i に対して，事象 E_i を

$$E_i = \left\{ (u, v) \,\middle|\, \frac{1}{i} \leqq u \leqq 1, \ 0 \leqq v \leqq 1 \right\}$$

   で定める。このとき，以下の問いに答えよ。

   (1) 集合 E_1, E_2 の和集合 $E_1 \cup E_2$ を集合の内包的記法で表せ。また，この和集合 $E_1 \cup E_2$ を図示せよ。

   (2) 事象の列 E_1, E_2, E_3, E_4, E_5 の和集合 $\bigcup\limits_{i=1}^{5} E_i$ を集合の内包的記法で表し，図示せよ。

   (3) E_1, E_2, …… は事象の無限列である。このとき，これらの和集合が

$$\bigcup_{i=1}^{\infty} E_i = \{ (u, v) \mid 0 < u \leqq 1, \ 0 \leqq v \leqq 1 \}$$

   であることを示せ。

3. 例 1 のゲームで，自然数 i に対して，事象 B_i を

$$B_i = \left\{ (u, v) \,\middle|\, 0 \leqq u < \frac{1}{i}, \ 0 \leqq v \leqq 1 \right\}$$

   で定める。このとき，以下の問いに答えよ。

   (1) 事象 B_1 と B_2 の共通部分 $B_1 \cap B_2$ を集合の内包的記法で表し，図示せよ。

   (2) 事象の列 B_1, B_2, B_3, B_4, B_5 の共通部分 $\bigcap\limits_{i=1}^{5} B_i$ を集合の内包的記法で表し，図示せよ。

   (3) B_1, B_2, …… は事象の無限列である。このとき，これらの共通部分が

$$\bigcap_{i=1}^{\infty} B_i = \{ (0, v) \mid 0 \leqq v \leqq 1 \}$$

   であることを示せ。

4. 2 つの事象 E_1, E_2 が互いに排反であるとき，どのような帰結 $\omega \in \Omega$ が実現しても事象 E_1, E_2 の両方が実現することがないことを示せ。

5. (1) *p*. 119 の (3) の証明にならって，(4) を示せ。
   (2) (6) を示せ。

6. Ω を標本空間，$\mathcal{A}$ を，Ω の部分集合を集めて作った σ-加法族とする。

(1) $p.\,115$ の用語 3-7 の条件 (1) と (2) から，$\emptyset \in \mathcal{A}$ であることを示せ。

(2) 用語 3-7 の条件 (2) と (3) と，ド・モルガンの公式から，

$$E_1 \in \mathcal{A},\ E_2 \in \mathcal{A},\ \cdots\cdots \implies \bigcap_{i=1}^{\infty} E_i \in \mathcal{A}\ \text{であることを示せ。}$$

7. 座標平面上に 3 点 O$(0,\,0)$，A$(1,\,1)$，B$(1,\,-1)$ をとる。三角形 OAB に対して例 1 と同じようにビー玉を投げるゲームを考える。すなわち，ゲームの標本空間を，この三角形とその内側のすべての点とする。また，標本空間に含まれるどの点も同じくらい実現しやすいとする。

ビー玉が落ちる点の座標を 2 変数の確率変数 $(Y_1,\,Y_2)$ で表すことにする。たとえば，帰結 $\omega = (0.3,\,0.2)$ が実現したとき，$Y_1(\omega) = 0.3$，$Y_2(\omega) = 0.2$ とする。

このとき，次の問いに答えよ。

(1) 2 変数の確率変数 $(Y_1,\,Y_2)$ の同時分布関数を求めよ。

(2) 確率変数 Y_1，Y_2 の周辺分布関数をそれぞれ求めよ。また，確率変数 Y_1，Y_2 が互いに独立か答えよ。

(3) 2 変数の確率変数 $(Y_1,\,Y_2)$ の同時密度関数を求めよ。また，確率変数 Y_1，Y_2 の期待値を求めよ。

(4) 確率変数 Y_1，Y_2 の共分散を求めよ。また，確率変数 Y_1，Y_2 の間に相関があるか答えよ。

8. $p.\,188$ の命題 3-27 を次のように示せ。$(Y_1,\,Y_2)$ を 2 変数の確率変数，t を実数とする。

(1) 確率変数 Z を $Z = (Y_1 + tY_2)^2$ で定めたとき，実数 t の値がどのようなものであっても $0 \leq \mathrm{E}(Z)$ であることを示せ。ただし，関数 h がすべての実数の組 $(u_1,\,u_2)$ において $0 \leq h(u_1,\,u_2)$ を満たすとき $0 \leq \displaystyle\int_{-\infty}^{\infty} \int_{-\infty}^{\infty} h(u_1,\,u_2)\,\mathrm{d}u_2\,\mathrm{d}u_1$ であることを用いてもよい。

(2) 期待値 $\mathrm{E}(Z) = \mathrm{E}((Y_1 - tY_2)^2)$ を記号 t の 2 次式として示せ。

(3) 記号 t に関する 2 次方程式 $\mathrm{E}(Z) = 0$ は，異なる 2 つの実数解をもたないことを示せ。

(4) 命題 3-27 が正しく成り立つことを示せ。

9. Z_1, Z_2 を互いに独立な標準正規変数, a_0, a_1, a_2 を実数とする。ただし, $0 < a_2$ とする。確率変数 Y を $Y = a_0 + a_1 Z_1 + a_2 Z_2$ で定める。このとき次の問いに答えよ。

(1) 確率変数 (Z_1, Z_2) の同時密度関数 f_{Z_1, Z_2} を, 標準正規分布の確率密度関数 ϕ を用いて表せ。

(2) 等式 $P(Y \leqq x) = P\left(Z_2 \leqq \dfrac{x - a_0 - a_1 Z_1}{a_2}\right)$ を示せ。

(3) 分布関数 $P(Y \leqq x)$ を (1) で求めた同時密度関数の 2 重積分の形で書け。また, それが標準正規分布の分布関数 Φ を用いて

$$P(Y \leqq x) = \int_{-\infty}^{\infty} \phi(u_1) \Phi\left(\frac{x - a_0 - a_1 u_1}{a_2}\right) \mathrm{d}u_1$$

と表されることを示せ。

(4) 分布関数 $P(Y \leqq x)$ を微分して得られる確率密度関数が

$$\frac{\mathrm{d}}{\mathrm{d}x} P(Y \leqq x) = \int_{-\infty}^{\infty} \phi(u_1) \phi\left(\frac{x - a_0 - a_1 u_1}{a_2}\right) \frac{1}{a_2} \mathrm{d}u_1$$

となることを確かめよ。

また, $\phi(x) = \dfrac{1}{\sqrt{2\pi}} \mathrm{e}^{-\frac{x^2}{2}}$ を考え, $\mu_a = \dfrac{(x - a_0)a_1}{a_1{}^2 + a_2{}^2}$, $\sigma_a{}^2 = \dfrac{a_2{}^2}{a_1{}^2 + a_2{}^2}$ とおくと, この式は

$$\frac{\mathrm{d}}{\mathrm{d}x} P(Y \leqq x) = \int_{-\infty}^{\infty} \frac{1}{\sqrt{2\pi\sigma_a{}^2}} \mathrm{e}^{-\frac{(u_1 - \mu_a)^2}{2\sigma_a{}^2}} \mathrm{d}u_1 \frac{1}{\sqrt{2\pi(a_1{}^2 + a_2{}^2)}} \mathrm{e}^{-\frac{(x - a_0)^2}{2(a_1{}^2 + a_2{}^2)}}$$

と整理できることを示せ。

第4章

モデルとパラメータの推定

モデルという言葉は広い分野で使われ，それぞれ違った意味をもつ。使われる分野によって，行動のお手本や規範を指すこともあるし，現実を模した模型を指すこともあるし，頭の中のアイデアを図示したものを指すこともある。どの意味においても共通するのは，モデルという言葉の指すものが，事柄についてのイメージを人々の間で共有するために使われることであろう。

p. 12 の用語 0-5 で定めたように，本書では，モデルという言葉は，私たちのもつ考え，仮説や見込みを数式の形で表現したものを指す。ここで考えるモデルは，**パラメータ** と呼ばれる未知の量を含む。私たちは，データからこのパラメータの値を **推定** することで，モデルを利用可能なものにしたり，現実に対する示唆を得ようとする。

高校までの数学で，データから母平均を **推定** する方法などを学んだかもしれない。しかし，*p.* 33 以降で学んだように，**母集団** の考え方には限界が多い。本書では，母集団の存在を仮定せず，第 3 章で学んだ確率論に基づいて議論を進める。

また，本章では推定を行うだけでなく，推定量という考え方を導入する。これは次章の統計的仮説検定で中心的な役割を果たす重要なものである。

1 モデル構築の準備

モデルを構築する前に，そのための準備をしよう。ここでは，統計学におけるモデル構築の際に用いられることが多い仮定と，それに関連する **誤差** などの用語を説明する。これらも，私たちが使う仮定を数式で表すものなので，厳密にはモデルの一部と考えることができる。

ここで説明する仮定は，第3章で学習した確率論と，データをつなぐ重要なものであるが，あまりにも広く当たり前のように使われるので，多くの文献で明記されないものもある。

◆ データと確率変数

私たちが目にしている観測値に **偶然** が関与していると考えることは自然だろう。

たとえば，p. 44 の表1のデータで，4番目の受講生の試験の点数は79点だが，その受講生の点数が79点でなく，潜在的には75点や90点だった可能性もあるかもしれない。潜在的にさまざまな可能性がある中で，偶然が関与することで79点が実現したと考えることができる。

統計学では，こうした偶然の要素を，第3章で学んだ確率論の考え方を用いて表現する。

そのために，まずは次のような仮定を設定する。

仮定 4-1　データと確率変数

大きさ N のデータ $(y_1, y_2, \cdots\cdots, y_N)$ が与えられたとしよう。その背後に N 変数の確率変数が存在すると考える。この確率変数を $(Y_1, Y_2, \cdots\cdots, Y_N)$ で表すことにする。そしてデータは，ある帰結（ω とする）が実現したときの，その確率変数の実現値であると考える。

このとき，個々の観測値は

$$y_1 = Y_1(\omega), \quad y_2 = Y_2(\omega), \quad \cdots\cdots, \quad y_N = Y_N(\omega)$$

である。

<table>
<tr><td>例
1</td><td></td></tr>
</table>

試験の点数—データと確率変数　　*p.* 44 の表 1 のデータ $(0, 0, \cdots\cdots, 60)$ には，87 個の観測値が含まれている。統計学では，この背後に 87 変数の確率変数が存在すると考える。この確率変数を $(Y_1{}^\mathrm{P}, Y_2{}^\mathrm{P}, \cdots\cdots, Y_{87}{}^\mathrm{P})$ で表すことにする。そして，データはこの確率変数の実現値であると仮定する。

すなわち，このデータの 1 番目の受講生の点数は 0 点であるが，この背後に確率変数 $Y_1{}^\mathrm{P}$ が存在し，ある帰結 ω が実現することで，その実現値
$$0 = Y_1{}^\mathrm{P}(\omega)$$
が観察されたと仮定する。

同じように，2 番目以降の受講生の点数 0, 100, $\cdots\cdots$, 60 についても，背後に確率変数 $Y_2{}^\mathrm{P}$, $Y_3{}^\mathrm{P}$, $\cdots\cdots$, $Y_{87}{}^\mathrm{P}$ が存在し，その実現値
$$0 = Y_2{}^\mathrm{P}(\omega),\ 100 = Y_3{}^\mathrm{P}(\omega),\ \cdots\cdots,\ 60 = Y_{87}{}^\mathrm{P}(\omega)$$
が観察されたと仮定する。

一般に，統計学の分野で用いられるモデルの多くは，この仮定 4-1 の上に構築されている。

ここで，私たちが直接，観察することができるのは，データ $(0, 0, \cdots\cdots, 60)$ のみで，その背後の確率変数 $(Y_1{}^\mathrm{P}, Y_2{}^\mathrm{P}, \cdots\cdots, Y_{87}{}^\mathrm{P})$ を直接，観察することはできない（図 1）。当然，その分布は未知である。さらにいうならば，データを生み出したような確率変数が本当に存在するのかを確かめることもできない。

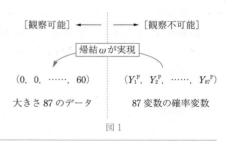

図 1

◆期待値と誤差

第 3 章で学習したように，確率変数の分布にはさまざまな指標があるが，その中で **期待値** は特に重視される。モデルを構築する際も，期待値を使って仮説を表現することが多い。

こうした理由から，*p*. 216 の仮定 4-1 で考えた確率変数 Y_1，Y_2，……，Y_N の期待値に注目しておくと見通しがよくなる。1 番目の確率変数 Y_1 の期待値 $\mathrm{E}(Y_1)$ を記号 μ_1 で表すことにしよう。このように表すと，期待値が実数であることが強調できる。2 番目以降も同じように期待値を記号を使って表すことにする。

すなわち

$$\mathrm{E}(Y_i) = \mu_i, \quad (i = 1, \ 2, \ \cdots\cdots, \ N)$$

とする。

注意　未知の期待値　仮定 4-1 で述べたように，観測値 y_i は既知であるが，その背後にある確率変数 Y_i の分布は未知である。当然，その期待値 $\mu_i = \mathrm{E}(Y_i)$ も未知である。

次に，**誤差**と呼ばれる確率変数を考える。

> **用語 4-1　誤差**
>
> 観測値 y_i が，確率変数 Y_i の実現値であると仮定する。すなわち，$y_i = Y_i(\omega)$ とする。このとき，確率変数 Y_i と，その期待値 $\mathrm{E}(Y_i)$ の差　　$Y_i - \mathrm{E}(Y_i)$
> は観測値 y_i の誤差と呼ばれる確率変数である。確率変数 Y_i の期待値を μ_i とおくと，誤差は　　$Y_i - \mu_i$
> と書くことができる。
> 誤差を ε_i で表すことがある。すなわち
> $$\varepsilon_i = Y_i - \mathrm{E}(Y_i) = Y_i - \mu_i \ \cdots\cdots \ (1)$$
> とすることがある。

注意　誤差　用語 4-1 において，Y_i は確率変数で，その期待値 $\mathrm{E}(Y_i)$ は実数である。これらの差である誤差 $\varepsilon_i = Y_i - \mathrm{E}(Y_i)$ は確率変数である。なお，誤差という言葉はさまざまな分野で用いられ，分野によって多少意味が異なる。誤差という言葉は，些末で注目に値しないものであるような印象を与えるかもしれない。しかし統計学の分野に限っていえば，誤差はほとんど主役のように重視される。データを用いた調査を行う際，私たちの興味はふつう誤差以外のものにあるだろう。しかし統計学の分野では，観測値は誤差の影響を受けている，という仮定から出発する。誤差が観測値にどの程度影響しているのかを知ることができれば，私たちの興味の対象に近づけると考えられる。

用語 4-1 で示した誤差もまた確率変数であるので，その期待値を考えよう。前ページの注意（未知の期待値）で説明したように確率変数 Y_i の期待値 μ_i は未知であるが，μ_i の値がわからないままでも誤差の期待値は，用語 4-1 から次のように求められる。

命題 4-1　誤差の期待値

確率変数 ε_i が観測値 y_i の誤差であるとする。すなわち，観測値 y_i は確率変数 Y_i の実現値であるとし，確率変数 Y_i の期待値を μ_i とおくと，$\varepsilon_i = Y_i - \mu_i$ である。

このとき，誤差 ε_i の期待値は 0，すなわち

$$\mathrm{E}(\varepsilon_i) = 0$$

である。

 観測値 y_i の誤差 ε_i が $\varepsilon_i = Y_i - \mu_i$ で定められているとする。ただし，観測値 y_i は確率変数 Y_i の実現値で，μ_i は確率変数 Y_i の期待値とする。このとき，等式の両辺の期待値を考えて，確率変数 Y_i の期待値 μ_i がどのような値であっても命題 4-1 が成り立つことを示せ。

誤差を表す (1) を変形すると次の命題が得られる。

命題 4-2　期待値と誤差

観測値 y_i が，確率変数 Y_i の実現値であると仮定し，その確率変数 Y_i の期待値を $\mu_i = \mathrm{E}(Y_i)$，観測値 y_i の誤差を ε_i とそれぞれおく。

このとき，確率変数 Y_i，期待値 μ_i，誤差 ε_i の間の関係は

$$Y_i = \mu_i + \varepsilon_i \quad \cdots\cdots \ (2)$$

と書くことができる。

すなわち，観測値の背後にある確率変数は，その期待値と誤差の和で表すことができる。

◆実現誤差

前項では，帰結 ω が実現する前のことについて考えた。ここでは，この帰結 ω が実現した後のことについて考えてみよう。

帰結ωが実現したとすると，前ページの命題 4-2 の (2) から

$$Y_i(\omega)=\mu_i+\varepsilon_i(\omega) \ \cdots\cdots \ (3)$$

が得られる。

　この式の中で，$Y_i(\omega)$ は確率変数 Y_i の実現値であるから，観測値 y_i そのものである。

　すなわち，$Y_i(\omega)=y_i$ である。

　確率変数である誤差 ε_i の実現値 $\varepsilon_i(\omega)$ については，次のように呼ぶことにしよう。

定義 4-1　実現誤差

確率変数 ε_i を観測値 y_i の誤差であるとする。帰結ωが実現したときの誤差 ε_i の実現値 $\varepsilon_i(\omega)$ を，実現誤差と呼ぶ。

実現誤差を，e_i で表すことがある。

すなわち

$$e_i=\varepsilon_i(\omega) \ \cdots\cdots \ (4)$$

とすることがある。

　誤差の実現値について，次の命題が成り立つ。

命題 4-3　観測値，期待値，実現誤差

　観測値 y_i の実現誤差を記号 e_i で表すと，(3) は

$$y_i=\mu_i+e_i \ \cdots\cdots \ (5)$$

と書き換えることができる。

注意　**観測値，期待値，実現誤差**　(5) は，観測値 y_i が，偶然が関与せずに値が定まる部分 μ_i と，偶然によって値が定まる部分 e_i の和で表すことができることを表している。

例 **試験の点数—観測値，期待値，実現誤差**　$p.44$ の表 1 のデータの 1 番
2
目の受講生の点数は 0 点であるが，この受講生の試験の点数の期待値を
μ_1^{P}，実現誤差を e_1^{P} とおくと，これらの関係は

$$0 = \mu_1^{\mathrm{P}} + e_1^{\mathrm{P}}$$

と表せる。

2 番目以降の受講生の点数 0, 100, ……, 60 も同じように

$$0 = \mu_2^{\mathrm{P}} + e_2^{\mathrm{P}}$$

$$100 = \mu_3^{\mathrm{P}} + e_3^{\mathrm{P}}$$

$$\vdots$$

$$60 = \mu_{87}^{\mathrm{P}} + e_{87}^{\mathrm{P}}$$

と表せる。

図 2 は，$p.44$ の表 1 のデータの 1 番目の事例について，観測値 (0)，期
待値 (μ_1^{P})，実現誤差 (e_1^{P})，誤差 $(\varepsilon_1^{\mathrm{P}})$ の関係を図示したものである。

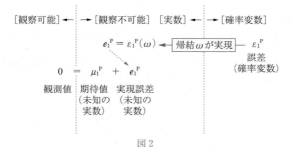

図 2

帰結 ω が実現すると，実現誤差 $e_1^{\mathrm{P}} = \varepsilon_1^{\mathrm{P}}(\omega)$ の値が定まる。ただし，e_1^{P}
の値も，期待値 μ_1^{P} の値も私たちにとって未知である。これらの値が未
知であっても，これらの和 $\mu_1^{\mathrm{P}} + e_1^{\mathrm{P}}$ は，観測値 0 として観察されると考
える。

◆誤差に対して設定される仮定

　ここまででは，与えられたデータに対して，それを生み出した確率変数が存在
する，という $p.216$ の仮定 4-1 を設定し，そのもとで **誤差** を定義した。統計学
ではこの仮定 4-1 に加えて，誤差に対していくつかの仮定を設定することが多い。

仮定 4-2　誤差の独立性

誤差 ε_1, ε_2, ……, ε_N は互いに独立である。

> **注意　誤差の独立性**　仮定 4-2 は，直感的には次のように考えられる。観測値 y_1, y_2, ……, y_N を $p.220$ の命題 4-3 の (5) のように表したとき，偶然によって定まる部分 e_1, e_2, ……, e_N が，互いに影響をしあわないで決まることを仮定している。

仮定 4-3　誤差の均質性

誤差 ε_1, ε_2, ……, ε_N は同じ分布に従う。

> **注意　誤差の均質性**　直感的には，仮定 4-3 は，どの観測値についても，偶然が同じように働くことを仮定している。

誤差の独立性と均質性の仮定は同時に設定されることが多い。

仮定 4-4　IID

誤差 ε_1, ε_2, ……, ε_N は互いに独立に同じ分布に従う。この仮定はよく用いられるため，省略して **IID (independent and identically distributed)** と呼ばれることがある。

これらの仮定に加えて，次もよく用いられる。

仮定 4-5　正規性

誤差 ε_1, ε_2, ……, ε_N は互いに独立に期待値 0，分散 σ^2 の正規分布に従うと仮定する。ただし，分散 σ^2 の値は未知であるとする。

これらの仮定の妥当性については後の $p.291$ 以降の ⑦ 節で検討しよう。

前節で設置した一連の仮定は，一般的によく用いられるものである。ここでは，私たちが，特定の状況や対象に対してもつ考え，仮説や見込みを期待値のモデルの形で表してみよう。

◆見込みと期待値のモデル

ここまで，大きさNのデータ $(y_1, y_2, \cdots\cdots, y_N)$ の背後にある確率変数の期待値 $(\mu_1, \mu_2, \cdots\cdots, \mu_N)$ が未知の実数である，とだけ仮定してそれ以上は考えてこなかった。本項では，期待値を **モデル** を用いて表すことを考えよう。$p.12$ の用語0-5で定めたように，モデルとは，私たちのもつ考え，仮説や見込みを数式の形で表現したものを指す。私たちが独自にモデルを考案することもできるが，期待値のモデルにはいくつかの類型があるので，こうした中から，私たちの見込みや目的に合ったものを選ぶことができる。モデルはふつう未知の **パラメータ** （$p.13$ の注意参照）を含む。モデルを特定した後，そのパラメータを **データ** から推定する必要がある。

前節で考えたように私たちは，潜在的にさまざまな可能性がある中で，偶然が関与することにより，与えられたようなデータが実現したと仮定する。モデルは，この様子を表現するものであるから，それを構築する際にはデータが与えられる前に戻って考えてみるとよい。

注意 **期待値のモデルの類型** 大きさNのデータ $(y_1, y_2, \cdots\cdots, y_N)$ の背後にある確率変数の期待値を $(\mu_1, \mu_2, \cdots\cdots, \mu_N)$ とおく。この期待値に対してよく利用されるモデルを2つ確認しよう。

均質モデル 大きさNのデータ $(y_1, y_2, \cdots\cdots, y_N)$ が与えられる前に戻って考えてみよう。すなわち，データの背後に確率変数 $(Y_1, Y_2, \cdots\cdots, Y_N)$ が存在すると仮定したとき，これらの期待値のうちあるものの値が他のものと違う，と見込めるだけの根拠がないとしよう。この場合，すべての期待値が等しいと考えることは自然だろう。その等しい値をμとすると

$$\mu_1=\mu, \quad \mu_2=\mu, \quad \cdots\cdots, \quad \mu_N=\mu$$

というモデルを考えることができる。このようなモデルを **均質モデル** と呼ぶことにする。上の式の中の定数μがこのモデルの未知の **パラメータ** である。

単回帰モデル データが 2 変量の場合を考える (*p.* 88 を参照)。すなわち, 大きさ N の 2 変量データ $((x_1, y_1), (x_2, y_2), \cdots\cdots, (x_N, y_N))$ が与えられており, この中で変量 $(y_1, y_2, \cdots\cdots, y_N)$ の背後に確率変数 $(Y_1, Y_2, \cdots\cdots, Y_N)$ が存在すると仮定する (*p.* 216 の仮定 4-1)。さらに私たちの興味がこの確率変数の期待値 $(\mu_1, \mu_2, \cdots\cdots, \mu_N)$ にあるとしよう。

この期待値と, 変量 $(x_1, x_2, \cdots\cdots, x_N)$ の間に 1 次関数で表される関係があることが見込まれる場合

$$\mu_1 = \beta_0 + \beta_1 x_1, \quad \mu_2 = \beta_0 + \beta_1 x_2, \quad \cdots\cdots, \quad \mu_N = \beta_0 + \beta_1 x_N$$

で表される **単回帰モデル** が用いられる。

このモデルの中で, 期待値に関係があると見込まれる変量 $(x_1, x_2, \cdots\cdots, x_N)$ は **説明変数** と呼ばれる。また, 期待値をモデルで表す対象の変量 $(y_1, y_2, \cdots\cdots, y_N)$ は **被説明変数** と呼ばれる。

単回帰モデルは, **被説明変数の期待値** と **説明変数** の間に直線で表される関係が見込まれることを表している。直線の切片 β_0 と傾き β_1 がこのモデルの未知の **パラメータ** である。

前ページの注意の **均質モデル** は, 考え得るモデルの中で最も単純なものといえるだろう。複数の標本の期待値を比較したいときなどに利用することができる。

単回帰モデル は, 2 つの変量の間の関係を表現するのに用いられる代表的なモデルである (より詳細については, たとえば [10] 参照)。

例3

試験の点数—均質モデル 対面形式の講義について, *p.* 44 の表 1 のデータが与えられる前のことを考えよう。個々の受講生に関する情報がほとんどない状態からは, ある受講生の点数の期待値が他の受講生の点数の期待値と異なると考える根拠はないだろう。

したがって, 前ページの注意の **均質モデル** を利用することが考えられる。未知のパラメータを μ^P で表そう。

対面形式の講義の 87 人の受講生の点数の期待値を $\mu_1{}^P, \mu_2{}^P, \cdots\cdots, \mu_{87}{}^P$ で表すと, 期待値のモデルは

$$\mu_1{}^P = \mu^P, \quad \mu_2{}^P = \mu^P, \quad \cdots\cdots, \quad \mu_{87}{}^P = \mu^P$$

という式で表される。

同じように，リモート形式の講義の 110 人の受講生の点数の期待値を μ_1^{R}, μ_2^{R}, ……, μ_{110}^{R} で表すと，期待値のモデルは

$$\mu_1^{\mathrm{R}}=\mu^{\mathrm{R}}, \ \mu_2^{\mathrm{R}}=\mu^{\mathrm{R}}, \ \cdots\cdots, \ \mu_{110}^{\mathrm{R}}=\mu^{\mathrm{R}}$$

という式で表される。ただし，μ^{R} は未知のパラメータである。

私たちがモデルを構築する目的が，講義形式によって学習効果に違いがあるかどうかを調べることであるとする。そして，私たちが学習効果と呼ぶものは——**誤差** ではなく——**期待値** に表れると考えよう。すなわち，学習効果の高い講義を受講した受講生の試験の点数の期待値は，そうでない講義を受講した受講生のものよりも高いと考えよう。このように考えると，対面形式とリモート形式の試験の点数の **期待値** を比較することで結論が得られることになる。

注意 **均質モデル**　例 3 においては，すべての受講生について点数の期待値が等しいと仮定する均質モデルを利用した。これには違和感があるかもしれない。たとえば，もともとの能力が高い受講生の点数の期待値は他の受講生のものよりも高いと見込むことが自然であろう。もちろん，個々の受講生のもともとの能力に関する情報が利用可能であれば，そのようなモデルを考えることはできる。しかし，そうした情報が利用可能でないとき，ある受講生の点数の期待値が他よりも高いと見込めるだけの根拠はないと考えるのが妥当であろう。この場合，個人のもともとの能力など，個人に固有の要素は，誤差に含まれることになる。

このように，モデルは，私たちが現実に対してどのような考えや見込みをもっていて，どのような情報が利用可能かに依存する。こうして構築したモデルは，現実のある側面を捉えている可能性はあるものの，それが現実を正確に描写していることを期待するべきではない（$p.\,15$ のコラムを参照）。

例
4

単回帰モデル　$p.\,96$ の練習 38 の大きさ 3 の 2 変量のデータ $((2,\ 3),\ (4,\ 5),\ (6,\ 10))$ が与えられたとする。このうち変量 $(2,\ 4,\ 6)$ を **説明変数**，変量 $(3,\ 5,\ 10)$ を **被説明変数** として，$p.\,223$ の注意で考えた **単回帰モデル** を当てはめてみよう。被説明変数 $(3,\ 5,\ 10)$ の背後にある確率変数 $(Y_1,\ Y_2,\ Y_3)$ の期待値を $(\mu_1,\ \mu_2,\ \mu_3)$ とおくと，単回帰モデルは

$$\mu_1=\beta_0+2\beta_1, \ \mu_2=\beta_0+4\beta_1, \ \mu_3=\beta_0+6\beta_1$$

と書くことができる。ただし，β_0 と β_1 は未知のパラメータである。

注意 **単回帰モデルの説明変数と被説明変数** 単回帰モデルでは，**説明変数** は一貫して既知の——すなわち，値がわかっている——実数として扱われる。たとえば，$p.\,223$ の注意や前ページの例 4 では **被説明変数** については背後にある確率変数を考えるが，説明変数については，背後にある確率変数を考えない。

もちろん，説明変数についても背後に確率変数が存在することを仮定し，これを考えるモデルを構築することは可能である。しかし，このようなモデルは，パラメータの推定が複雑になってしまい，$p.\,229$ 以降の ③ 節で考えるような（比較的単純な）方法を利用することができない。このような技術的な理由から，説明変数と被説明変数，両方について，背後にある確率変数を考えるようなモデルは，ふつう単回帰モデルとは呼ばれない。[10] の 7 章などを参照。

注意 **関数としての期待値のモデル** $p.\,223$ の注意で説明したように，期待値のモデルはふつう未知の **パラメータ** を含んでいる。仮にその値がわかったとすると，それをモデルに代入することで期待値が定まる。すなわち，期待値のモデルは，パラメータを **引数** とする **関数** を用いて書き表すことができる。たとえば，**均質モデル** では，関数 m を

$$m(t)=t, \quad (ただし\ t\ は実数)$$

と定義して，未知のパラメータを μ で表すと，i 番目の事例の期待値 μ_i は $\mu_i=m(\mu)$ と書ける。仮に，未知パラメータ μ の値が $\mu=60$ であることがわかったとすると，これを代入して $\mu_i=m(60)=60$ のように期待値が定まる。

単回帰モデル のように，期待値のモデルが **説明変数** を含んでいることもある。単回帰モデルであれば関数 m を

$$m(t_0,\ t_1\,|\,x)=t_0+t_1 x, \quad (ただし\ t_0,\ t_1,\ x\ は実数)$$

と定義することができる。たとえば i 番目の事例について，期待値 μ_i は説明変数を x_i，未知のパラメータを $\beta_0,\ \beta_1$ で表すと $\mu_i=m(\beta_0,\ \beta_1\,|\,x_i)$ と書ける。

なお上の式で，引数を区切るのに $|$（縦棒）を用いたが，これは未知のパラメータ $\beta_0,\ \beta_1$ と，既知の実数として扱われる説明変数 x_i の区別を強調するためである（直前の注意を参照）。$|$（縦棒）で区切る代わりに $m(t_0,\ t_1,\ x)$ や $m(\beta_0,\ \beta_1,\ x_i)$ などと書いても数学的な違いはない。

一般の場合も考えてみよう。未知のパラメータを θ で表すことにする。もし，単回帰モデルのように未知のパラメータが複数ある場合は，$\theta=(\beta_0,\ \beta_1)$ のようにまとめて表したものと考える。また，モデルが説明変数を含むのであればそれを x_i で表す。もし，説明変数として利用する変量が複数ある場合は，$x_i=(x_{1,i},\ x_{2,i})$ のようにまとめて表したものと考える。

このとき，i 番目の事例の期待値のモデルは，関数 m を用いて $\mu_i = m(\theta \mid x_i)$ と書くことができる。このような表現においては，関数 m の形を決めていくことが期待値のモデルを構築することに他ならない。

このように，関数を使って期待値を表現する見方は，次節のパラメータの推定の考え方を理解するときに有用である。

Column コラム 重回帰モデルと線形モデル

$p.223$ の注意で考えた **単回帰モデル** の自然な拡張として，**重回帰モデル** と呼ばれるものがある。単回帰モデルでは，モデルに含まれる **説明変数** が $(x_1, x_2, \cdots\cdots, x_N)$ のように 1 つだけだが，これを増やすことを考える。たとえば，説明変数として用いる変量を $(x_{1,1}, x_{1,2}, \cdots\cdots, x_{1,N})$ と $(x_{2,1}, x_{2,2}, \cdots\cdots, x_{2,N})$ のように 2 つにすることができる。この場合，期待値のモデルは

$$\mu_i = \beta_0 + \beta_1 x_{1,i} + \beta_2 x_{2,i} \quad (i = 1, 2, \cdots\cdots, N)$$

と書くことができる。ただし，未知のパラメータは β_0, β_1, β_3 の 3 つである。

説明変数として利用する変量の数が 3 つ以上の場合も同じようなモデルを考えることができる。説明変数が K 個あれば

$$\mu_i = \beta_0 + \beta_1 x_{1,i} + \beta_2 x_{2,i} + \cdots\cdots + \beta_K x_{K,i} \quad (i = 1, 2, \cdots\cdots, N) \quad\cdots\cdots (6)$$

のようなモデルを考えることができる。

ただし，未知のパラメータは β_0, β_1, β_2, $\cdots\cdots$, β_K の $K+1$ 個である。(6) で表されるようなモデルを **重回帰モデル** という。

単回帰モデルは，被説明変数の期待値と，説明変数との間の直線で表される関係を表したが，重回帰モデルを使うと直線以外の関係も表現できる。たとえば

$$\mu_i = \beta_0 + \beta_1 x_i + \beta_2 x_i^2, \quad (i = 1, 2, \cdots\cdots, N)$$

というモデルは，被説明変数の期待値と説明変数が放物線で表される関係を表現できる（重回帰モデルについては，たとえば [10] の 8 章などを参照）。

ここまでで考えてきた **均質モデル**，**単回帰モデル**，**重回帰モデル** はすべて **線形モデル** と呼ばれるモデルのクラスに含まれる。一般に，期待値のモデルが

$$\mu_i = \beta_0 + \beta_1 b_{1,i} + \beta_2 b_{2,i} + \cdots\cdots + \beta_K b_{K,i}, \quad (i = 1, 2, \cdots\cdots, N)$$

のように未知のパラメータ β_0, β_1, β_2, $\cdots\cdots$, β_K の **線形和** で表されるようなものを **線形モデル** という。ただし，未知のパラメータの係数 $b_{1,i}$, $b_{2,i}$, $\cdots\cdots$, $b_{K,i}$ は既知の実数でなければならない。説明変数は既知の実数として扱われるので（$p.226$ の注意（単回帰モデルの説明変数と被説明変数）参照），一般に係数 $b_{1,i}$, $b_{2,i}$, $\cdots\cdots$, $b_{K,i}$ は説明変数を含む計算式であってもよい。

◆ 期待値のモデルと観測値

モデルと観測値の関係を考えよう。

例5 **試験の点数—均質モデルとデータ** $p.44$ の表1のデータ
$(0, 0, \cdots\cdots, 60)$ が与えられたとしよう。$p.224$ の例3で考えた均質モデルと，このデータの関係は

$$0=\mu^{\mathrm{P}}+e_1{}^{\mathrm{P}}, \quad 0=\mu^{\mathrm{P}}+e_2{}^{\mathrm{P}}, \quad \cdots\cdots, \quad 60=\mu^{\mathrm{P}}+e_{87}{}^{\mathrm{P}}$$

と表される。ただし，$e_1{}^{\mathrm{P}}, e_2{}^{\mathrm{P}}, \cdots\cdots, e_{87}{}^{\mathrm{P}}$ は **実現誤差** を表す。
この式を $p.221$ の例2で考えた式と比べると，違いは期待値 μ^{P} の右下の受講生番号が消えていることのみである。このことが，すべての受講生について期待値が等しいという仮定を表している。

例6 **単回帰モデルとデータ** $p.225$ の例4では，大きさ3の2変量のデータ $((2, 3), (4, 5), (6, 10))$ に対して，変量 $(2, 4, 6)$ を説明変数とする単回帰モデルを考えた。
被説明変数 $(3, 5, 10)$ とこのモデルとの関係は

$$3=\beta_0+2\beta_1+e_1, \quad 5=\beta_0+4\beta_1+e_2, \quad 10=\beta_0+6\beta_1+e_3$$

と書くことができる。ただし，e_1, e_2, e_3 は **実現誤差** を表す。

注意 **期待値のモデルとデータ** 一般の場合を考えると，期待値のモデルとデータの関係は次のように書くことができる（$p.226$ の注意（関数としての期待値のモデル）参照）。大きさNのデータ
$((x_1, y_1), (x_2, y_2), \cdots\cdots, (x_N, y_N))$ のうち変量 $(x_1, x_2, \cdots\cdots, x_N)$ を **説明変数** としよう。未知のパラメータを θ で表し，期待値のモデルが関数 m で書かれているとする。このとき，i 番目の事例について，観測値 y_i と期待値の関係は

$$y_i=m(\theta \mid x_i)+e_i$$

と書くことができる。ただし，e_i は **実現誤差** を表す。

3 パラメータの推定の考え方

　前節で定めたように，期待値のモデルは未知のパラメータを含んでおり，この値がわからないと，期待値の値は定まらない。一般に，未知のパラメータの値は，データが与えられたとしても結局未知のままである。すなわち，未知のパラメータの値を**導出**することは不可能である。私たちにできるのは，パラメータの値をデータから**推定**することである。

◆パラメータの推定

　前節までで学習してきたように，モデルは私たちのもつ考え，仮説や見込みを表現したもので，それが現実を正確に描写していることは期待できない。しかし，モデルに含まれる未知のパラメータの値を推定する際には，一度，「モデルが現実を正確に描写しているとしたら」と仮定して考える。

　このように仮定すると，モデルに含まれる未知のパラメータは，何か決まった値をもっているはずで，ただ私たちがそれを知らないだけ，ということになる。

> **用語 4-2　真の値**
> 私たちのモデルが現実を正確に描写していると仮定したときに，パラメータがもっているはずの値を，そのパラメータの真の値という。

注意　**真の値の記号**　一般に，モデルに含まれる未知のパラメータと，その真の値は同じ記号で表されることが多い。たとえば，あるモデルに含まれるパラメータが θ であるとしよう。この θ という記号は，パラメータを表すと同時に，その未知の**真の値**を表す。
　たとえば，p. 224 の例 3 の記号 μ^{p} は，対面形式の講義の 87 人の受講生の点数の背後にある確率変数の期待値の未知の**真の値**を表す。

　この真の値に近いだろうと思われる値をデータから求めることを，パラメータの**推定**という。

注意 **推定値の記号** 推定する未知のパラメータを θ としよう。このパラメータ θ に対する **推定値** を記号 $\hat{\theta}$ のように表すことがある。この記号 $\hat{}$ は，日本語では「ハット」などと読まれる。

なお，このような記法は，次節で少し修正をする（$p.\,250$ の注意を参照）。

パラメータを推定するには，$p.\,14$ の用語 0-6 で示した通り，「パラメータがどのような値をとればモデルとデータが上手く合うか」を考える。

推定における「上手く合う」ということをどうとらえるかによって，推定にはいくつかの異なる考え方があり，どの方法を使うかによって **推定値**（$p.\,14$ の用語 0-7）が異なることがある。推定の代表的な方法は，**最小 2 乗法** と **最尤法** の 2 つである。これらのうち次項では最小 2 乗法を説明する。最尤法は適用範囲の広い重要な方法であるが，本書では詳しくは触れない。最尤法の概要については，たとえば [10] などを参照。

◆ 最小 2 乗法によるパラメータの推定

最小 2 乗法は，期待値のモデルがデータに **最も近く** なるようなパラメータの値を探す。そうして，そのような値を **推定値** とする。モデルとデータがどれだけ離れているかは，観測値とモデルの差の 2 乗をすべての観測値について足し合わせた値で測る。

均質モデルの場合

まずは，最も単純な **均質モデル** の場合を考えてみよう。

例 7

試験の点数—最小 2 乗法 $p.\,224$ の例 3 の対面形式の講義の受講生の点数の期待値のモデル

$$\mu_1{}^{\mathrm{P}}=\mu^{\mathrm{P}},\ \ \mu_2{}^{\mathrm{P}}=\mu^{\mathrm{P}},\ \ \cdots\cdots,\ \ \mu_{87}{}^{\mathrm{P}}=\mu^{\mathrm{P}}$$

の未知のパラメータ μ^{P} の値を，$p.\,44$ の表 1 のデータを用いて，最小 2 乗法で推定してみよう。本項冒頭の最小 2 乗法の考え方によると，モデルとデータがどれだけ離れているかは，観測値 0，0，$\cdots\cdots$，60 と期待値のモデル μ^{P}，μ^{P}，$\cdots\cdots$，μ^{P} の差の 2 乗をすべての観測値について足し合わせた $(0-\mu^{\mathrm{P}})^2+(0-\mu^{\mathrm{P}})^2+\cdots\cdots+(60-\mu^{\mathrm{P}})^2$ によって測ることができる。ただし，私たちは μ^{P} の **真の値** を知らない。

そこで，上の2乗和の中で，値が未知の μ^{P} を，適当な実数を表す t と入れ替えた $(0-t)^2+(0-t)^2+\cdots\cdots+(60-t)^2$ を使うことにしよう。

この t の値を変化させて，式の値が一番小さくなるような t の値を探せばよい。そのために，この2乗和を t を引数とする関数 S^2 と考えてみよう。

すなわち，関数 S^2 を $S^2(t)=(0-t)^2+(0-t)^2+\cdots\cdots+(60-t)^2$ で定める。
これを展開して整理すると

$$
\begin{aligned}
S^2(t) &= 0^2-2\times0\times t+t^2\\
&\quad+0^2-2\times0\times t+t^2\\
&\quad+\cdots\cdots+60^2-2\times60\times t+t^2\\
&= 87t^2-2(0+0+\cdots\cdots+60)t\\
&\quad+0^2+0^2+\cdots\cdots+60^2\\
&= 87t^2-2\times5218t+367530
\end{aligned}
$$

のように t の2次関数であることがわかる。

t^2 の係数 87 が正であるから，このグラフは，下に凸の放物線である。
この2次関数の頂点の位置を求めよう。

ここでは，頂点で接線の傾きが 0 になることを利用する。

すなわち，関数 S^2 は引数 t で **微分可能** であるから，これを **微分** して **導関数** を求める。その導関数の値を 0 にするような引数 t の値が放物線の頂点の位置を表す。

関数 S^2 を引数 t で微分すると

$$
\begin{aligned}
\frac{\mathrm{d}}{\mathrm{d}t}S^2(t) &= 87\times2t-2\times5218+0\\
&= 2(87t-5218)
\end{aligned}
$$

である。

この値が 0 になるのは

$$
\frac{\mathrm{d}}{\mathrm{d}t}S^2(t)=2(87t-5218)=0
$$

したがって $\qquad t=\dfrac{5218}{87}=59.98$

のときである。

この値 59.98 が，最小 2 乗法によって得られた，未知のパラメータ μ^{P} の推定値である。なお，この値は，$p.44$ の表 1 のデータの **標本平均値** と等しい。

未知パラメータ μ^{P} の推定値が 59.98 であることを表すために，記号 $\hat{}$ を使って $\hat{\mu}^{\mathrm{P}}=59.98$ と表すことにしよう。

例 3 のリモート形式の講義のデータについても同じように，$p.44$ の表 2 のデータを用いてパラメータ μ^{R} を推定すると，**最小 2 乗推定値** $\hat{\mu}^{\mathrm{R}}$ は

$$\hat{\mu}^{\mathrm{R}}=\dfrac{7277}{110}=66.15$$

と求められる。

用語 4-3　最小 2 乗推定値
最小 2 乗法によって得られた推定値を最小 2 乗推定値という。

例 7 では，$p.44$ の表 1 のデータを用いて推定した均質モデルの期待値の最小 2 乗推定値がデータの標本平均値と等しいことがわかった。均質モデルについては，一般に次の命題が成り立つ。

命題 4-4　**均質モデルの最小 2 乗推定値**
大きさ N のデータ $(y_1,\ y_2,\ \cdots\cdots,\ y_N)$ に対して均質モデル
$$\mu_i=\mu,\ (i=1,\ 2,\ \cdots\cdots,\ N)$$
を当てはめるとする。ただし，μ_i は，観測値 y_i の背後にある確率変数の期待値，μ は未知のパラメータである。
このとき，未知のパラメータの最小 2 乗推定値 $\hat{\mu}$ は
$$\hat{\mu}=\bar{y}=\dfrac{1}{N}\sum_{i=1}^{N} y_i$$
であり，データの標本平均値に等しい。

練習 2 $p. 230$ の例 7 を参考にして，命題 4-4 が成り立つことを示せ。

単回帰モデルの場合

均質モデル以外のモデルについても，最小 2 乗法の考え方を当てはめることができる。単回帰モデルの場合は次のように推定ができる。

 例 8 **単回帰モデルの推定** $p. 225$ の例 4 では，大きさ 3 の 2 変量のデータ $((2, 3), (4, 5), (6, 10))$ に対して，変量 $(2, 4, 6)$ を **説明変数**，変量 $(3, 5, 10)$ を **被説明変数** とする **単回帰モデル**

$$\mu_1 = \beta_0 + 2\beta_1, \quad \mu_2 = \beta_0 + 4\beta_1, \quad \mu_3 = \beta_0 + 6\beta_1$$

を考えた。

最小 2 乗法 の考え方によると，このモデルとデータがどれだけ離れているかは，被説明変数の観測値 3，5，10 と期待値のモデルの差の 2 乗を足し合わせた

$$(3 - \beta_0 - 2\beta_1)^2 + (5 - \beta_0 - 4\beta_1)^2 + (10 - \beta_0 - 6\beta_1)^2$$

によって測ることができる。ただし，私たちは β_0 と β_1 の **真の値** を知らない。

そこで，値が未知の β_0 と β_1 を，適当な実数を表す t_0 と t_1 で入れ替えたものを

$$S^2(t_0, t_1) = (3 - t_0 - 2t_1)^2$$
$$+ (5 - t_0 - 4t_1)^2 + (10 - t_0 - 6t_1)^2 \quad \cdots\cdots \ (7)$$

のように (t_0, t_1) を引数とする関数と考える。

そしてこの関数 S^2 の値を最も小さくするような t_0 と t_1 の値の組合せを探せばよい。

(7) の右辺を展開して整理すると

$$S^2(t_0, t_1) = 134 - 36t_0 - 172t_1 + 24t_0 t_1 + 3t_0{}^2 + 56t_1{}^2 \quad \cdots\cdots \ (8)$$

が得られる。

(8) は複雑に見えるが，t_1 を定数とみなして t_0 に注目すると

$$S^2(t_0, t_1) = 3t_0{}^2 + 2(12t_1 - 18)t_0 + 56t_1{}^2 - 172t_1 + 134$$

のように t_0 の 2 次関数であることがわかる。

t_1 を定数とみなした場合，S^2 の値を最も小さくするような t_0 の値は，例 7 と同じように求めることができる。t_1 を定数としたまま，S^2 を t_0 で **微分** して──すなわち，t_0 で **偏微分** して──**偏導関数** を求め，その値が 0 になるような t_0 の値を求めればよい。

関数 S^2 の t_0 での偏導関数を計算して，その値を 0 とすると

$$\frac{\partial}{\partial t_0}S^2(t_0,\ t_1)=2\times 3t_0+2(12t_1-18)$$

$$=2(3t_0+12t_1-18)=0\ \cdots\cdots\ (9)$$

が得られる。この解が，t_1 を定数としたときに関数 S^2 を最小にする t_0 の値である。

今度は t_0 を定数とみなして t_1 に注目する。関数 S^2 を今度は t_1 で **偏微分** して，方程式

$$\frac{\partial}{\partial t_1}S^2(t_0,\ t_1)=2(12t_0+56t_1-86)=0\ \cdots\cdots\ (10)$$

が得られる。

関数 $S^2(t_0,\ t_1)$ の値を最も小さくするような引数 $(t_0,\ t_1)$ の値の組合せは，(9) と (10) の両方を満たす値，すなわち

$$\begin{cases} 3t_0+12t_1-18=0 \\ 12t_0+56t_1-86=0 \end{cases}\ \cdots\cdots\ (11)$$

の解として与えられる。

これを解くと

$$\begin{cases} t_0=-1 \\ t_1=\dfrac{7}{4} \end{cases}\ \cdots\cdots\ (12)$$

である。これらが，未知のパラメータ β_0 と β_1 の **最小 2 乗推定値** である。

最小 2 乗推定値を $\widehat{\beta}_0$，$\widehat{\beta}_1$ で表すと $\begin{cases} \widehat{\beta}_0=-1 \\ \widehat{\beta}_1=\dfrac{7}{4} \end{cases}$

である。

　例 8 のように，データの大きさが 3 程度であれば手計算で連立方程式を解く方法でも推定ができる。

しかし，私たちが扱うデータの大きさはふつう 3 よりもはるかに大きい。このような場合，考え方は同じであったとしても，例 8 のようなやり方は現実的とはいえない。

大きさが N の 2 変量のデータの場合の結果は，次の命題のように計算できるので，これを用いることができる（章末問題 1 ）。

命題 4-5　単回帰モデルの推定

大きさ N の 2 変量のデータ
$$((x_1, y_1), (x_2, y_2), \cdots\cdots, (x_N, y_N))$$
に対して，変量 $(y_1, y_2, \cdots\cdots, y_N)$ を被説明変数，変量 $(x_1, x_2, \cdots\cdots, x_N)$ を説明変数とする単回帰モデル
$$\mu_i = \beta_0 + \beta_1 x_i, \quad (i = 1, 2, \cdots\cdots, N)$$
を当てはめる。

ただし，μ_i は観測値 y_i の背後にある確率変数の期待値，β_0 と β_1 は未知のパラメータである。

このとき，未知のパラメータ β_0，β_1 の最小 2 乗推定値 $\widehat{\beta}_0$，$\widehat{\beta}_1$ は
$$\begin{cases} \widehat{\beta}_0 = \overline{y} - \widehat{\beta}_1 \overline{x} \\ \widehat{\beta}_1 = \dfrac{\displaystyle\sum_{i=1}^{N}(x_i - \overline{x})(y_i - \overline{y})}{\displaystyle\sum_{i=1}^{N}(x_i - \overline{x})^2} \end{cases} \quad\cdots\cdots \quad (13)$$
で計算される。

ただし，$\overline{x}$ は変量 $(x_1, x_2, \cdots\cdots, x_N)$ の標本平均値，$\overline{y}$ は変量 $(y_1, y_2, \cdots\cdots, y_N)$ の標本平均値を表す。

---

(1)　例 8 の (7) の右辺を展開して，(8) が得られることを確認せよ。

(2)　(11) を解いて (12) を確かめよ。

(3)　データ $((2, 3), (4, 5), (6, 10))$ の **散布図** をかけ。(2) で求めた t_0，t_1 の解をそれぞれ推定値 $\widehat{\beta}_0 = t_0$，$\widehat{\beta}_1 = t_1$ とする。このとき，推定した回帰直線
$$y = \widehat{\beta}_0 + \widehat{\beta}_1 x$$
のグラフを上で描いた散布図に重ねてかけ。

(4)　データ $((2, 3), (4, 5), (6, 10))$ を命題 4-5 の (13) に当てはめて，例 8 と同じ推定値が得られることを確認せよ。

一般の場合

　ここまで，**均質モデル** と **単回帰モデル** を考えてきたが，一般の場合を考えて
みよう。すなわち，大きさNの2変量のデータ
$((x_1, y_1), (x_2, y_2), \cdots\cdots, (x_N, y_N))$ に対して，観測値 y_i の背後にある確率変
数の期待値 μ_i が，ある関数 m を用いて
$$\mu_i = m(\theta \mid x_i), \quad (i=1, 2, \cdots\cdots, N)$$
と表されるとしよう（$p.226$ の注意（関数としての期待値のモデル）参照）。ただ
し，θ は未知のパラメータで，変量 $(x_1, x_2, \cdots\cdots, x_N)$ は説明変数であるとする。

　このときも，均質モデルや単回帰モデルと同じように，最小2乗法の考え方で
未知のパラメータを求めることができる。

　最小2乗法の考え方では，関数 S^2 を観測値とモデルの差の2乗和
$$S^2(t) = \sum_{i=1}^{N} \{y_i - m(t \mid x_i)\}^2$$
で定義して，この値を最も小さくする t の値を求める。関数 m が **微分可能** であ
れば，関数 S^2 も微分可能であるから，これを **微分** して，その値が0になるよ
うな t の値を探せばよい。関数 S^2 は
$$\frac{\mathrm{d}}{\mathrm{d}t} S^2(t) = \frac{\mathrm{d}}{\mathrm{d}t} \sum_{i=1}^{N} \{y_i - m(t \mid x_i)\}^2$$
$$= -2 \sum_{i=1}^{N} \{y_i - m(t \mid x_i)\} \frac{\mathrm{d}}{\mathrm{d}t} m(t \mid x_i) \quad \cdots\cdots \text{(14)}$$
のように微分できる。ただし，この式は関数 m の形を決めないと，これ以上，
整理できない。

> **練習4** 関数の和の微分と合成関数の微分のルールに注意しながら計算し，(14) が成
> り立つことを示せ。

　(14) の値を0にする，すなわち
$$\sum_{i=1}^{N} \{y_i - m(t \mid x_i)\} \frac{\mathrm{d}}{\mathrm{d}t} m(t \mid x_i) = 0 \quad \cdots\cdots \text{(15)}$$
を満たすような t の値が，パラメータ θ の最小2乗推定値である。関数 m の形
が，均質モデルや単回帰モデルのように単純であれば，(15) は，ある程度のと
ころまで手計算で解くことができる。関数 m が複雑なものである場合，コンピ
ュータを用いて数値的に近似解を求めるほかない。

未知のパラメータが複数ある場合も同じように考えることができる。未知のパラメータを $\beta_0,\ \beta_1,\ \cdots\cdots,\ \beta_K$ として，期待値のモデルが

$$\mu_i = m(\beta_0,\ \beta_1,\ \cdots\cdots,\ \beta_K \mid x_i),\ (i=1,\ 2,\ \cdots\cdots,\ N)$$

と書かれる場合を考えよう。

この場合，関数 S^2 を

$$S^2(t_0,\ t_1,\ \cdots\cdots,\ t_K) = \sum_{i=1}^{N} \{y_i - m(t_0,\ t_1,\ \cdots\cdots,\ t_K \mid x_i)\}^2$$

と定めて，関数 S^2 の値を最も小さくするような $t_0,\ t_1,\ \cdots\cdots,\ t_K$ の値の組合せを探す。単回帰モデルと同じように引数 $t_0,\ t_1,\ \cdots\cdots,\ t_K$ でそれぞれ**偏微分**して求めた偏導関数

$$\frac{\partial}{\partial t_0} S^2(t_0,\ t_1,\ \cdots\cdots,\ t_K) = -2\sum_{i=1}^{N} \{y_i - m(t_0,\ t_1,\ \cdots\cdots,\ t_K \mid x_i)\}$$
$$\times \frac{\partial}{\partial t_0} m(t_0,\ t_1,\ \cdots\cdots,\ t_K \mid x_i)$$

$$\frac{\partial}{\partial t_1} S^2(t_0,\ t_1,\ \cdots\cdots,\ t_K) = -2\sum_{i=1}^{N} \{y_i - m(t_0,\ t_1,\ \cdots\cdots,\ t_K \mid x_i)\}$$
$$\times \frac{\partial}{\partial t_1} m(t_0,\ t_1,\ \cdots\cdots,\ t_K \mid x_i)$$

$$\vdots$$

$$\frac{\partial}{\partial t_K} S^2(t_0,\ t_1,\ \cdots\cdots,\ t_K) = -2\sum_{i=1}^{N} \{y_i - m(t_0,\ t_1,\ \cdots\cdots,\ t_K \mid x_i)\}$$
$$\times \frac{\partial}{\partial t_K} m(t_0,\ t_1,\ \cdots\cdots,\ t_K \mid x_i)$$

すべての値が 0 になるような値を探せばよい。

これは，連立方程式

$$\begin{cases} \displaystyle\sum_{i=1}^{N} \{y_i - m(t_0,\ t_1,\ \cdots\cdots,\ t_K \mid x_i)\} \frac{\partial}{\partial t_0} m(t_0,\ t_1,\ \cdots\cdots,\ t_K \mid x_i) = 0 \\[2ex] \displaystyle\sum_{i=1}^{N} \{y_i - m(t_0,\ t_1,\ \cdots\cdots,\ t_K \mid x_i)\} \frac{\partial}{\partial t_1} m(t_0,\ t_1,\ \cdots\cdots,\ t_K \mid x_i) = 0 \\[2ex] \qquad\qquad\qquad\qquad\qquad \vdots \\[2ex] \displaystyle\sum_{i=1}^{N} \{y_i - m(t_0,\ t_1,\ \cdots\cdots,\ t_K \mid x_i)\} \frac{\partial}{\partial t_K} m(t_0,\ t_1,\ \cdots\cdots,\ t_K \mid x_i) = 0 \end{cases}$$

を $t_0,\ t_1,\ \cdots\cdots,\ t_K$ について解くことで求めることができる。

注意 **最小2乗法─線形モデル** *p.*227 のコラムの **線形モデル** を考えよう。線形モデルは，期待値 μ_i が

$$\mu_i = \beta_0 + \beta_1 b_{1,i} + \beta_2 b_{2,i} + \cdots\cdots + \beta_K b_{K,i}$$

と書き表されることを仮定する。ただし，β_0，β_1，β_2，$\cdots\cdots$，β_K は未知のパラメータで，$b_{1,i}$，$b_{2,i}$，$\cdots\cdots$，$b_{K,i}$ は説明変数 x_i を含む既知の計算式である。

*p.*226 の注意（関数としての期待値のモデル）のように，これを関数 m で表し，パラメータ β_0，β_1，β_2，$\cdots\cdots$，β_K を，実数を表す t_0，t_1，t_2，$\cdots\cdots$，t_K と入れ替えると

$$m(t_0,\ t_1,\ t_2,\ \cdots\cdots,\ t_K \mid x_i) = t_0 + t_1 b_{1,i} + t_2 b_{2,i} + \cdots\cdots + t_K b_{K,i}$$

となる。

偏微分については

$$\begin{cases} \dfrac{\partial}{\partial t_0} m(t_0,\ t_1,\ t_2,\ \cdots\cdots,\ t_K \mid x_i) = 1 \\[2mm] \dfrac{\partial}{\partial t_1} m(t_0,\ t_1,\ t_2,\ \cdots\cdots,\ t_K \mid x_i) = b_{1,i} \\[2mm] \dfrac{\partial}{\partial t_2} m(t_0,\ t_1,\ t_2,\ \cdots\cdots,\ t_K \mid x_i) = b_{2,i} \quad \cdots\cdots \ (16) \\[2mm] \qquad\qquad\qquad\vdots \\[2mm] \dfrac{\partial}{\partial t_K} m(t_0,\ t_1,\ t_2,\ \cdots\cdots,\ t_K \mid x_i) = b_{K,i} \end{cases}$$

のように計算されるので，解くべき連立方程式は

$$\begin{cases} \displaystyle\sum_{i=1}^{N} (y_i - t_0 - t_1 b_{1,i} - t_2 b_{2,i} - \cdots\cdots - t_K b_{K,i}) = 0 \\[2mm] \displaystyle\sum_{i=1}^{N} (y_i - t_0 - t_1 b_{1,i} - t_2 b_{2,i} - \cdots\cdots - t_K b_{K,i}) b_{1,i} = 0 \\[2mm] \displaystyle\sum_{i=1}^{N} (y_i - t_0 - t_1 b_{1,i} - t_2 b_{2,i} - \cdots\cdots - t_K b_{K,i}) b_{2,i} = 0 \quad \cdots\cdots \ (17) \\[2mm] \qquad\qquad\qquad\vdots \\[2mm] \displaystyle\sum_{i=1}^{N} (y_i - t_0 - t_1 b_{1,i} - t_2 b_{2,i} - \cdots\cdots - t_K b_{K,i}) b_{2,K} = 0 \end{cases}$$

である。

これは，1次の連立方程式である。ふつうは，これを直接解くのではなく，連立方程式を行列とベクトルで表し，逆行列を計算することで解く（たとえば [10] の 8 章を参照）。

◆ 期待値の推定値と残差

　前項では，期待値のモデルに含まれる未知のパラメータを，最小2乗法で推定する方法を説明した。こうして得られたパラメータの推定値を実際に使ってみよう。パラメータの推定値をモデルに代入して得られる値を **期待値の推定値** と呼ぶ。

定義 4-2　期待値の推定値

観測値 y_i の背後にある確率変数の期待値 μ_i が，関数 m を用いたモデル
$$\mu_i = m(\theta \mid x_i)$$
で表されるとしよう。ただし，θ は未知のパラメータで，x_i は説明変数である。パラメータ θ の推定値を $\widehat{\theta}$ とする。このとき，パラメータの真の値 θ をその推定値 $\widehat{\theta}$ と入れ替えた $m(\widehat{\theta} \mid x_i)$ を期待値の推定値と呼ぶ。

また，この値を $\widehat{\mu_i}$ で表すことがある。

すなわち
$$\widehat{\mu_i} = m(\widehat{\theta} \mid x_i)$$
と書き換えることができる。ただし，この記法は $p.253$ 以降の⑤節で少し修正をする。

　期待値は未知であるが，期待値の推定値は既知である。

期待値の推定値　$p.230$ の例7では，対面形式の講義の受講生の期待値について均質モデル
$$\mu_i{}^{\mathrm{P}} = \mu^{\mathrm{P}}, \quad (i=1, 2, \cdots\cdots, 87)$$
を考え，未知パラメータ μ^{P} を $\widehat{\mu}^{\mathrm{P}} = 59.98$ と推定した。この場合，未知パラメータが期待値そのものであるから，**期待値の推定値** は
$$\widehat{\mu_i{}^{\mathrm{P}}} = 59.98, \quad (i=1, 2, \cdots\cdots, 87)$$
である。また，$p.233$ の例8では，単回帰モデル
$$\mu_1 = \beta_0 + 2\beta_1, \quad \mu_2 = \beta_0 + 4\beta_1, \quad \mu_3 = \beta_0 + 6\beta_1$$
を考え，未知パラメータ β_0, β_1 を
$$\begin{cases} \widehat{\beta_0} = -1 \\ \widehat{\beta_1} = \dfrac{7}{4} \end{cases}$$
と推定した。これをモデルに代入すると，**期待値の推定値** は

$$\widehat{\mu}_1 = -1 + 2 \times \frac{7}{4} = \frac{5}{2}$$

$$\widehat{\mu}_2 = -1 + 4 \times \frac{7}{4} = 6$$

$$\widehat{\mu}_3 = -1 + 6 \times \frac{7}{4} = \frac{19}{2}$$

である。

　最小2乗法では，期待値のモデルがデータに最も近くなるようなパラメータの値を推定値と考える（$p.230$ を参照）。しかし，最小2乗法でも，他のどのような方法でも，期待値の推定値とデータが完全に一致することは例外的である。むしろ，推定値とデータの間のずれに注目して，そこからモデルが妥当なものなのかを考えることが多い。

　期待値の推定値と観測値の差を残差と呼ぶ。

用語4-4　残差

観測値 y_i と，期待値の推定値 $\widehat{\mu}_i$ の差 $y_i - \widehat{\mu}_i$ を残差という。残差を，$\widehat{e}_i$ で表すことがある。

すなわち

$$\widehat{e}_i = y_i - \widehat{\mu}_i \quad \cdots\cdots \quad (18)$$

と書き換えることができる。

残差　対面形式の講義について，$p.44$ の表1より点数の観測値は

$$y_1{}^{\mathrm{P}} = 0, \quad y_2{}^{\mathrm{P}} = 0, \quad \cdots\cdots, \quad y_{87}{}^{\mathrm{P}} = 60$$

である。また，前ページの例9で求めたように，期待値の推定値は

$$\widehat{\mu}_1{}^{\mathrm{P}} = \widehat{\mu}_2{}^{\mathrm{P}} = \cdots\cdots = \widehat{\mu}_{87}{}^{\mathrm{P}} = 59.98$$

である。

このとき，**残差** を $\widehat{e}_1{}^{\mathrm{P}}, \ \widehat{e}_2{}^{\mathrm{P}}, \ \cdots\cdots, \ \widehat{e}_{87}{}^{\mathrm{P}}$ とすると

$$\widehat{e}_1{}^{\mathrm{P}} = 0 - 59.98 = -59.98$$

$$\widehat{e}_2{}^{\mathrm{P}} = 0 - 59.98 = -59.98$$

$$\vdots$$

$$\widehat{e}_{87}{}^{\mathrm{P}} = 60 - 59.98 = 0.02$$

である。

また，$p.233$ の例 8 で考えたデータにおいて観測値は $y_1=3$，$y_2=5$，$y_3=10$ であり，期待値の推定値は例 9 で求めたように

$$\widehat{\mu}_1=\frac{5}{2}, \quad \widehat{\mu}_2=6, \quad \widehat{\mu}_3=\frac{19}{2}$$

である。

このとき，**残差** を $\widehat{e}_1$，$\widehat{e}_2$，$\widehat{e}_3$ とすると

$$\widehat{e}_1=3-\frac{5}{2}=\frac{1}{2}$$

$$\widehat{e}_2=5-6=-1$$

$$\widehat{e}_3=10-\frac{19}{2}=\frac{1}{2}$$

である。

注意 **残差とモデルの当てはまりのよさ**　用語 4-4 からわかるように，残差は，データとモデルのずれを表している。すなわち，残差が小さいほど，モデルはデータによく当てはまっているといえる。実際，残差 $\widehat{e}_1$，$\widehat{e}_2$，……，$\widehat{e}_N$ の 2 乗和 $\sum_{i=1}^{N}\widehat{e}_i{}^2$ を用いて，モデルの当てはまりのよさの指標を作ることもできる（たとえば，**決定係数** など（[10] の 7.2 節参照）。

この，残差の 2 乗和は，モデルの当てはまりのよさを測るだけでなく，次章の統計的仮説検定においても重要な役割をもつ。

命題 4-6　**観測値，期待値の推定値，残差**
用語 4-4 の (18) は
$$y_i=\widehat{\mu}_i+\widehat{e}_i \cdots\cdots (19)$$
と書き換えることができる。ただし，y_i は観測値，$\widehat{\mu}_i$ は期待値の推定値，$\widehat{e}_i$ は残差をそれぞれ表す。

注意 **観測値，期待値の推定値，残差**　(19) は，観測値 y_i が，期待値の推定値 $\widehat{\mu}_i$ と残差 $\widehat{e}_i$ の和で表すことができることを示している。

(19) は，$p.220$ の命題 4-3 の (5) とよく似ているが次のような違いがある。(5) の右辺の期待値 μ_i と実現誤差 e_i が未知である一方で，(19) では左辺の観測値 y_i はもちろん，右辺の期待値の推定値 $\widehat{\mu}_i$，残差 $\widehat{e}_i$ も既知である。

注意 **残差と偏差** 例 10 の前半では，均質モデルの残差を考えたが，この残差が，データの **偏差** ($p.68$ の定義 2-4) と等しいことに気が付いた方もいるかもしれない。ここまでで学習したように，データに均質モデルを当てはめて，最小 2 乗法でパラメータを推定すると，期待値の推定値は標本平均値と等しい。すなわち，$\hat{\mu_i}=\bar{y}$ である。このとき，残差 $y_i-\hat{\mu_i}$ と偏差 $y_i-\bar{y}$ は等しくなる。

いうまでもないが，他のモデルを当てはめたり，他の推定方法を用いた場合にも，残差と偏差が等しくなるとは限らない。

4 推定値と推定量

　期待値のモデルを構築して，そのパラメータを推定するだけであれば，前節までの知識で十分である。しかし，推定値がどれだけ信頼できるのかや，推定のやり方が妥当かどうかを評価するには，**推定量** という考え方が必要である。

　本節では，推定量と呼ばれる確率変数を導入して，推定値との関係を考える。推定量の分布を調べることで，推定のやり方の良し悪しを知ることができる。

◆ 推定値を計算する計算式

　推定量 を導入する前に準備をしておこう。前節で学習した最小 2 乗法を含め，パラメータの推定では，決められた計算式にデータを当てはめて値を計算する。

> **注意** **推定値を計算する計算式** 　未知のパラメータ θ の推定を考える。データ $(y_1,\ y_2,\ \cdots\cdots,\ y_N)$ から推定値 $\hat{\theta}$ を計算する計算式は，関数 g_θ を用いて $g_\theta(y_1,\ y_2,\ \cdots\cdots,\ y_N)$ のように表すことができる。
> 推定値 $\hat{\theta}$ は，この関数 g_θ にデータ $(y_1,\ y_2,\ \cdots\cdots,\ y_N)$ を当てはめて $\hat{\theta}=g_\theta(y_1,\ y_2,\ \cdots\cdots,\ y_N)$ のように得られると考えることができる。

例 11 **推定値を計算する計算式—均質モデル** 　$p.230$ の例 7 では，**均質モデル** のパラメータの推定値 $\widehat{\mu}^{\mathrm{P}}$ をデータ $(0,\ 0,\ \cdots\cdots,\ 60)$ から

$$\widehat{\mu}^{\mathrm{P}}=\frac{1}{87}(0+0+\cdots\cdots+60)=59.98$$

のように計算した。

この計算式は

$$g_{\widehat{\mu}^{\mathrm{P}}}(y_1,\ y_2,\ \cdots\cdots,\ y_{87})=\frac{1}{87}\sum_{i=1}^{87} y_i$$

のような関数で表すことができる。

それにデータ $(0,\ 0,\ \cdots\cdots,\ 60)$ を当てはめて

$$\begin{aligned}\widehat{\mu}^{\mathrm{P}}&=g_{\widehat{\mu}^{\mathrm{P}}}(0,\ 0,\ \cdots\cdots,\ 60)\\&=\frac{1}{87}(0+0+\cdots\cdots+60)\\&=59.98\end{aligned}$$

と計算したと考えられる。

例 12

推定値を計算する計算式—単回帰モデル 単回帰モデル のように，モデルが説明変数を含む場合でも前ページの注意のように考えることができる。

すなわち，単回帰モデルのパラメータの推定値は $p.235$ の命題 4-5 の (13) で計算されるが，この計算式も

$$g_{\hat{\beta}_0}(y_1,\ y_2,\ \cdots\cdots,\ y_N\,|\,x_1,\ x_2,\ \cdots\cdots,\ x_N)$$

$$=\frac{1}{N}\sum_{i=1}^{N}y_i-g_{\hat{\beta}_1}(y_1,\ y_2,\ \cdots\cdots,\ y_N\,|\,x_1,\ x_2,\ \cdots\cdots,\ x_N)\frac{1}{N}\sum_{i=1}^{N}x_i\ \cdots\cdots\ (20)$$

$$g_{\hat{\beta}_1}(y_1,\ y_2,\ \cdots\cdots,\ y_N\,|\,x_1,\ x_2,\ \cdots\cdots,\ x_N)$$

$$=\frac{\displaystyle\sum_{i=1}^{N}\Big(x_i-\frac{1}{N}\sum_{j=1}^{N}x_j\Big)\Big(y_i-\frac{1}{N}\sum_{j=1}^{N}y_j\Big)}{\displaystyle\sum_{i=1}^{N}\Big(x_i-\frac{1}{N}\sum_{j=1}^{N}x_j\Big)^2}\ \cdots\cdots\ (21)$$

のような関数で表すことができる。

これに，**説明変数** $(x_1,\ x_2,\ \cdots\cdots,\ x_N)$ と **被説明変数** $(y_1,\ y_2,\ \cdots\cdots,\ y_N)$ を当てはめて推定値を計算したと考えることができる。

$p.233$ の例 8 のように，データ $((2,\ 3),\ (4,\ 5),\ (6,\ 10))$ が与えられたときは，$N=3$ として説明変数 $(2,\ 4,\ 6)$ と被説明変数 $(3,\ 5,\ 10)$ を上の関数 $g_{\hat{\beta}_0}$ と $g_{\hat{\beta}_1}$ に当てはめると

$$\hat{\beta}_0=g_{\hat{\beta}_0}(3,\ 5,\ 10\,|\,2,\ 4,\ 6)=-1,\quad \hat{\beta}_1=g_{\hat{\beta}_1}(3,\ 5,\ 10\,|\,2,\ 4,\ 6)=\frac{7}{4}$$

のように推定値が得られる。

このように，データから推定値を計算する計算式は関数で表すことができる。

◆推定量

前項で学習したように，決められた計算式に **データ** を当てはめると，**推定値** が得られる。ここで，$p.216$ の仮定 4-1 のように，データの背後に，それを生み出した確率変数が存在すると考えてみよう。推定値を計算する計算式の中のデータを，それが実現する前の **確率変数** に「戻した」ものを **推定量** という。

例 13 推定量—均質モデル　$p.217$ の例 1 では，$p.44$ の表 1 の点数のデータ $(0, 0, \cdots\cdots, 60)$ の背後に確率変数 $(Y_1{}^{\mathrm{P}}, Y_2{}^{\mathrm{P}}, \cdots\cdots, Y_{87}{}^{\mathrm{P}})$ が存在することを仮定した。

パラメータ μ^{P} の最小 2 乗推定値 $\widehat{\mu}^{\mathrm{P}}$ を計算する計算式は，$p.243$ の例 11 で考えた関数 $g_{\widehat{\mu}^{\mathrm{P}}}$ を用いて

$$\widehat{\mu}^{\mathrm{P}} = g_{\widehat{\mu}^{\mathrm{P}}}(0, 0, \cdots\cdots, 60) = 59.98$$

と表される。

この計算式の中のデータ $(0, 0, \cdots\cdots, 60)$ を，それが実現する前の確率変数 $(Y_1{}^{\mathrm{P}}, Y_2{}^{\mathrm{P}}, \cdots\cdots, Y_N{}^{\mathrm{P}})$ に戻すと

$$g_{\widehat{\mu}^{\mathrm{P}}}(Y_1{}^{\mathrm{P}}, Y_2{}^{\mathrm{P}}, \cdots\cdots, Y_{87}{}^{\mathrm{P}}) = \frac{1}{87} \sum_{i=1}^{87} Y_i{}^{\mathrm{P}}$$

が得られる。

これが，パラメータ μ^{P} の最小 2 乗法による **推定量** である。これは，確率変数を含む式なので，やはり確率変数である。

用語 4-5　最小 2 乗推定量

最小 2 乗法によって得られた推定量を最小 2 乗推定量という。

大きさ N のデータの場合，均質モデルについて，次の命題が成り立つ。

命題 4-7　推定量—均質モデル

大きさ N のデータ $(y_1, y_2, \cdots\cdots, y_N)$ の背後にある確率変数 $(Y_1, Y_2, \cdots\cdots, Y_N)$ の期待値が均質モデル

$$\mathrm{E}(Y_1) = \mu, \quad \mathrm{E}(Y_2) = \mu, \quad \cdots\cdots, \quad \mathrm{E}(Y_N) = \mu$$

で表されるとする。ただし，μ は未知のパラメータである。

このとき，パラメータ μ の最小 2 乗推定量は

$$\frac{1}{N} \sum_{i=1}^{N} Y_i$$

である。

推定量—単回帰モデル $p.225$ の例 4 では，大きさ 3 の 2 変量のデータ $((2, 3), (4, 5), (6, 10))$ に対して，変量 $(2, 4, 6)$ を **説明変数**，変量 $(3, 5, 10)$ を **被説明変数** として，$p.223$ の注意の **単回帰モデル** を考えた。そこでは，**被説明変数** $(3, 5, 10)$ の背後に確率変数 (Y_1, Y_2, Y_3) が存在することを仮定した。

パラメータ β_0，β_1 の最小 2 乗推定値を計算する計算式は，$p.244$ の例 12 の (20) と (21) の $g_{\hat{\beta}_0}$，$g_{\hat{\beta}_1}$ を用いて

$$\hat{\beta}_0 = g_{\hat{\beta}_0}(3, 5, 10 \mid 2, 4, 6)$$
$$= -1$$
$$\hat{\beta}_1 = g_{\hat{\beta}_1}(3, 5, 10 \mid 2, 4, 6)$$
$$= \frac{7}{4}$$

と表される。

この計算式の中の **被説明変数** $(3, 5, 10)$ を，それが実現する前の確率変数 (Y_1, Y_2, Y_3) に戻して整理すると

$$\hat{\beta}_0 = g_{\hat{\beta}_0}(Y_1, Y_2, Y_3 \mid 2, 4, 6)$$
$$= \frac{4Y_1 + Y_2 - 2Y_3}{3} \cdots\cdots (22)$$
$$\hat{\beta}_1 = g_{\hat{\beta}_1}(Y_1, Y_2, Y_3 \mid 2, 4, 6)$$
$$= \frac{-Y_1 + Y_3}{4} \cdots\cdots (23)$$

が得られる（練習 5 ）。

これらがそれぞれ，パラメータ β_0，β_1 の **最小 2 乗推定量** である。推定量は，確率変数を含む式で表されるので，やはり確率変数である。

大きさ N のデータの場合，単回帰モデルのパラメータ β_0，β_1 の推定量はそれぞれ，(20) と (21) の中の被説明変数 $(y_1, y_2, \cdots\cdots, y_N)$ を，それが実現する前の確率変数 $(Y_1, Y_2, \cdots\cdots, Y_N)$ に戻すことで次ページの命題のように得られる（練習 5 ）。

命題 4-8 **推定量—単回帰モデル**

大きさ N の 2 変量のデータ $((x_1,\ y_1),\ (x_2,\ y_2),\ \cdots\cdots,\ (x_N,\ y_N))$ の中で変量 $(y_1,\ y_2,\ \cdots\cdots,\ y_N)$ の背後にある確率変数 $(Y_1,\ Y_2,\ \cdots\cdots,\ Y_N)$ の期待値が単回帰モデル

$$\mathrm{E}(Y_1)=\beta_0+\beta_1 x_1,\ \ \mathrm{E}(Y_2)=\beta_0+\beta_1 x_2,\ \ \cdots\cdots,\ \ \mathrm{E}(Y_N)=\beta_0+\beta_1 x_N$$

で表されるとする。ただし，β_0 と β_1 は未知のパラメータである。このとき，これらのパラメータの最小 2 乗推定量 β_0，β_1 はそれぞれ

$$\overline{Y}-\frac{\displaystyle\sum_{i=1}^{N}(x_i-\overline{x})(Y_i-\overline{Y})}{\displaystyle\sum_{i=1}^{N}(x_i-\overline{x})^2}\,\overline{x},\quad \frac{\displaystyle\sum_{i=1}^{N}(x_i-\overline{x})(Y_i-\overline{Y})}{\displaystyle\sum_{i=1}^{N}(x_i-\overline{x})^2}$$

である。ただし，$\displaystyle\overline{x}=\frac{1}{N}\sum_{i=1}^{N}x_i$，$\displaystyle\overline{Y}=\frac{1}{N}\sum_{i=1}^{N}Y_i$ とした。

(1) 例 12 の (20) と (21) において $N=3$ として，$(y_1,\ y_2,\ y_3)$ を $(Y_1,\ Y_2,\ Y_3)$ と入れ替え，$(x_1,\ x_2,\ x_3)=(2,\ 4,\ 6)$ として整理し，(22) と (23) を示せ。

(2) 例 12 の (20) と (21) において $(y_1,\ y_2,\ \cdots\cdots,\ y_N)$ を $(Y_1,\ Y_2,\ \cdots\cdots,\ Y_N)$ と入れ替えることで，単回帰モデルの推定量を求め，命題 4-8 が成り立つことを示せ。

一般に推定量は，次のように定めることができる。

用語 4-6 推定量

大きさ N のデータ $(y_1,\ y_2,\ \cdots\cdots,\ y_N)$ の背後にある確率変数を $(Y_1,\ Y_2,\ \cdots\cdots,\ Y_N)$ とする。モデルに含まれるパラメータ θ の推定値 $\widehat{\theta}$ が関数 $g_{\hat\theta}$ を使って

$$\widehat{\theta}=g_{\hat\theta}(y_1,\ y_2,\ \cdots\cdots,\ y_N)$$

のように表されるとする。このとき，右辺の式の中のデータ $(y_1,\ y_2,\ \cdots\cdots,\ y_N)$ を，それが実現する前の確率変数 $(Y_1,\ Y_2,\ \cdots\cdots,\ Y_N)$ に戻して得られる確率変数

$$g_{\hat\theta}(Y_1,\ Y_2,\ \cdots\cdots,\ Y_N)$$

を，パラメータ θ の推定量という。

モデルが説明変数 $(x_1,\ x_2,\ \cdots\cdots,\ x_N)$ を含み，推定値 $\widehat{\theta}$ が
$$\widehat{\theta}=g_{\widehat{\theta}}(y_1,\ y_2,\ \cdots\cdots,\ y_N\,|\,x_1,\ x_2,\ \cdots\cdots,\ x_N)$$
のように表されるときは，右辺の式の中の被説明変数 $(y_1,\ y_2,\ \cdots\cdots,\ y_N)$ を，それが実現する前の確率変数 $(Y_1,\ Y_2,\ \cdots\cdots,\ Y_N)$ に戻して得られる確率変数
$$g_{\widehat{\theta}}(Y_1,\ Y_2,\ \cdots\cdots,\ Y_N\,|\,x_1,\ x_2,\ \cdots\cdots,\ x_N)$$
を，パラメータ θ の**推定量**という。

注意 **説明変数と被説明変数** *p.* 246 の例 14 や用語 4-6 では，説明変数については，背後に確率変数を考えなかった。この理由については，*p.* 226 の注意（単回帰モデルの説明変数と被説明変数）を参照。

◆ 推定値と推定量

前項では，推定値を計算する計算式の中のデータを，それが実現する前の確率変数に戻すことで推定量を定めた。一般に，推定値と推定量の関係は次のように考えることもできる。

命題 4-9 **推定値と推定量**
推定値は，推定量の実現値である。

例 15 **推定値と推定量—均質モデル** *p.* 245 の例 13 では，パラメータ μ^{P} の

推定量 を $\qquad g_{\widehat{\mu}^{\mathrm{P}}}(Y_1^{\mathrm{P}},\ Y_2^{\mathrm{P}},\ \cdots\cdots,\ Y_{87}^{\mathrm{P}})=\dfrac{1}{87}\sum\limits_{i=1}^{87}Y_i^{\mathrm{P}}$

のように求めた。
帰結 ω が実現すると，確率変数 $Y_1^{\mathrm{P}},\ Y_2^{\mathrm{P}},\ \cdots\cdots,\ Y_{87}^{\mathrm{P}}$ の **実現値** はそれぞれ
$$Y_1^{\mathrm{P}}(\omega)=0,\quad Y_2^{\mathrm{P}}(\omega)=0,\quad \cdots\cdots,\quad Y_{87}^{\mathrm{P}}(\omega)=60$$
であるから（*p.* 217 の例 1 ），
$$\begin{aligned} &g_{\widehat{\mu}^{\mathrm{P}}}(Y_1^{\mathrm{P}}(\omega),\ Y_2^{\mathrm{P}}(\omega),\ \cdots\cdots,\ Y_{87}^{\mathrm{P}}(\omega))\\ &=g_{\widehat{\mu}^{\mathrm{P}}}(0,\ 0,\ \cdots\cdots,\ 60)\\ &=\frac{1}{87}(0+0+\cdots\cdots+60)=59.98 \end{aligned}$$
のように **推定値** が得られる。

すなわち，推定値 59.98 は，確率変数である推定量の実現値であることがわかる。図 3 は推定値と推定量の関係を図示したものである。データの背後にある確率変数 Ⓐ からスタートして，データ Ⓑ → 推定値 Ⓒ のようにして推定値を得ることができるが，同じ値は，データの背後にある確率変数 Ⓐ → 推定量 Ⓓ → 推定値 Ⓒ のように得ることもできる。

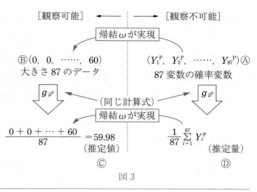

図 3

例 16

推定値と推定量—単回帰モデル　例 14 では，パラメータ β_0，β_1 の **推定量** をそれぞれ

$$g_{\hat{\beta}_0}(Y_1,\ Y_2,\ Y_3 \,|\, 2,\ 4,\ 6) = \frac{4Y_1 + Y_2 - 2Y_3}{3}$$

$$g_{\hat{\beta}_1}(Y_1,\ Y_2,\ Y_3 \,|\, 2,\ 4,\ 6) = \frac{-Y_1 + Y_3}{4}$$

のように求めた。

帰結 ω が実現すると確率変数 Y_1, Y_2, Y_3 の実現値はそれぞれ $Y_1(\omega)=3$，$Y_2(\omega)=5$，$Y_3(\omega)=10$ であるから（$p.225$ の例 4 ）

$$g_{\hat{\beta}_0}(Y_1(\omega),\ Y_2(\omega),\ Y_3(\omega) \,|\, 2,\ 4,\ 6)$$

$$= \frac{4Y_1(\omega) + Y_2(\omega) - 2Y_3(\omega)}{3} = \frac{4\times3 + 5 - 2\times10}{3} = -1$$

$$g_{\hat{\beta}_1}(Y_1(\omega),\ Y_2(\omega),\ Y_3(\omega))$$

$$= \frac{-Y_1(\omega) + Y_3(\omega)}{4} = \frac{-3+10}{4} = \frac{7}{4}$$

のように **推定値** が得られる。

ここでも，推定値 -1，$\dfrac{7}{4}$ が推定量の **実現値** であることがわかる。

用語 4-6 において，確率変数 $(Y_1, Y_2, \cdots, Y_N)$ の実現値が

$$(Y_1(\omega), Y_2(\omega), \cdots, Y_N(\omega)) = (y_1, y_2, \cdots, y_N)$$

であることを利用して，推定値が推定量の実現値であることを示せ。

注意 **推定値と推定量の記号** ここまで，パラメータ θ の推定値を表すのに，$\hat{\theta}$ という記号を使ってきた（$p.230$ の注意）。その一方，本節では，推定量は確率変数で，推定値はその実現値であることを確認した。

このような観点からは，確率変数である **推定量** を $\hat{\theta}$ で表し，その実現値である **推定値** を $\hat{\theta}(\omega)$ と表すべきであった。この先本書では，このような記号を使うことにする。

たとえば，$p.248$ の例 15 のパラメータ μ^{P} の推定量を $\hat{\mu}^{\mathrm{P}} = \dfrac{1}{87}\sum_{i=1}^{87} Y_i^{\mathrm{P}}$ で表し，推定値を $\hat{\mu}^{\mathrm{P}}(\omega) = 59.98$ で表すことにする。

◆ 線形な推定量

本項では，本書で扱う推定量の多くが満たす **線形** という性質を考える。

> **用語 4-7 線形な推定量**
> データの背後にある確率変数を $(Y_1, Y_2, \cdots, Y_N)$ とする。パラメータ θ の推定量 $\hat{\theta}$ が
>
> $$\hat{\theta} = \sum_{i=1}^{N} a_i Y_i \quad \cdots\cdots \ (24)$$
>
> のように，確率変数 $Y_1, Y_2, \cdots, Y_N$ の線形和で計算されるとき，推定量 $\hat{\theta}$ を線形な推定量という。ただし，係数 $a_1, a_2, \cdots, a_N$ は既知の実数である。

次節で確認するように，推定量が線形であると，その性質を調べることが容易になる。この意味において，線形な推定量は線形でないものよりも扱いやすいといえる。

線形な推定量—均質モデル　$p.\,245$ の例 13 では，均質モデルのパラメータ μ^{P} の推定量を

$$\widehat{\mu}^{\mathrm{P}}=\frac{1}{87}\sum_{i=1}^{87}Y_i{}^{\mathrm{P}}\ \cdots\cdots\ (25)$$

のように求めた。

これは，確率変数 $Y_1{}^{\mathrm{P}}$，$Y_2{}^{\mathrm{P}}$，$\cdots\cdots$，$Y_{87}{}^{\mathrm{P}}$ の線形和であるから，線形な推定量である（練習 7）。

線形な推定量—単回帰モデル　$p.\,246$ の例 14 では，大きさ 3 の 2 変量のデータ $((2,\ 3),\ (4,\ 5),\ (6,\ 10))$ に対して単回帰モデルを考え，パラメータ β_0 と β_1 の推定量をそれぞれ

$$\widehat{\beta}_0=\frac{4Y_1+Y_2-2Y_3}{3}\ \cdots\cdots\ (26)$$

$$\widehat{\beta}_1=\frac{-Y_1+Y_3}{4}\ \cdots\cdots\ (27)$$

のように求めた。

これらは，両方とも確率変数 Y_1，Y_2，Y_3 の線形和であるから，線形な推定量である（練習 7）。

大きさNのデータの場合については，$p.\,247$ の練習 5 で考えたように

$$\widehat{\beta}_0=\overline{Y}-\widehat{\beta}_1\,\overline{x}\ \cdots\cdots\ (28)$$

$$\widehat{\beta}_1=\frac{\displaystyle\sum_{i=1}^{N}(x_i-\overline{x})(Y_i-\overline{Y})}{\displaystyle\sum_{i=1}^{N}(x_i-\overline{x})^2}\ \cdots\cdots\ (29)$$

と書ける。

これらは，両方とも確率変数 Y_1，Y_2，$\cdots\cdots$，Y_N の線形和の形に整理できるから，線形な推定量である（練習 7）。

(1)　例 17 の (25) を，用語 4-7 の (24) において $N=87$ とした形に変形し，係数 a_1，a_2，$\cdots\cdots$，a_{87} の値を求めよ。

(2)　例 18 の (26) と (27) をそれぞれ，用語 4-7 の (24) において $N=3$ とした形に変形し，係数 b_1，b_2，b_3，c_1，c_2，c_3 の値を求めよ。

(3)　例 18 の (28) と (29) をそれぞれ，用語 4-7 の (24) の形に変形し，それぞれについて係数 d_1，d_2，$\cdots\cdots$，d_N，e_1，e_2，$\cdots\cdots$，e_N の値を求めよ。

注意 **線形な推定量とそうでない推定量** 例 17 や例 18 で確認した最小 2 乗推定量は線形であった。一般に，**線形モデル**（p. 227 のコラムを参照）のパラメータを**最小 2 乗法** で推定したときの推定量は線形である（このことについてはたとえば [10] の 8 章を参照）。

最小 2 乗推定量が線形にならない典型的な例は，パラメータのとりうる範囲に制約が課されているような場合である。

たとえば，あるモデルで，パラメータ θ を（ふつうに）最小 2 乗法で推定した推定量を $\hat{\theta}_0$ としよう。ここで，パラメータの**真の値** が負ではないことがわかっていたとする。この制約下では，パラメータ θ の最小 2 乗推定量 $\hat{\theta}$ は $\omega \in \Omega$ に対して

$$\hat{\theta}(\omega) = \begin{cases} \hat{\theta}_0(\omega), & (0 \leq \hat{\theta}_0(\omega) \text{ のとき}), \\ 0, & (\hat{\theta}_0(\omega) < 0 \text{ のとき}) \end{cases}$$

などとなる。ただし，Ω は**標本空間** である。このとき，推定量 $\hat{\theta}_0$ が線形であっても，制約下の推定量 $\hat{\theta}$ は線形でない。

5 推定量の分布と評価基準

前節で確認したように，推定量は確率変数である。一般に，確率変数やその分布は，直接，観察することはできない。ただし，考えているのが **均質モデル** や **単回帰モデル** のように比較的単純なモデルであれば，いくつかの仮定を導入することで，最小2乗推定量の分布についてある程度知ることができる。繰り返しとなるが，推定量の分布を調べることで，推定のやり方の良し悪しを知ることができる。

◆ 推定量の期待値

ここまでの議論は，次の2つの仮定に依存している。

- $p.216$ の仮定 4-1，すなわち，データ $(y_1, y_2, \cdots\cdots, y_N)$ の背後に確率変数 $(Y_1, Y_2, \cdots\cdots, Y_N)$ が存在すること
- $p.223$ で考えた期待値のモデルが，その確率変数 $(Y_1, Y_2, \cdots\cdots, Y_N)$ の期待値 $(\mu_1, \mu_2, \cdots\cdots, \mu_N)$ を正確に描写していること

これらの仮定のもとでは，推定量の期待値について次を導くことができる。

推定量の期待値—均質モデル $p.245$ の例 13 では，データ $(0, 0, \cdots\cdots, 60)$ に **均質モデル** を考えて，**最小2乗法** で未知パラメータ μ^{P} の推定量 $\widehat{\mu^{\mathrm{P}}}$ を

$$\widehat{\mu^{\mathrm{P}}} = \frac{1}{87} \sum_{i=1}^{87} Y_i{}^{\mathrm{P}}$$

のように求めた。この期待値は，**期待値の線形性** と，**均質モデルの仮定** を利用すると

$$\mathrm{E}(\widehat{\mu^{\mathrm{P}}}) = \mathrm{E}\left(\frac{1}{87} \sum_{i=1}^{87} Y_i{}^{\mathrm{P}}\right) = \frac{1}{87} \sum_{i=1}^{87} \mathrm{E}(Y_i{}^{\mathrm{P}})$$

$$= \frac{1}{87} \sum_{i=1}^{87} \mu^{\mathrm{P}} = \frac{1}{87} \times 87 \mu^{\mathrm{P}} = \mu^{\mathrm{P}}$$

となる。すなわち，推定量 $\widehat{\mu^{\mathrm{P}}}$ の期待値は，未知パラメータの **真の値** μ^{P} と等しい。

例 19 の中で，期待値の線形性を使ったのはどの式変形か考えよ。また，均質モデルの仮定はどの式変形で用いたか答えよ。

一般に，推定量の期待値が，真の値と等しいことを **不偏性** という。

θ を未知のパラメータの真の値とする。推定量 $\widehat{\theta}$ が　　$\mathrm{E}(\widehat{\theta})=\theta$

を満たすとき，この推定量 $\widehat{\theta}$ は不偏である，という。

不偏性については，$p.\,267$ 以降でもう一度考える。

均質モデルに関しては，一般に次が成り立つ。

命題 4-10　推定量の期待値—均質モデル

大きさ N のデータ $(y_1,\ y_2,\ \cdots\cdots,\ y_N)$ の背後にある確率変数

$(Y_1,\ Y_2,\ \cdots\cdots,\ Y_N)$ の期待値が均質モデル

$$\mathrm{E}(Y_1)=\mu,\ \ \mathrm{E}(Y_2)=\mu,\ \ \cdots\cdots,\ \ \mathrm{E}(Y_N)=\mu$$

で表されるとする。ただし，μ は未知のパラメータである。

このとき，パラメータ μ の最小 2 乗推定量　　$\widehat{\mu}=\dfrac{1}{N}\sum\limits_{i=1}^{N}Y_i$

の期待値 $\mathrm{E}(\widehat{\mu})$ は，パラメータの真の値 μ と等しい。すなわち，この推定量 $\widehat{\mu}$ は不偏である。

例 19 にならって，命題 4-10 が正しく成り立つことを示せ。

(1)　$p.\,246$ の例 14 で求めた推定量

$$\widehat{\beta}_0=\frac{4Y_1+Y_2-2Y_3}{3},\ \ \widehat{\beta}_1=\frac{-Y_1+Y_3}{4}$$

が不偏であることを示せ。ただし，期待値の線形性と，$p.\,225$ の例 4 の単回帰モデルの仮定　　$\mathrm{E}(Y_1)=\beta_0+2\beta_1,\ \mathrm{E}(Y_2)=\beta_0+4\beta_1,\ \mathrm{E}(Y_3)=\beta_0+6\beta_1$

を利用してよい。

(2)　データの大きさが N の場合の単回帰モデルのパラメータの推定量については $p.\,247$ の命題 4-8 で

$$\widehat{\beta}_0=\overline{Y}-\widehat{\beta}_1\overline{x},\ \ \widehat{\beta}_1=\frac{\sum\limits_{i=1}^{N}(x_i-\overline{x})(Y_i-\overline{Y})}{\sum\limits_{i=1}^{N}(x_i-\overline{x})^2}$$

のように考えた。ただし，$\overline{x}=\dfrac{1}{N}\sum\limits_{j=1}^{N}x_j,\ \ \overline{Y}=\dfrac{1}{N}\sum\limits_{j=1}^{N}Y_j$ である。これらの推定量が不偏であることを示せ。ただし，期待値の線形性と，モデルの仮定

$$\mathrm{E}(Y_i)=\beta_0+\beta_1x_i,\ \ (i=1,\ 2,\ \cdots\cdots,\ N)$$

を利用してよい。

練習 10 の (2) の結果は次のようにまとめられる。

命題 4-11　推定量の期待値—単回帰モデル

大きさ N の 2 変量のデータ $((x_1,\ y_1),\ (x_2,\ y_2),\ \cdots\cdots,\ (x_N,\ y_N))$ の中で
変量 $(y_1,\ y_2,\ \cdots\cdots,\ y_N)$ の背後にある確率変数 $(Y_1,\ Y_2,\ \cdots\cdots,\ Y_N)$ の期
待値が単回帰モデル

$$\mathrm{E}(Y_1)=\beta_0+\beta_1 x_1,\ \ \mathrm{E}(Y_2)=\beta_0+\beta_1 x_2,\ \ \cdots\cdots,\ \ \mathrm{E}(Y_N)=\beta_0+\beta_1 x_N$$

で表されるとする。ただし，β_0 と β_1 は未知のパラメータである。
このとき，これらのパラメータの最小 2 乗推定量 $\widehat{\beta}_0$ と $\widehat{\beta}_1$ はそれぞれ
$p.\ 247$ の命題 4-8 のように与えられるが，これらの期待値は

$$\mathrm{E}(\widehat{\beta}_0)=\beta_0,\ \ \mathrm{E}(\widehat{\beta}_1)=\beta_1$$

のように，パラメータの真の値と等しい。すなわち，これらの推定量は不
偏である。

注意　推定量の期待値—線形な推定量　確率変数 $(Y_1,\ Y_2,\ \cdots\cdots,\ Y_N)$ の期待値が，関
数 m を用いて

$$\mathrm{E}(Y_i)=m(\theta\mid x_i),\ \ (i=1,\ 2,\ \cdots\cdots,\ N)$$

のように表されるとしよう。ただし，θ は未知のパラメータで，$x_1,\ x_2,\ \cdots\cdots,\ x_N$
は説明変数である。

パラメータ θ の推定量 $\widehat{\theta}$ が線形である，すなわち既知の実数 $a_1,\ a_2,\ \cdots\cdots,\ a_N$
を用いて $\widehat{\theta}=\sum_{i=1}^{N} a_i Y_i$ と書くことができるとする。

このとき，推定量 $\widehat{\theta}$ の期待値は

$$\mathrm{E}(\widehat{\theta})=\sum_{i=1}^{N} a_i m(\theta\mid x_i)\ \cdots\cdots\ (30)$$

と表される。

さらに，推定量 $\widehat{\theta}$ が **不偏** であることがわかっているならば

$$\sum_{i=1}^{N} a_i m(\theta\mid x_i)=\theta\ \cdots\cdots\ (31)$$

が成り立つ。

練習 11　直前の注意で示した (30) を示せ。また，$p.\ 254$ の用語 4-8 の不偏性の意味か
ら (31) を示せ。

注意 推定量の期待値—線形モデルの最小2乗推定量 $p.\,252$ の注意で触れたように，線形モデル のパラメータの **最小2乗推定量** は線形である。さらに，その期待値は，そのモデルのもとで不偏であることが知られている。証明などは [10] の8章を参照。

◆ 推定量と誤差

本項以降では，推定量の分布について説明する。先の見通しをよくしておくために，推定量と誤差の関係を整理する。

モデルと誤差に関する次の事実は，$p.\,218$ の用語 4-1 を考えると当たり前なことであるが，先の議論においても利用される重要なものであるから，命題としておこう。

命題 **4-12** モデルと誤差

確率変数 Y_i の期待値が，関数 m を用いて

$$\mathrm{E}(Y_i) = m(\theta \mid x_i)$$

のようなモデルで表されるとする。ただし，θ は未知のパラメータで，x_i は説明変数である。

このとき $Y_i - m(\theta \mid x_i)$

で表される確率変数は誤差 ε_i であり，その期待値は

$$\mathrm{E}(\varepsilon_i) = \mathrm{E}(Y_i - m(\theta \mid x_i)) = 0$$

である。

注意 **モデルと誤差** 命題 4-12 から，次のことがわかる。もし，モデルが正確でない，すなわちある関数 m' に対して，$\mathrm{E}(Y_i) \neq m'(\theta \mid x_i)$ であるとしよう。

このときにも誤差に相当する確率変数 $\varepsilon'_i = Y_i - m'(\theta \mid x_i)$ を考えることができるが，これは用語 4-1 の誤差と一致せず，この期待値を計算すると

$$\mathrm{E}(\varepsilon'_i) = \mathrm{E}(Y_i) - m'(\theta \mid x_i) \neq 0$$

である。

このように，モデルの不正確さは，誤差に相当する確率変数の期待値にあらわれることがわかる。

ここで，パラメータの推定量と，真の値，誤差の関係を考えてみよう。これまでに用いてきた2つの仮定（本節の冒頭で述べた）のもとで，次を導くことができる。

例 20 **推定量と誤差—均質モデル**　$p.\,245$ の例 13 では，$p.\,44$ の表 1 のデータ $(0,\ 0,\ \cdots\cdots,\ 60)$ に **均質モデル** を考えて，**最小 2 乗法** で未知のパラメータ μ^{P} の推定量 $\widehat{\mu}^{\mathrm{P}}$ を

$$\widehat{\mu}^{\mathrm{P}}=\frac{1}{87}\sum_{i=1}^{87} Y_i^{\mathrm{P}}$$

のように求めた。

　均質モデルでは，確率変数 $(Y_1^{\mathrm{P}},\ Y_2^{\mathrm{P}},\ \cdots\cdots,\ Y_{87}^{\mathrm{P}})$ の期待値が

$$\mathrm{E}(Y_1^{\mathrm{P}})=\mu^{\mathrm{P}},\quad \mathrm{E}(Y_2^{\mathrm{P}})=\mu^{\mathrm{P}},\quad \cdots\cdots,\quad \mathrm{E}(Y_{87}^{\mathrm{P}})=\mu^{\mathrm{P}}$$

と表されることを仮定する。

　したがって，このモデルのもとでは

$$Y_i^{\mathrm{P}}=\mu^{\mathrm{P}}+\varepsilon_i^{\mathrm{P}},\quad (i=1,\ 2,\ \cdots\cdots,\ 87)$$

が成り立つ。ただし，$\varepsilon_1^{\mathrm{P}},\ \varepsilon_2^{\mathrm{P}},\ \cdots\cdots,\ \varepsilon_{87}^{\mathrm{P}}$ は誤差である（命題 4-12）。これを代入すると

$$\begin{aligned}
\widehat{\mu}^{\mathrm{P}}&=\frac{1}{87}\sum_{i=1}^{87}\left(\mu^{\mathrm{P}}+\varepsilon_i^{\mathrm{P}}\right)\\
&=\frac{1}{87}\sum_{i=1}^{87}\mu^{\mathrm{P}}+\frac{1}{87}\sum_{i=1}^{87}\varepsilon_i^{\mathrm{P}}\\
&=\frac{1}{87}\times 87\mu^{\mathrm{P}}+\frac{1}{87}\sum_{i=1}^{87}\varepsilon_i^{\mathrm{P}}\\
&=\mu^{\mathrm{P}}+\frac{1}{87}\sum_{i=1}^{87}\varepsilon_i^{\mathrm{P}}
\end{aligned}$$

が得られる。

これは，パラメータの **真の値** と，**誤差** の **線形和** の和である。

　均質モデル や **単回帰モデル** のパラメータの **最小 2 乗推定量** を含む線形で不偏な推定量については，次の注意で示す事実が使える。

注意 **線形で不偏な推定量と誤差** データの背後にある確率変数 $(Y_1, Y_2, \cdots\cdots, Y_N)$ の期待値が，関数 m を用いて

$$\mathrm{E}(Y_1)=m(\theta \mid x_1), \ \mathrm{E}(Y_2)=m(\theta \mid x_2), \ \cdots\cdots, \ \mathrm{E}(Y_N)=m(\theta \mid x_N)$$

で表されるとする。ただし，$(x_1, x_2, \cdots\cdots, x_N)$ は説明変数で，θ は未知のパラメータである。このパラメータの推定量 $\hat\theta$ が **線形** である，すなわち $\hat\theta=\sum\limits_{i=1}^{N} a_i Y_i$ と表されるとする。ただし，$a_1, a_2, \cdots\cdots, a_N$ は既知の実数である。

このとき，推定量 $\hat\theta$ は

$$\hat\theta=\sum_{i=1}^{N} a_i m(\theta \mid x_i)+\sum_{i=1}^{N} a_i \varepsilon_i$$

のように，期待値の線形和と **誤差** の **線形和** の和で書くことができる。

さらに推定量 $\hat\theta$ が不偏であることがわかっている場合

$$\hat\theta=\theta+\sum_{i=1}^{N} a_i \varepsilon_i \ \cdots\cdots \ (32)$$

と書くことができる（$p.255$ の注意参照）。

前ページの例 20 にならって上の注意を示せ。

注意 **線形な推定量と誤差** (32) は，推定量の分布を知るうえで示唆的である。すなわち (32) は，推定量 $\hat\theta$ が，推定の目標としている真の値 θ から誤差の線形和 $\sum\limits_{i=1}^{N} a_i \varepsilon_i$ によってずらされてしまう様子を直接的に表している。

推定量の確率変数としての性質を知るには，誤差の線形和の性質を知ることが重要であることがわかる。

(1) $p.246$ の例 14 で求めた推定量

$$\widehat{\beta_0}=\frac{4Y_1+Y_2-2Y_3}{3}, \quad \widehat{\beta_1}=\frac{-Y_1+Y_3}{4}$$

が線形で，不偏なことはすでに確認した。これらを例 20 にならって，それぞれ [真の値]＋[誤差の線形和] の形で表せ。

(2) データの大きさが N の場合の単回帰モデルのパラメータの推定量については $p.247$ の命題 4-8 で

$$\widehat{\beta_0}=\overline{Y}-\widehat{\beta_1}\overline{x}, \quad \widehat{\beta_1}=\frac{\sum\limits_{i=1}^{N}(x_1-\overline{x})(Y_i-\overline{Y})}{\sum\limits_{i=1}^{N}(x_i-\overline{x})^2}$$

のように考えた。これらについても同様に [真の値]＋[誤差の線形和] の形で表せ。

◆ 推定量の分散

$p.253$ では推定量の期待値がどのように表されるかを考えたが，本項では，推定量の分散を考えよう。推定量の期待値と，パラメータの真の値との関係については，本節の冒頭で挙げた2つの仮定のみからある程度知ることができた。しかし，分散について知るには，これらの仮定だけでは不十分である。推定量の分散について知るために，前項で利用した2つの仮定に加えて

- $p.222$ の仮定 4-4 の IID，すなわち **誤差** ε_1, ε_2, ……, ε_N が互いに独立に同じ分布に従う

という仮定が利用されることが多い。ここでも，この仮定を利用しよう。

推定量の分散—均質モデル $p.257$ の例 20 では，推定量 $\widehat{\mu}^{\mathrm{P}} = \dfrac{1}{87} \displaystyle\sum_{i=1}^{87} Y_i^{\mathrm{P}}$ が $\widehat{\mu}^{\mathrm{P}} = \mu^{\mathrm{P}} + \dfrac{1}{87} \displaystyle\sum_{i=1}^{87} \varepsilon_i^{\mathrm{P}}$ と変形できることを示した。ただし，$\varepsilon_1^{\mathrm{P}}$, $\varepsilon_2^{\mathrm{P}}$, ……, $\varepsilon_{87}^{\mathrm{P}}$ は誤差である。また，$p.253$ の例 19 では，推定量 $\widehat{\mu}^{\mathrm{P}}$ の期待値が $\mathrm{E}(\widehat{\mu}^{\mathrm{P}}) = \mu^{\mathrm{P}}$ であることを示した。

これらを使うと推定量 $\widehat{\mu}^{\mathrm{P}}$ の **分散** は

$$
\begin{aligned}
\mathrm{V}(\widehat{\mu}^{\mathrm{P}}) &= \mathrm{E}(\{\widehat{\mu}^{\mathrm{P}} - \mathrm{E}(\widehat{\mu}^{\mathrm{P}})\}^2) = \mathrm{E}\left(\left\{\mu^{\mathrm{P}} + \frac{1}{87}\sum_{i=1}^{87}\varepsilon_i^{\mathrm{P}} - \mu^{\mathrm{P}}\right\}^2\right) \\
&= \mathrm{E}\left(\left\{\frac{1}{87}\sum_{i=1}^{87}\varepsilon_i^{\mathrm{P}}\right\}^2\right) = \frac{1}{87^2}\mathrm{E}\left(\left\{\sum_{i=1}^{87}\varepsilon_i^{\mathrm{P}}\right\} \times \left\{\sum_{j=1}^{87}\varepsilon_j^{\mathrm{P}}\right\}\right) \\
&= \frac{1}{87^2}\mathrm{E}\left(\sum_{i=1}^{87}\sum_{i=1}^{87}\varepsilon_i^{\mathrm{P}}\varepsilon_j^{\mathrm{P}}\right) = \frac{1}{87^2}\sum_{i=1}^{87}\sum_{j=1}^{87}\mathrm{E}(\varepsilon_i^{\mathrm{P}}\varepsilon_j^{\mathrm{P}}) \ \cdots\cdots \ (33)
\end{aligned}
$$

のように計算できる。

$p.219$ の命題 4-1 より誤差の期待値は 0 であるから，2 重の和の中の期待値は

$$
\mathrm{E}(\varepsilon_i^{\mathrm{P}}\varepsilon_j^{\mathrm{P}}) = \mathrm{Cov}(\varepsilon_i^{\mathrm{P}}, \ \varepsilon_j^{\mathrm{P}}) \ \cdots\cdots \ (34)
$$

のように誤差 $\varepsilon_i^{\mathrm{P}}$ と $\varepsilon_j^{\mathrm{P}}$ の間の **共分散** と等しい（$p.260$ の練習 14）。

ここで，誤差に IID（仮定 4-4）を仮定する。この仮定のもとで，$i \neq j$ のとき，誤差 $\varepsilon_i^{\mathrm{P}}$ と $\varepsilon_j^{\mathrm{P}}$ は **独立** である。

したがって，**無相関** であるから

$$
\mathrm{E}(\varepsilon_i^{\mathrm{P}}\varepsilon_j^{\mathrm{P}}) = \mathrm{Cov}(\varepsilon_i^{\mathrm{P}}, \ \varepsilon_j^{\mathrm{P}}) = 0
$$

となる。

よって，(33) の 2 重の和で値が残るのは $i=j$ の場合のみである。$i=j$ のとき

$$\mathrm{E}(\varepsilon_i{}^{\mathrm{P}}\varepsilon_i{}^{\mathrm{P}})=\mathrm{E}((\varepsilon_i{}^{\mathrm{P}})^2)=\mathrm{V}(\varepsilon_i{}^{\mathrm{P}}) \ \cdots\cdots \ (35)$$

が成り立つ。IID の仮定のもとで，誤差の分布はすべて同じであり，分散も共通である。

この共通の分散を $(\sigma^{\mathrm{P}})^2$ とおくと

$$\mathrm{V}(\varepsilon_1{}^{\mathrm{P}})=(\sigma^{\mathrm{P}})^2, \ \ \mathrm{V}(\varepsilon_2{}^{\mathrm{P}})=(\sigma^{\mathrm{P}})^2, \ \ \cdots\cdots, \ \ \mathrm{V}(\varepsilon_{87}{}^{\mathrm{P}})=(\sigma^{\mathrm{P}})^2$$

である。

これらを (33) に代入すると

$$\mathrm{V}(\widehat{\mu^{\mathrm{P}}})=\frac{1}{87^2}\sum_{i=1}^{87}\mathrm{V}(\varepsilon_i{}^{\mathrm{P}})=\frac{1}{87^2}\sum_{i=1}^{87}(\sigma^{\mathrm{P}})^2=\frac{1}{87^2}\times 87\times(\sigma^{\mathrm{P}})^2=\frac{(\sigma^{\mathrm{P}})^2}{87}$$

となる。

すなわち，推定量の分散は，誤差の分散を標本の大きさで割った値に等しいことがわかる。

注意　誤差の分散　例 21 において誤差の分散 $(\sigma^{\mathrm{P}})^2$ も未知のパラメータである。

練習 14　誤差の期待値が 0 であることと，*p*. 184 の用語 3-33 から，(34) を示せ。同じように，(35) を示せ。

均質モデルに対しては次の命題が成り立つ。

命題 4-13　**推定量の分散—均質モデル**

大きさ N のデータ $(y_1, \ y_2, \ \cdots\cdots, \ y_N)$ の背後にある確率変数 $(Y_1, \ Y_2, \ \cdots\cdots, \ Y_N)$ の期待値が均質モデル

$$\mathrm{E}(Y_1)=\mu, \ \mathrm{E}(Y_2)=\mu, \ \cdots\cdots, \ \mathrm{E}(Y_N)=\mu$$

で表されるとする。ただし，μ は未知のパラメータである。さらに，誤差 $\varepsilon_1, \ \varepsilon_2, \ \cdots\cdots, \ \varepsilon_N$ に **IID** を仮定する。

このとき，パラメータ μ の最小 2 乗推定量 $\widehat{\mu}=\dfrac{1}{N}\sum_{i=1}^{N}Y_i$ の分散は

$$\mathrm{V}(\widehat{\mu})=\frac{\sigma^2}{N}$$

である。ただし，σ^2 は誤差の未知の分散を表す。

練習 15 例 21 では，大きさ 87 のデータについて，最小 2 乗推定量の分散と誤差分散の関係を示した。これにならって，大きさ N のデータについての命題 4-13 が成り立つことを示せ。

例 22 **推定量の分散—単回帰モデル**　$p.258$ の練習 13 の (1) では，推定量

$$\widehat{\beta_0} = \frac{4Y_1 + Y_2 - 2Y_3}{3} \text{ が } \widehat{\beta_0} = \beta_0 + \frac{4\varepsilon_1 + \varepsilon_2 - 2\varepsilon_3}{3} \text{ と書けることを示した。}$$

また，$p.254$ の練習 10 では，推定量 $\widehat{\beta_0}$ の期待値が $\mathrm{E}(\widehat{\beta_0}) = \beta_0$ であることを示した。

これらの結果を用いると，この推定量の **分散** は

$$\mathrm{V}(\widehat{\beta_0}) = \mathrm{E}(\{\widehat{\beta_0} - \mathrm{E}(\widehat{\beta_0})\}^2) = \mathrm{E}\left(\left\{\beta_0 + \frac{4\varepsilon_1 + \varepsilon_2 - 2\varepsilon_3}{3} - \beta_0\right\}^2\right)$$

$$= \mathrm{E}\left(\left\{\frac{4\varepsilon_1 + \varepsilon_2 - 2\varepsilon_3}{3}\right\}^2\right)$$

$$= \frac{1}{3^2}\mathrm{E}(16\varepsilon_1{}^2 + \varepsilon_2{}^2 + 4\varepsilon_3{}^2 + 8\varepsilon_1\varepsilon_2 - 4\varepsilon_2\varepsilon_3 - 16\varepsilon_3\varepsilon_1)$$

$$= \frac{1}{9}\{16\mathrm{E}(\varepsilon_1{}^2) + \mathrm{E}(\varepsilon_2{}^2) + 4\mathrm{E}(\varepsilon_3{}^2) + 8\mathrm{E}(\varepsilon_1\varepsilon_2) - 4\mathrm{E}(\varepsilon_2\varepsilon_3) - 16\mathrm{E}(\varepsilon_3\varepsilon_1)\}$$

のように計算できる。

ここで，誤差に IID を仮定する。この仮定のもとでは，例 21 の場合と同じように，上の式の和の中で残るのは

$$\mathrm{E}(\varepsilon_1{}^2) = \mathrm{V}(\varepsilon_1), \ \ \mathrm{E}(\varepsilon_2{}^2) = \mathrm{V}(\varepsilon_2), \ \ \mathrm{E}(\varepsilon_3{}^2) = \mathrm{V}(\varepsilon_3)$$

の項のみである。IID のもとで，誤差の分散は共通であるから，その共通の値を σ^2 とおくと

$$\mathrm{V}(\widehat{\beta_0}) = \frac{1}{9}\{16\mathrm{V}(\varepsilon_1) + \mathrm{V}(\varepsilon_2) + 4\mathrm{V}(\varepsilon_3)\} = \frac{1}{9}\{16\sigma^2 + \sigma^2 + 4\sigma^2\}$$

$$= \frac{21}{9}\sigma^2 = \frac{7}{3}\sigma^2$$

のように計算される。

すなわち，推定量の分散は，誤差の分散の定数倍であることがわかる。

 練習 16 例 22 にならって，パラメータ β_1 の最小 2 乗推定量 $\widehat{\beta_1} = \dfrac{-Y_1 + Y_3}{4}$ の分散と誤差の分散の関係を求めよ。

単回帰モデルに対しては次の命題が成り立つ。

命題 4-14 推定量の分散—単回帰モデル

大きさ N の 2 変量のデータ $((x_1,\ y_1),\ (x_2,\ y_2),\ \cdots\cdots,\ (x_N,\ y_N))$ の中で変量 $(y_1,\ y_2,\ \cdots\cdots,\ y_N)$ の背後にある確率変数 $(Y_1,\ Y_2,\ \cdots\cdots,\ Y_N)$ の期待値が単回帰モデル

$$\mathrm{E}(Y_1)=\beta_0+\beta_1 x_1,\ \mathrm{E}(Y_2)=\beta_0+\beta_1 x_2,\ \cdots\cdots,\ \mathrm{E}(Y_N)=\beta_0+\beta_1 x_N$$

で表されるとする。ただし，β_0 と β_1 は未知のパラメータ，変量 $(x_1,\ x_2,\ \cdots\cdots,\ x_N)$ は説明変数である。さらに，誤差 $\varepsilon_1,\ \varepsilon_2,\ \cdots\cdots,\ \varepsilon_N$ に IID を仮定する。

このとき，これらのパラメータの最小 2 乗推定量 $\widehat{\beta}_0,\ \widehat{\beta}_1$ は，$p.247$ の命題 4-8 のように与えられるが，これらの分散は

$$\mathrm{V}(\widehat{\beta}_0)=\left\{\frac{1}{N}+\frac{\overline{x}^2}{\sum\limits_{i=1}^{N}(x_i-\overline{x})^2}\right\}\sigma^2 \ \cdots\cdots \ (36)$$

$$\mathrm{V}(\widehat{\beta}_1)=\frac{\sigma^2}{\sum\limits_{i=1}^{N}(x_i-\overline{x})^2} \ \cdots\cdots \ (37)$$

のように計算される。ただし，$\overline{x}$ は説明変数 $x_1,\ x_2,\ \cdots\cdots,\ x_N$ の標本平均値，σ^2 は誤差 $\varepsilon_1,\ \varepsilon_2,\ \cdots\cdots,\ \varepsilon_N$ の未知の分散を表す。

練習 17 例 22 にならって，命題 4-14 が成り立つことを示せ。

注意 推定量の分散—線形な推定量　$p.258$ の注意（線形で不偏な推定量と誤差）では，線形な推定量 $\widehat{\theta}=\sum\limits_{i=1}^{N}a_i Y_i$ が

$$\widehat{\theta}=\sum_{i=1}^{N}a_i m(\theta\,|\,x_i)+\sum_{i=1}^{N}a_i \varepsilon_i$$

と，期待値の線形和と誤差の線形和で書けることを確認した。

ただし，$m(\theta\,|\,x_1),\ m(\theta\,|\,x_2),\ \cdots\cdots,\ m(\theta\,|\,x_N)$ は確率変数 $Y_1,\ Y_2,\ \cdots\cdots,\ Y_N$ の期待値，$a_1,\ a_2,\ \cdots\cdots,\ a_N$ は既知の実数，$\varepsilon_1,\ \varepsilon_2,\ \cdots\cdots,\ \varepsilon_N$ は誤差を表す。

この推定量 $\widehat{\theta}$ の**分散**は

$$\mathrm{V}(\widehat{\theta})=\mathrm{E}(\{\widehat{\theta}-\mathrm{E}(\widehat{\theta})\}^2)$$

$$=\mathrm{E}\left(\left\{\sum_{i=1}^{N}a_i m(\theta\,|\,x_i)+\sum_{i=1}^{N}a_i \varepsilon_i-\sum_{i=1}^{N}a_i m(\theta\,|\,x_i)\right\}^2\right)$$

$$=\mathrm{E}\left(\left\{\sum_{i=1}^{N}a_i \varepsilon_i\right\}^2\right)$$

と計算される。

ここで，誤差の **IID** を仮定すると，誤差を含む項の期待値は $p.259$ の例 21 と同じように計算できて

$$\mathrm{V}(\bar{\theta}) = \sigma^2 \sum_{i=1}^{N} a_i{}^2$$

が得られる。ただし，σ^2 は，誤差の未知の分散を表す。

ここで，a_1，a_2，……，a_N は既知の実数なので，推定量の分散は，誤差の分散に比例することがわかる。

◆ 推定量の分布

前項までで，3 つの仮定

- $p.216$ 仮定 4-1，すなわちデータ $(y_1, y_2, ……, y_N)$ の背後に確率変数 $(Y_1, Y_2, ……, Y_N)$ が存在すること

- $p.223$ の ② 節で考えた期待値のモデルが，その確率変数 $(Y_1, Y_2, ……, Y_N)$ の期待値 $(\mu_1, \mu_2, ……, \mu_N)$ を正確に描写していること

- $p.222$ 仮定 4-4 の IID，すなわち **誤差** ε_1，ε_2，……，ε_N が互いに独立に同じ分布に従うこと

を導入することで，推定量の **期待値** や **分散** と，未知のパラメータの間の関係を求めることができた。

ここからは，前項までに学習したことをもとに推定量が従う **分布** を考えよう。

推定量の分布を特定するためには，もう 1 つ

- $p.222$ 仮定 4-5 の **正規性**，すなわち誤差 ε_1，ε_2，……，ε_N は互いに独立に期待値 0，分散 σ^2 の **正規分布** に従うこと

という仮定が利用されることが多い。

まず，**線形な推定量** について，これらの仮定のもとでの分布を考えてみよう。

注意 **推定量の分布—線形な推定量** 確率変数 $(Y_1,\ Y_2,\ \cdots\cdots,\ Y_N)$ の期待値が関数 m を用いて

$$\mathrm{E}(Y_1)=m(\theta\,|\,x_1),\ \ \mathrm{E}(Y_2)=m(\theta\,|\,x_2),\ \ \cdots\cdots,\ \ \mathrm{E}(Y_N)=m(\theta\,|\,x_N)$$

のように表されるとする。ただし，$(x_1,\ x_2,\ \cdots\cdots,\ x_N)$ は説明変数で，θ は未知のパラメータである。パラメータ θ の推定量 $\hat{\theta}$ が **線形** なもの，すなわち既知の実数 $a_1,\ a_2,\ \cdots\cdots,\ a_N$ を用いて $\hat{\theta}=\sum\limits_{i=1}^{N}a_iY_i$ と表されるとしよう。$p.\,258$ の注意（線形で不遍な推定量と誤差）によると，この推定量 $\hat{\theta}$ は

$\hat{\theta}=\sum\limits_{i=1}^{N}a_im(\theta\,|\,x_i)+\sum\limits_{i=1}^{N}a_i\varepsilon_i$ と書くことができる。ただし $\varepsilon_1,\ \varepsilon_2,\ \cdots\cdots,\ \varepsilon_N$ は誤差である。

上に挙げたうち 4 番目の仮定を使うと，誤差 $\varepsilon_1,\ \varepsilon_2,\ \cdots\cdots,\ \varepsilon_N$ は互いに独立に正規分布に従うので，この式は未知の実数と **正規変数の線形和** の和である。**正規分布の再生性**（$p.\,202$ の命題 3-38）より，推定量 $\hat{\theta}$ は正規分布に従う。

推定量 $\hat{\theta}$ の期待値と分散が，パラメータの **真の値** θ と **誤差の分散** σ^2 を用いて $\mathrm{E}(\hat{\theta})=\sum\limits_{i=1}^{N}a_im(\theta\,|\,x_i),\ \ \mathrm{V}(\hat{\theta})=\sigma^2\sum\limits_{i=1}^{N}a_i{}^2$ のように表されることはすでに示した（$p.\,255$ と $p.\,262$ の注意）。正規分布に含まれるパラメータは，期待値と分散のみなので，これらが特定されれば，分布が特定されることになる（$p.\,197$ の注意）。

すなわち，以上に挙げた仮定のもとで，推定量 $\hat{\theta}$ は，期待値 $\sum\limits_{i=1}^{N}a_im(\theta\,|\,x_i)$，分散 $\sigma^2\sum\limits_{i=1}^{N}a_i{}^2$ の正規分布

$$\mathrm{N}\!\left(\sum_{i=1}^{N}a_im(\theta\,|\,x_i),\ \sigma^2\sum_{i=1}^{N}a_i{}^2\right)$$

に従うことがわかる。ただし，θ は未知のパラメータの真の値，σ^2 は誤差の未知の分散である。

　前項では，**均質モデル** や **単回帰モデル** のパラメータの最小 2 乗推定量が線形であることを学習した。さらに，上の注意では，前ページで挙げた仮定のもとで線形な推定量が正規分布に従うことがわかった。これらから，4 つの仮定のもとで，**均質モデル** や **単回帰モデル** のパラメータの最小 2 乗推定量が正規分布に従うことがわかる。

　これらの期待値や分散はすでに考えたことであるから，次の命題が得られる。

推定量の分布—均質モデル

大きさ N のデータ $(y_1,\ y_2,\ \cdots\cdots,\ y_N)$ の背後にある確率変数
$(Y_1,\ Y_2,\ \cdots\cdots,\ Y_N)$ の期待値が均質モデル

$$\mathrm{E}(Y_1)=\mu,\ \mathrm{E}(Y_2)=\mu,\ \cdots\cdots,\ \mathrm{E}(Y_N)=\mu$$

で表されるとする。ただし，μ は未知のパラメータである。さらに誤差
$\varepsilon_1,\ \varepsilon_2,\ \cdots\cdots,\ \varepsilon_N$ が互いに独立に期待値 0，未知の分散 σ^2 の正規分布に
従うと仮定する。

このとき，未知のパラメータ μ の最小 2 乗推定量

$$\widehat{\mu}=\frac{1}{N}\sum_{i=1}^{N}Y_i$$

は，期待値 μ，分散 $\dfrac{\sigma^2}{N}$ の正規分布に従う。

例 23 **推定量の分布—均質モデル** $p.\,245$ の例 13 で考えた推定量

$$\widehat{\mu}^{\mathrm{P}}=\frac{1}{87}\sum_{i=1}^{87}Y_i{}^{\mathrm{P}}$$

は，上に挙げた仮定のもとで，期待値 μ^{P}，分散 $\dfrac{(\sigma^{\mathrm{P}})^2}{87}$ の正規分布に従
う。ただし，μ^{P} は未知のパラメータの真の値，$(\sigma^{\mathrm{P}})^2$ は誤差の未知の分
散を表す。

推定量の分布—単回帰モデル

大きさ N の 2 変量のデータ $((x_1,\ y_1),\ (x_2,\ y_2),\ \cdots\cdots,\ (x_N,\ y_N))$ の中で
変量 $(y_1,\ y_2,\ \cdots\cdots,\ y_N)$ の背後にある確率変数 $(Y_1,\ Y_2,\ \cdots\cdots,\ Y_N)$ の期
待値が単回帰モデル

$$\mathrm{E}(Y_1)=\beta_0+\beta_1 x_1,\ \mathrm{E}(Y_2)=\beta_0+\beta_1 x_2,\ \cdots\cdots,\ \mathrm{E}(Y_N)=\beta_0+\beta_1 x_N$$

で表されるとする。ただし，β_0 と β_1 は未知のパラメータである。さらに
誤差 $\varepsilon_1,\ \varepsilon_2,\ \cdots\cdots,\ \varepsilon_N$ が互いに独立に期待値 0，未知の分散 σ^2 の正規
分布に従うと仮定する。

このとき，これらのパラメータの最小 2 乗推定量 $\widehat{\beta}_0,\ \widehat{\beta}_1$ は，$p.\,246$ の例
14 のように与えられるが，これらの分布はそれぞれ

$$\widehat{\beta}_0 \sim \mathrm{N}\left(\beta_0, \left\{\frac{1}{N} + \frac{\overline{x}^2}{\sum\limits_{i=1}^{N}(x_i - \overline{x})^2}\right\}\sigma^2\right), \quad \widehat{\beta}_1 \sim \mathrm{N}\left(\beta_1, \frac{\sigma^2}{\sum\limits_{i=1}^{N}(x_i - \overline{x})^2}\right)$$

である。ただし，$\overline{x}$ は説明変数 x_1, x_2, ……, x_N の標本平均を表す。

注意 推定量の分布―単回帰モデル おかれた仮定のもとで，単回帰モデルの推定量 $\widehat{\beta}_0$, $\widehat{\beta}_1$ はそれぞれ命題 4-16 のように，正規分布に従うが，これらは互いに独立ではない（練習 18）。

(1) $p.246$ の例 14 では，大きさ 3 のデータに単回帰モデルを考え，推定量 $\widehat{\beta}_0 = \dfrac{4Y_1 + Y_2 - 2Y_3}{3}$, $\widehat{\beta}_1 = \dfrac{-Y_1 + Y_3}{4}$ を得た。命題 4-16 と同じ仮定を利用し，これらの推定量の分布をモデルに含まれる未知のパラメータを使って表せ。

(2) (1) の推定量 $\widehat{\beta}_0$ と $\widehat{\beta}_1$ の間の**共分散** $\mathrm{Cov}(\widehat{\beta}_0, \widehat{\beta}_1)$ を求めよ。

(3) 命題 4-16 の，データの大きさが N の場合について，命題 4-8 で示した推定量の間の共分散を計算し，一般にこれが 0 にならないことを示せ。

Column
コラム 　推定量の近似的な分布

正規性 の仮定を利用しなくても，推定量の分布が近似的に求められることがある。たとえば，大きさ N のデータ $(y_1, y_2, ……, y_N)$ の背後にある確率変数 $(Y_1, Y_2, ……, Y_N)$ の期待値が **均質モデル**

$$\mathrm{E}(Y_1) = \mu, \ \mathrm{E}(Y_2) = \mu, \ ……, \ \mathrm{E}(Y_N) = \mu$$

で表されるとする。ただし，μ は未知のパラメータである。さらに，誤差 ε_1, ε_2, ……, ε_N に **IID** を仮定し，共通の分散を σ^2 とおく。以上の仮定のもとで，確率変数 　　$Y_1 = \mu + \varepsilon_1,\ Y_2 = \mu + \varepsilon_2,\ ……,\ Y_N = \mu + \varepsilon_N$

は，互いに独立に期待値 μ，分散 σ^2 である同じ分布に従う（練習 19）。

パラメータ μ の最小 2 乗推定量 $\widehat{\mu}$ は $\widehat{\mu} = \dfrac{1}{N}\sum\limits_{i=1}^{N} Y_i$ で与えられる。この推定量は，独立で同じ分布に従う確率変数の和が含まれているので，**中心極限定理**（$p.209$ の定理 3-3）より，N が十分に大きければこの推定量の分布は **正規分布** で近似できる。すでに求めたように，均質モデルの推定量の期待値と分散はそれぞれ

$\mathrm{E}(\widehat{\mu}) = \mu$, $\mathrm{V}(\widehat{\mu}) = \dfrac{\sigma^2}{N}$ であるから，N が十分に大きければ，推定量 $\widehat{\mu}$ の分布は期待値 μ，分散 $\dfrac{\sigma^2}{N}$ の正規分布 $\mathrm{N}\left(\mu, \dfrac{\sigma^2}{N}\right)$ で近似できる。

N がどの程度であれば十分に大きいといえるのかは，近似に求める精度と，分布のどのあたりを利用したいのかに依存する（$p.209$ の注意参照）。

練習 19 前ページのコラムでおいた仮定のもとで，確率変数 Y_1 の分散が $V(Y_1)=\sigma^2$ であることを示せ。ただし，$p.155$ の命題 3-12 を利用してもよい。

注意 **正規性の仮定** 本項では，誤差が，互いに独立に同じ分散の正規分布に従うという仮定を用いたが，この仮定は強すぎるように感じられるかもしれない。誤差に正規分布以外の確率分布を仮定したり，誤差の分散が，期待値の水準によって異なるような仮定を置くようなモデルを考えることもできる。このようなモデルは**一般化線形モデル**と呼ばれるモデルのクラスに含まれる。

ただし，正規分布以外の分布を使う場合でも，それを使うことが妥当なのかを検討する必要があるのは正規分布の場合と同じである。正規分布以外の何か特定の分布を使うべき強い根拠があれば，それを使うべきであるが，そうでなければ，簡便性から正規分布が使われることが多いといえる。

一般化線形モデルに関しては，たとえば [5] などを参照。

◆ 推定量の評価基準

最小2乗法の考え方では，モデルに含まれるパラメータの値を調整し，モデルがデータにできるだけ近くなるような値を探し，それを未知のパラメータの**推定値**とする。

このようにして求めた推定値を利用すると，モデルがデータに近いことは保証されそうだが，この推定値が，私たちが推定の目標としているパラメータの**真の値**に近いかどうかはわからない。

私たちが推定を行う目的は，未知のパラメータの真の値について知ることである。このような観点から，推定値が真の値の近くに現れる**確率**が大きいような推定のやり方がよい推定のやり方だといえるだろう。

こうした推定の方法の良し悪しは，推定値を眺めていても評価ができない。推定値が実現する前の**推定量**の分布について考えることで，推定の方法の良し悪しについての評価をすることができる。

不偏性

不偏性については，すでに本節の冒頭（$p.253$）で触れたが，ここでは推定量の評価基準として考える。

正規分布や t 分布を含め多くの確率分布は，期待値付近に大きな確率が割り当てられており，期待値から離れると，割り当てられている確率は急激に小さくなる。推定量の分布がこのようなものだとすると，その実現値である推定値は，推定量の期待値付近に現れる確率が高いといえる。もし，推定量の期待値と，パラメータの真の値が一致していれば——すなわち，推定量が不偏であれば——推定値は真の値に近いことが期待できる。

注意 **不偏性** 不偏であれば，パラメータの推定値が真の値の近くに現れる可能性が大きいといえる（図 4）。この意味で，不偏性をもつような推定量はよい推定量だと評価できる。

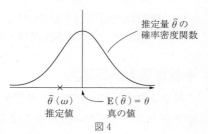

図 4

不偏性は，推定量の期待値と，パラメータの真の値の関係がわかれば確かめられることから，本節の冒頭で利用した 2 つの仮定にのみ依存する。

推定量の期待値と真の値が，$p.254$ の用語 4-8 のようには一致していないような場合でも，両者の差があまり大きくなければ問題とされないこともある。

なお，推定量の期待値と，真の値の差 $E(\hat{\theta})-\theta$ をその推定量の **偏り**，あるいは **バイアス** という。

例 24 **不偏性—均質モデル，単回帰モデル，線形モデル** $p.253$ では，**均質モデル** や **単回帰モデル** のもとで，未知のパラメータの最小 2 乗推定量の期待値が真の値と等しいことを示した。すなわち，これらの推定量は不偏である。

一般に，**線形モデル** の最小 2 乗推定量は不偏であることが知られている（証明は [10] の 8 章などを参照）。

効率性

2 つの異なる推定の方法から得られた推定量 $\hat{\theta}_1$ と $\hat{\theta}_2$ があるとする。両方とも **不偏**，すなわち未知のパラメータの真の値 θ に対して $\mathrm{E}(\hat{\theta}_1)=\theta$，$\mathrm{E}(\hat{\theta}_2)=\theta$ が満たされていることがわかっているとしよう。さらに，これらの分散について

$$\mathrm{V}(\hat{\theta}_1)<\mathrm{V}(\hat{\theta}_2)$$

であることがわかったとすると，推定量 $\hat{\theta}_1$ の分布の方が，期待値付近に確率がより強く集中していることが見込まれる。すなわち，推定量 $\hat{\theta}_1$ による推定値 $\hat{\theta}_1(\omega)$ の方が，推定量 $\hat{\theta}_2$ によるものよりも真の値の近くに現れる可能性が大きいといえる（図 5 ）。

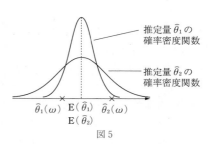

図 5

> #### 用語 4-9　効率性
> 2 つの異なる推定方法から得られた推定量 $\hat{\theta}_1$ と $\hat{\theta}_2$ があるとする。両者の分散について，$\mathrm{V}(\hat{\theta}_1)<\mathrm{V}(\hat{\theta}_2)$ であるとき，推定量 $\hat{\theta}_1$ の方が推定量 $\hat{\theta}_2$ より効率的であるという。

例 25

効率性—均質モデル　$p.\,259$ の例 21 で求めたように，大きさ 87 のデータ $(0,\,0,\,\cdots\cdots,\,60)$ に均質モデルを考えたとき，パラメータ μ^{P} の最小 2 乗推定量 $\widehat{\mu}^{\mathrm{P}}$ は **不偏** であり，その分散は

$$\mathrm{V}(\widehat{\mu}^{\mathrm{P}})=\frac{(\sigma^{\mathrm{P}})^2}{87}$$

と表された。ただし，$(\sigma^{\mathrm{P}})^2$ は誤差の未知の分散を表す。

ここで，データに含まれる 87 個の観測値のうち最初の値 0 を「捨て」て，大きさ 86 のデータから推定をすると，推定量

$$\widehat{\mu}^{\mathrm{P}'}=\frac{1}{86}\sum_{i=2}^{87} Y_i$$

が得られる。

例 21 と同じように計算すると，この新しい推定量の分散は

$\mathrm{V}(\widehat{\mu^{\mathrm{P'}}}) = \dfrac{(\sigma^{\mathrm{P}})^2}{86}$ と表されるので，誤差の分散 $(\sigma^{\mathrm{P}})^2$ の値が未知のままで

あっても

$$\mathrm{V}(\widehat{\mu^{\mathrm{P}}}) < \mathrm{V}(\widehat{\mu^{\mathrm{P'}}})$$

であることがわかる。したがって，推定量 $\widehat{\mu^{\mathrm{P}}}$ の方が $\widehat{\mu^{\mathrm{P'}}}$ よりも効率的であるといえる。

それぞれの実現値である推定値は，それぞれ $\widehat{\mu^{\mathrm{P}}}(\omega) = 59.98$，
$\widehat{\mu^{\mathrm{P'}}}(\omega) = 60.67$ であるが，推定量の効率性を考えると，59.98 の方が 60.67 よりも真の値 μ に近いことを見込むことができる。

注意 **効率性とデータの大きさ**　$p.28$ のコラムでは，ある仮定のもとでは，標本が大きいほど（すなわち推定に使うデータが大きいほど）よりよい推定ができる，と説明をしたが，このことは次のように考えられる。

$p.263$ 以降の推定量の分布の項では，均質モデルのパラメータの最小 2 乗推定量が **不偏** で，また誤差の IID の仮定のもとでその分散が $\mathrm{V}(\widehat{\mu}) = \dfrac{\sigma^2}{N}$ であることを確認した。この分散を計算する式は，誤差の分散 σ^2 の値が未知のままであっても，データの大きさ N が大きくなれば，この推定量はより効率的になることを表している。

また，単回帰モデルのパラメータ β_1 の最小 2 乗推定量も **不偏** でその分散も同じく誤差の IID の仮定のもとで $\mathrm{V}(\widehat{\beta_1}) = \dfrac{\sigma^2}{\sum\limits_{i=1}^{N}(x_i - \overline{x})^2}$ であることを確認した。

これについても，説明変数 x_{N+1} が

$$x_{N+1} \neq \frac{1}{N}\sum_{j=1}^{N} x_j$$

であれば，観測値を 1 つ追加した，大きさ $N+1$ のデータ
$((x_1,\ y_1),\ (x_2,\ y_2),\ \cdots\cdots,\ (x_N,\ y_N),\ (x_{N+1},\ y_{N+1}))$ から推定した推定量の方がより効率的であることがわかる（練習 20）。

効率性の観点からは，単回帰モデルについて次がいえる。すなわち，もし標本に追加する事例を選べるとするならば，説明変数の値 x_{N+1} がすでにデータに入っているものの標本平均値 $\dfrac{1}{N}\sum\limits_{j=1}^{N} x_j$ から離れているものの方がよい。なぜならば，その方が分散の分母がより大きくなり，推定量がより効率的になることが見込まれるからである。

すでに求めたように，大きさ N のデータに単回帰モデルを考え，パラメータ β_1 を最小 2 乗法で推定したときの推定量 $\widehat{\beta}_1$ の分散は

$$V_N = \frac{\sigma^2}{\sum\limits_{i=1}^{N}\left(x_i - \dfrac{1}{N}\sum\limits_{j=1}^{N}x_j\right)^2}$$

である。

ここから，観測値を 1 つ増やして推定した推定量の分散は

$$V_{N+1} = \frac{\sigma^2}{\sum\limits_{i=1}^{N+1}\left(x_i - \dfrac{1}{N+1}\sum\limits_{j=1}^{N+1}x_j\right)^2}$$

である。

これらの分母を比較し，$V_{N+1} \leqq V_N$ を示せ。また，等号が成り立つのはどのようなときか。

注意　**効率性と不偏性**　効率性の考え方は，推定量の期待値の周りへの確率の集中度合を評価するため，不偏性（あるいは，少なくとも偏りが小さいこと）と組み合わせることで意味をもつ。不偏性を無視して効率性を求めるのならば，たとえば $\widehat{\theta}(\omega) = 3,\ (\omega \in \Omega)$ で定められる推定量を考えることができる。すなわち，データによらず推定値が 3 になるような推定量である。この推定量の分散は $V(\widehat{\theta}) = 0$ であるから，これよりも効率的な推定量は存在しない。

当たり前だがこのような推定量に意味はない。なぜならば，この推定量の期待値 $E(\widehat{\theta}) = 3$ は真の値 θ と関係がなく，常に偏り $3 - \theta$ をもつからである。

上の例は極端だが，不偏性を多少犠牲にして（すなわちある程度の偏りを許容して）効率性を高くするような推定量が利用されることもある。**shrinkage estimator** と呼ばれるものがその例である。Shrinkage estimator の利用に関しては例えば [6] の Chapter 4 などを参照。

線形モデルの最小 2 乗推定量と最良線形不偏推定量

一般に，次の定理が知られている。

定理 4-1　**ガウス・マルコフの定理**

線形モデルの最小 2 乗推定量は，誤差が **IID** であるという仮定のもとで，線形で不偏な推定量の中で最も効率的——すなわち分散が最小——である。

$p.245$ の命題 4-7 で考えた，未知のパラメータ μ の **均質モデル** の最小 2 乗推定量 $\widehat{\mu} = \dfrac{1}{N} \sum\limits_{i=1}^{N} Y_i$ について，ガウス・マルコフの定理を確認する。すなわち，最小 2 乗推定量 $\widehat{\mu}$ が，線形で不偏な推定量の中で最も効率的であることを示す。

(1) 最小 2 乗推定量 $\widehat{\mu}$ とは別の線形な推定量 $\widehat{\mu'}$ を $\widehat{\mu'} = \sum\limits_{i=1}^{N} \left(\dfrac{1}{N} - c_i \right) Y_i$ とおく。ただし，$c_1,\ c_2,\ \cdots\cdots,\ c_N$ は実数である。このとき，$\widehat{\mu'}$ も不偏であるとすると $\mathrm{E}(\widehat{\mu'}) = \mu$ が成り立つ。ただし，μ は未知のパラメータの真の値である。この式から，実数 $c_1,\ c_2,\ \cdots\cdots,\ c_N$ が $\sum\limits_{i=1}^{N} c_i = 0$ を満たすことを示せ。

(2) 推定量 $\widehat{\mu'}$ の分散 $\mathrm{V}(\widehat{\mu'})$ が，誤差 $\varepsilon_1,\ \varepsilon_2,\ \cdots\cdots,\ \varepsilon_N$ を用いて
$$\mathrm{V}(\widehat{\mu'}) = \mathrm{E}\!\left(\left\{ \sum_{i=1}^{N} \left(\dfrac{1}{N} - c_i \right) \varepsilon_i \right\}^2 \right)$$
のように書けることを示せ。

(3) 誤差に IID を仮定し，(1)の結果を用いると $\mathrm{V}(\widehat{\mu'}) = \dfrac{\sigma^2}{N} + \sigma^2 \sum\limits_{i=1}^{N} c_i{}^2$ が成り立つことを示せ。

(4) (3)の結果から，推定量の分散が最小となるのは，$c_1,\ c_2,\ \cdots\cdots,\ c_N$ の値がどのようなときか答えよ。

注意 一般の場合の証明は，[10] の 8 章などを参照。

一般に，偏りが小さく，効率性が大きければ，よい推定量といえる。

> **用語 4-10　最良線形不偏推定量 (BLUE)**
> 線形で不偏な推定量のうち最も効率的なものを，最良線形不偏推定量
> (best linear unbiased estimator, BLUE) という。

ガウス・マルコフの定理は，線形モデルの最小 2 乗推定量が BLUE であることを主張している。

一致性

$p.270$ の注意では，2 つの推定量 $\widehat{\mu}$ と $\widehat{\beta_1}$ について，データの大きさ N が大きくなると，より効率的に——すなわち分散がより小さく——なることを確認した。この考えを進めて，$N \longrightarrow \infty$ の **極限** を考えてみよう。

用語 4-11 一致性

大きさ N のデータから推定して得られた推定量を $\hat{\theta}_N$ と表すことにする。この推定量が，どのような（小さな）正の実数 ε に対しても

$$\lim_{N \to \infty} P(\theta - \varepsilon < \hat{\theta}_N < \theta + \varepsilon) = 1$$

を満たすとき，この推定量は**一致性をもつ**，という。ただし，θ は未知のパラメータの真の値である。

注意 **一致性** 一致性は，直感的には次のように理解できる。ある推定量が一致性をもつ場合，データの大きさを無限大にできればそこから得られる推定値は，（確率 1 で）パラメータの真の値と一致する，と考えることができる。

一致性に意味があるのは，利用できるデータが大きいか，データを（好きなだけ）大きくできる場合である。利用できるデータが大きい場合，推定量が一致性をもっているならば，私たちは，そこから得られる推定値が真の値に近いことを期待することができる。しかし，データがあまり大きくなく，しかもそれ以上大きくすることができない場合，推定量が一致性をもっているかどうかはあまり意味がないといえる。

例 26 **一致性** $p.270$ の注意で考えた推定量 $\widehat{\mu}$ には，誤差の IID の仮定のもとで**大数の法則**（$p.194$ の定理 3-2）を当てはめることができるため，一致性をもつ。また，推定量 $\widehat{\beta}_1$ については，誤差の IID の仮定のもとで分散が $V(\widehat{\beta}_1) = \dfrac{\sigma^2}{\displaystyle\sum_{i=1}^{N}(x_i - \overline{x})^2}$ のように表されるため，説明変数列が

$$\lim_{N \to \infty} \frac{1}{\displaystyle\sum_{i=1}^{N}\left(x_i - \frac{1}{N}\sum_{j=1}^{N} x_j\right)^2} = 0 \quad \cdots\cdots \text{(38)}$$

を満たす場合（練習 22），**チェビシェフの不等式**を（$p.157$ の定理 3-1）当てはめることができるため，一致性をもつ。

練習 22 数列 $x_1,\ x_2,\ \cdots\cdots$ が次のように定まっているとする。すなわち，ある自然数 L に対して，$x_1,\ x_2,\ \cdots\cdots,\ x_L$ は $x_1 = x_2 = \cdots\cdots = x_L$ とは**ならない**ように定まっており，$x_{L+1},\ x_{L+2},\ \cdots\cdots$ は $x_{L+1} = x_{L+2} = \cdots\cdots = \overline{x}_L \cdots\cdots$ (39) であるとする。ただし，$\overline{x}_L = \dfrac{1}{L}\displaystyle\sum_{i=1}^{L} x_i$ とした。このとき，(38) が成り立たないことを示せ。

6 確率変数としての残差

前節で学習したように，推定量の分散は，誤差の分散を用いて表される。誤差の分散について知ることができれば，推定量の性質がより詳しくわかることになるが，私たちは誤差やその分散を観察することができない。

本節では，誤差と関係が深く，しかも観察が可能である残差に注目して，その性質を詳説する。残差に注目することで，誤差の分散に関するヒントが得られる。

◆ 期待値の推定量と誤差

残差について考える前に少し準備をしよう。$p.239$ の定義 4-2 では，モデルの中のパラメータの **真の値** を，パラメータの **推定値** と入れ替えることで，**期待値の推定値** を定めた。ここでは，**真の値** を **推定量** と入れ替えることで **期待値の推定量** を定める。

定義 4-3　期待値の推定量

観測値 y_i の背後にある確率変数の期待値 μ_i が，関数 m を用いたモデル

$$\mu_i = m(\theta \mid x_i)$$

で表されるとしよう。ただし，θ は未知のパラメータで，x_i は説明変数である。パラメータ θ の推定量を $\hat{\theta}$ とする。このとき，パラメータの真の値 θ を推定量 $\hat{\theta}$ と入れ替えた $m(\hat{\theta} \mid x_i)$ を期待値の推定量と呼ぶ。

また，この確率変数を $\hat{\mu_i}$ で表すことがある（$p.275$ の注意参照）。すなわち，$\hat{\mu_i} = m(\hat{\theta} \mid x_i)$ と書き換えることができる。

期待値の推定量—単回帰モデル　$p.246$ の例 14 では，大きさ 3 の 2 変量のデータ $((2, 3), (4, 5), (6, 10))$ に対して，**単回帰モデル** を考え，パラメータの最小 2 乗推定量を求めた。すなわち，変量 $(3, 5, 10)$ の背後にある確率変数 (Y_1, Y_2, Y_3) の期待値が

$$\mathrm{E}(Y_1) = \mu_1 = \beta_0 + 2\beta_1, \quad \mathrm{E}(Y_2) = \mu_2 = \beta_0 + 4\beta_1, \quad \mathrm{E}(Y_3) = \mu_3 = \beta_0 + 6\beta_1$$

で表されると仮定して，未知のパラメータ β_0, β_1 の推定量をそれぞれ

$$\hat{\beta_0} = \frac{4Y_1 + Y_2 - 2Y_3}{3}, \quad \hat{\beta_1} = \frac{-Y_1 + Y_3}{4}$$

のように求めた。

期待値 μ_1 の推定量 $\widehat{\mu}_1$ は，上の式でパラメータ β_0，β_1 をそれぞれ推定量 $\widehat{\beta}_0$，$\widehat{\beta}_1$ と入れ替えて

$$\widehat{\mu}_1 = \widehat{\beta}_0 + 2\widehat{\beta}_1 = \frac{4Y_1 + Y_2 - 2Y_3}{3} + 2 \times \frac{-Y_1 + Y_3}{4} = \frac{5Y_1 + 2Y_2 - Y_3}{6}$$

のように求められる。

 練習 23 例 27 の期待値 μ_2，μ_3 の推定量 $\widehat{\mu}_2$，$\widehat{\mu}_3$ を，確率変数 Y_1，Y_2，Y_3 を用いて表せ。

定義 4-3 から，次の命題が成り立つことがわかる。

> **命題 4-17　期待値の推定値と推定量**
> 定義 4-2 で定めた期待値の推定値は，期待値の推定量の実現値である。

練習 24 $p.\,250$ の練習 6 にならって命題 4-17 が成り立つことを示せ。
また，例 27 と練習 23 で求めた期待値の推定量 $\widehat{\mu}_1$，$\widehat{\mu}_2$，$\widehat{\mu}_3$ に，実現値 $Y_1(\omega)=3$，$Y_2(\omega)=5$，$Y_3(\omega)=10$ を代入し，$p.\,239$ の例 9 で求めた期待値の推定値と一致することを確認せよ。

注意　期待値の推定値と推定量の記号　定義 4-2 では，期待値の推定値を表すのに記号 $\widehat{\mu}_i$ を用いるとした。しかし，命題 4-17 の観点からは，確率変数である **期待値の推定量** を $\widehat{\mu}_i$ で表し，その実現値である **期待値の推定値** を $\widehat{\mu}_i(\omega)$ と表すべきであった。この先本書では，これらの記号を使うことにする。

　パラメータの推定量の場合と同じように，期待値の推定量に対しても **線形性** や **不偏性** を考えることができる。

> **用語 4-12　期待値の推定量の線形性**
> 期待値 μ_i の推定量 $\widehat{\mu}_i$ が
> $$\widehat{\mu}_i = a_{1,i}Y_1 + a_{2,i}Y_2 + \cdots\cdots + a_{N,i}Y_N$$
> のように，データの背後にある確率変数 Y_1，Y_2，$\cdots\cdots$，Y_N の線形和で表されるとき，推定量 $\widehat{\mu}_i$ は線形であるという。ただし，$a_{1,i}$，$a_{2,i}$，$\cdots\cdots$，$a_{N,i}$ は既知の実数である。

> **用語 4-13　期待値の推定量の不偏性**
> 期待値 μ_i の推定量 $\widehat{\mu_i}$ が $\mathrm{E}(\widehat{\mu_i})=\mu_i$ を満たすとき，期待値の推定量 $\widehat{\mu_i}$ は不偏であるという。

注意　**線形モデルと期待値の不偏性**　線形モデルのパラメータを最小 2 乗法で推定して得られる期待値の推定量は，線形で不偏である。このことは，線形モデルのパラメータの最小 2 乗推定量が線形で不偏なこと（$p.256$ の注意（推定量の期待値））から簡単に示すことができる。

 上の注意を示せ。

◆確率変数としての残差

$\boxed{2}$ 節では，推定値を計算する計算式の中のデータ $(y_1, y_2, \cdots\cdots, y_N)$ を，それが実現する前の確率変数 $(Y_1, Y_2, \cdots\cdots, Y_N)$ に戻すことで推定量を得た。同じように，残差を計算する計算式の中のデータを確率変数に戻すことを考えよう。

 残差—均質モデル　$p.240$ の例 10 では，大きさ 87 のデータ $(0, 0, \cdots\cdots, 60)$ に **均質モデル** を考え，**最小 2 乗推定値** $\widehat{\mu}^{\mathrm{P}}(\omega)=59.98$ から残差を

$$\widehat{e_1}^{\mathrm{P}}=0-59.98=-59.98$$
$$\widehat{e_2}^{\mathrm{P}}=0-59.98=-59.98$$
$$\vdots$$
$$\widehat{e_{87}}^{\mathrm{P}}=60-59.98=0.02$$

のように求めた。1 番目の観測値に対応する残差を考えよう。観測値 $Y_1(\omega)=0$ を確率変数に戻すと Y_1 である。また，**期待値の推定値** $\widehat{\mu}^{\mathrm{P}}(\omega)=59.98$ を計算する計算式の中のデータを確率変数に戻したものは，この場合の **期待値の推定量** $\widehat{\mu}^{\mathrm{P}}=\dfrac{1}{87}\sum_{i=1}^{87} Y_i^{\mathrm{P}}$ に他ならない（$p.245$ の例 13）。したがって，残差 $\widehat{e_1}^{\mathrm{P}}$ を計算する計算式の中のデータを確率変数に戻したものは，$Y_1^{\mathrm{P}}-\dfrac{1}{87}\sum_{i=1}^{87} Y_i^{\mathrm{P}}$ である。これを，**確率変数としての残差** と呼ぶことにしよう。

一般には，次のように定めることができる。

定義 4-4　確率変数としての残差

観測値 y_i の背後にある確率変数 Y_i の期待値の推定量（$p.\,274$ の定義 4-3）を $\widehat{\mu_i}$ とする。このとき，$Y_i - \widehat{\mu_i}$ で定められる確率変数を確率変数としての残差と呼ぶ。

確率変数としての残差を $\widehat{\varepsilon_i}$ で表すことがある。

すなわち

$$\widehat{\varepsilon_i} = Y_i - \widehat{\mu_i}$$

と書き換えることができる。

命題 4-18　残差と確率変数としての残差

$p.\,240$ の用語 4-4 で定められる残差は，確率変数としての残差の実現値である。

命題 4-18 のような観点から，この先，残差という用語を次のように使用する。

用語 4-14　残差

混同のおそれがない場合には，用語 4-4 で定められる残差 $\widehat{e_i}$ と，定義 4-4 で定められる確率変数としての残差 $\widehat{\varepsilon_i}$ の両方を，残差と呼ぶことにする。

区別の必要がある場合には，前者を残差の実現値，後者を確率変数としての残差と呼ぶ。

注意　**確率変数としての残差と残差の実現値**　命題 4-18 は次のように確かめられる。帰結 ω が実現すると，確率変数としての残差は $\widehat{\varepsilon_i}(\omega) = Y_i(\omega) - \widehat{\mu_i}(\omega)$ となるが，観測値 y_i とその背後にある確率変数 Y_i の関係から，$Y_i(\omega) = y_i$ である。また，$p.\,275$ の命題 4-17 より，$\widehat{\mu_i}(\omega)$ は期待値の推定値である。これらと，用語 4-4 より，$\widehat{\varepsilon_i}(\omega) = \widehat{e_i}$ である。ただし，$\widehat{e_i}$ は残差の実現値である。

◆残差と誤差

次ページの命題は，ここまでの知識から導くことができる。

命題 **4-19** **期待値の推定量が線形で不偏な場合**

期待値 μ_i の推定量 $\widehat{\mu_i}$ が線形で不偏ならば，残差 $\widehat{\varepsilon_i}$ は，既知の実数 $c_{1,i}$, $c_{2,i}$, ……, $c_{N,i}$ を用いて

$$\widehat{\varepsilon_i} = c_{1,i}\varepsilon_1 + c_{2,i}\varepsilon_2 + \cdots\cdots + c_{N,i}\varepsilon_N$$

のように誤差 ε_1, ε_2, ……, ε_N の線形和で書くことができる。

例 **29**　**残差と誤差—均質モデル**　$p.276$ の例 28 で求めた確率変数としての残差

$$\widehat{\varepsilon_1}^{\mathrm{P}} = Y_1^{\mathrm{P}} - \widehat{\mu_1}^{\mathrm{P}}$$

$$= Y_1^{\mathrm{P}} - \frac{1}{87}\sum_{i=1}^{87} Y_i^{\mathrm{P}}$$

について考えてみよう。

期待値の推定量 $\widehat{\mu_1}^{\mathrm{P}} = \widehat{\mu}^{\mathrm{P}} = \dfrac{1}{87}\sum_{i=1}^{87} Y_i^{\mathrm{P}}$ は，線形で不偏である。

仮定している **均質モデル**

$$Y_i^{\mathrm{P}} = \mu^{\mathrm{P}} + \varepsilon_i^{\mathrm{P}}, \quad (i=1,\ 2,\ \cdots\cdots,\ 87)$$

を代入すると

$$\widehat{\varepsilon_1}^{\mathrm{P}} = \mu^{\mathrm{P}} + \varepsilon_1^{\mathrm{P}} - \frac{1}{87}\sum_{i=1}^{87}(\mu^{\mathrm{P}} + \varepsilon_i^{\mathrm{P}})$$

$$= \varepsilon_1^{\mathrm{P}} - \frac{1}{87}\sum_{i=1}^{87}\varepsilon_i^{\mathrm{P}}$$

が得られる。

この式から，残差は誤差の **線形和** であることがわかる。

例 29 にならって，命題 4-19 を示せ。

$p.274$ の例 27 では，大きさ 3 の 2 変量のデータ $((2,\ 3),\ (4,\ 5),\ (6,\ 10))$ に単回帰モデルを考えたときの期待値の推定量 $\widehat{\mu_1}$, $\widehat{\mu_2}$, $\widehat{\mu_3}$ を計算した。これを用いて，確率変数としての残差 $\widehat{\varepsilon_1}$, $\widehat{\varepsilon_2}$, $\widehat{\varepsilon_3}$ について，以下に答えよ。

(1)　確率変数 Y_1, Y_2, Y_3 を用いて表せ。

(2)　誤差 ε_1, ε_2, ε_3 を用いて表せ。

◆残差の分布

前項で学習したように，残差が，誤差の線形和で表される場合，その分布については，推定量の場合と似たように知ることができる。まず，期待値については，次がただちにわかる。

命題 4-20　残差の期待値

残差が，誤差の線形和で表される場合，残差の期待値は 0 である。

命題 4-20 を，誤差の期待値が 0 であることを用いて示せ。

また，分散については，誤差に IID を仮定すると次がいえる。

命題 4-21　残差の分散

残差が，誤差の線形和で表され，その誤差に IID を仮定すると，残差の分散は，誤差の分散の定数倍である。

命題 4-21 を示せ。

さらに，誤差が IID に正規分布に従うことを仮定すると，正規分布の再生性から，残差の分布について，次がいえる。

命題 4-22　残差の分布

残差が，誤差の線形和で表され，その誤差が IID に正規分布に従うと仮定すると，残差は期待値が 0，分散が誤差の分散の定数倍の正規分布に従う。

命題 4-22 を示すために必要な正規分布の性質は何か答えよ。

例
30

残差の分布—均質モデル　例 29 で扱った残差 $\widehat{\varepsilon_1}^{\mathrm{P}}$ を考えよう。

まず **期待値** は

$$\mathrm{E}(\widehat{\varepsilon_1}^{\mathrm{P}})=\mathrm{E}\left(\varepsilon_1^{\mathrm{P}}-\frac{1}{87}\sum_{i=1}^{87}\varepsilon_i^{\mathrm{P}}\right)=\mathrm{E}(\varepsilon_1^{\mathrm{P}})-\frac{1}{87}\sum_{i=1}^{87}\mathrm{E}(\varepsilon_i^{\mathrm{P}})=0$$

のように計算される。

分散 は

$$\mathrm{V}(\widehat{\varepsilon_1}^{\mathrm{P}})=\mathrm{E}\left(\left\{\varepsilon_1^{\mathrm{P}}-\frac{1}{87}\sum_{i=1}^{87}\varepsilon_i^{\mathrm{P}}\right\}^2\right)$$

の 2 乗を展開して期待値を計算すればよい。ここで，誤差に IID を仮定すると，$p.259$ の例 21 で考えたように $i\neq j$ のとき $\mathrm{E}(\varepsilon_i^{\mathrm{P}}\varepsilon_j^{\mathrm{P}})=0$ で，$i=j$ のとき $\mathrm{E}(\varepsilon_i^{\mathrm{P}}\varepsilon_i^{\mathrm{P}})=(\sigma^{\mathrm{P}})^2$ となるので，展開して出てくる 2 乗の項だけを考えればよい。ただし，誤差の分散を $(\sigma^{\mathrm{P}})^2$ とした。すなわち，誤差の IID の仮定のもとで

$$\mathrm{V}(\widehat{\varepsilon_1}^{\mathrm{P}})=(\sigma^{\mathrm{P}})^2+\frac{1}{87^2}\sum_{i=1}^{87}(\sigma^{\mathrm{P}})^2=\frac{86}{87}(\sigma^{\mathrm{P}})^2$$

のように計算される。

ここまでの計算から，残差は誤差の線形和なので，誤差に **正規性** を仮定すると，**正規分布の再生性** から，残差の **分布** も正規分布であることがわかる。以上より，誤差が IID に正規分布に従うことを仮定すると，残差は正規分布 $\widehat{\varepsilon_1}^{\mathrm{P}}\sim\mathrm{N}\left(0,\ \frac{86}{87}(\sigma^{\mathrm{P}})^2\right)$ に従う。ただし，$(\sigma^{\mathrm{P}})^2$ は誤差の分散である。

練習
31

誤差が IID に正規分布に従うと仮定して，練習 27 で扱った残差 $\widehat{\varepsilon_1}$, $\widehat{\varepsilon_2}$, $\widehat{\varepsilon_3}$ の分布を，誤差の分散 σ^2 を用いて表せ。

◆ 残差の同時分布

例 30 のように，残差を 1 つ取り出して，その分布を調べるとかなり多くのことがわかる。そこには複雑な構造は見られない。しかし，残差を $(\widehat{\varepsilon_1},\widehat{\varepsilon_2},\cdots\cdots,\widehat{\varepsilon_N})$ のように並べてその同時分布を考えると，注意すべき点が見えてくる。

まず，誤差 ε_1, ε_2, $\cdots\cdots$, ε_N に IID を仮定しても，残差 $\widehat{\varepsilon_1}$, $\widehat{\varepsilon_2}$, $\cdots\cdots$, $\widehat{\varepsilon_N}$ は IID にならない。

例31 残差の共分散—均質モデル $p.278$ の例29では，残差 $\widehat{\varepsilon_1}^{\mathrm{P}}$ が

$$\widehat{\varepsilon_1}^{\mathrm{P}}=\varepsilon_1^{\mathrm{P}}-\frac{1}{87}\sum_{i=1}^{87}\varepsilon_i^{\mathrm{P}}$$

と書けることを確認した。同じように計算すると，残差 $\widehat{\varepsilon_2}^{\mathrm{P}}$ については

$$\widehat{\varepsilon_2}^{\mathrm{P}}=\varepsilon_2^{\mathrm{P}}-\frac{1}{87}\sum_{i=1}^{87}\varepsilon_i^{\mathrm{P}}$$

と書ける。

これらの間の **共分散** は，誤差の IID の仮定のもとで

$$\mathrm{Cov}(\widehat{\varepsilon_1}^{\mathrm{P}},\ \widehat{\varepsilon_2}^{\mathrm{P}})=\mathrm{Cov}\Big(\varepsilon_1^{\mathrm{P}}-\frac{1}{87}\sum_{i=1}^{87}\varepsilon_i^{\mathrm{P}},\ \varepsilon_2^{\mathrm{P}}-\frac{1}{87}\sum_{i=1}^{87}\varepsilon_i^{\mathrm{P}}\Big)$$

$$=-\frac{(\sigma^{\mathrm{P}})^2}{87}\neq0\ \cdots\cdots\ (40)$$

のように計算され，これらは相関をもつので，独立でない。

このように，残差が互いに独立でない理由は，$p.230$ の最小 2 乗法によるパラメータの推定にまで遡る。

例32 最小 2 乗法と残差—均質モデル $p.230$ の例7では，関数 S^2 を

$$S^2(t)=(0-t)^2+(0-t)^2+\cdots\cdots+(60-t)^2$$

で定め，それを微分した導関数の値が 0 になる，すなわち

$$\frac{\mathrm{d}}{\mathrm{d}t}S^2(t)=-2\{(0-t)+(0-t)+\cdots\cdots+(60-t)\}=0$$

を満たすような t の値を推定値 $\widehat{\mu}^{\mathrm{P}}(\omega)$ とした。すなわち，この推定値は
方程式 $\{0-\widehat{\mu}^{\mathrm{P}}(\omega)\}+\{0-\widehat{\mu}^{\mathrm{P}}(\omega)\}+\cdots\cdots+\{60-\widehat{\mu}^{\mathrm{P}}(\omega)\}=0$
を満たす。

例7では，ある帰結 ω が実現し，用いたデータが $Y_1^{\mathrm{P}}(\omega)=0$，$Y_2^{\mathrm{P}}(\omega)=0$，
$\cdots\cdots$，$Y_N^{\mathrm{P}}(\omega)=60$ というものであった。しかし，上の方程式が満たされるのは，ある特定の帰結の場合に限らない。私たちが最小 2 乗法を使う限り，標本空間 Ω に含まれるどの帰結 ω が実現しても，方程式

$$\{Y_1^{\mathrm{P}}(\omega)-\widehat{\mu}^{\mathrm{P}}(\omega)\}+\{Y_2^{\mathrm{P}}(\omega)-\widehat{\mu}^{\mathrm{P}}(\omega)\}+\cdots\cdots+\{Y_{87}^{\mathrm{P}}(\omega)-\widehat{\mu}^{\mathrm{P}}(\omega)\}=0$$

は満たされるはずである。すなわち，確率変数 Y_1^{P}，Y_2^{P}，$\cdots\cdots$，Y_{87}^{P}，
$\widehat{\mu}^{\mathrm{P}}$ は，方程式 $(Y_1^{\mathrm{P}}-\widehat{\mu}^{\mathrm{P}})+(Y_2^{\mathrm{P}}-\widehat{\mu}^{\mathrm{P}})+\cdots\cdots+(Y_{87}^{\mathrm{P}}-\widehat{\mu}^{\mathrm{P}})=0$
を満たす。

これに，確率変数としての残差 $\hat{\varepsilon}_i{}^{\mathrm{P}} = Y_i{}^{\mathrm{P}} - \hat{\mu}^{\mathrm{P}}$，$(i = 1,\ 2,\ \cdots\cdots,\ 87)$ を代入すると

$$\hat{\varepsilon}_1{}^{\mathrm{P}} + \hat{\varepsilon}_2{}^{\mathrm{P}} + \cdots\cdots + \hat{\varepsilon}_{87}{}^{\mathrm{P}} = 0 \ \cdots\cdots\ (41)$$

が得られる。

確率変数 $\hat{\varepsilon}_1{}^{\mathrm{P}}$，$\hat{\varepsilon}_2{}^{\mathrm{P}}$，$\cdots\cdots$，$\hat{\varepsilon}_{87}{}^{\mathrm{P}}$ はこの方程式を通して互いに影響しあっていることがわかる。

直感的には，次のように理解できる。

残差 $\hat{\varepsilon}_1{}^{\mathrm{P}}$，$\hat{\varepsilon}_2{}^{\mathrm{P}}$，$\cdots\cdots$，$\hat{\varepsilon}_{87}{}^{\mathrm{P}}$ は 87 個の確率変数であるが，実質的に確率変数として機能できるのは，この中で 86 個だけである。

なぜならば，たとえばもし $\hat{\varepsilon}_1{}^{\mathrm{P}}$，$\hat{\varepsilon}_2{}^{\mathrm{P}}$，$\cdots\cdots$，$\hat{\varepsilon}_{86}{}^{\mathrm{P}}$ の実現値が定まったとしよう。このとき，$\varepsilon_{87}{}^{\mathrm{P}}$ の値は (41) より定まってしまうため，そこに不確実性はない。

すなわち，$(\hat{\varepsilon}_1{}^{\mathrm{P}}$，$\hat{\varepsilon}_2{}^{\mathrm{P}}$，$\cdots\cdots$，$\hat{\varepsilon}_{87}{}^{\mathrm{P}})$ は形式的には 87 個の確率変数を並べたものであるが，実質的には 86 変数の確率変数であるといえる。

例 32 で見られるように，実質的な確率変数の数を **自由度** といい，次のように定める。

用語 4-15　自由度

確率変数を並べた中で，実質的に確率変数として機能できるものの数を自由度という。

注意　**自由度**　用語 4-15 の説明はやや直感的で「いい加減な」ものかもしれないが，ひとまずはこの程度の理解で十分だろう。自由度という言葉は，統計学だけでなく物理学などさまざまな分野で使われ，どの分野でもおおむね，考えている対象に含まれる要素のうち，他の制約を受けずに動くことのできるものの数を表す。

例 32 の確率変数としての残差 $(\hat{\varepsilon}_1{}^{\mathrm{P}}$，$\hat{\varepsilon}_2{}^{\mathrm{P}}$，$\cdots\cdots$，$\hat{\varepsilon}_{87}{}^{\mathrm{P}})$ は 87 個の要素をもつが，(41) という制約を受けているので，自由度が 1 減った，と理解できる。詳しくは [10] の 8.6 節などを参照。

次節で説明するように，用語 4-15 の自由度は，χ^2 分布のパラメータである自由度（$p.\ 204$ の用語 3-44）と同じものである。

例 32 の (41) のように残差に制約を課す方程式を，**正規方程式** という。

用語 4-16　正規方程式

期待値のモデルが $E(Y_i)=m(\theta \mid x_i)$ で表されるとき，最小 2 乗法でパラメータ θ の推定値を求めるために解いた方程式

$$\sum_{i=1}^{N} \{y_i - m(t \mid x_i)\} \frac{\mathrm{d}}{\mathrm{d}t} m(t \mid x_i) = 0$$

($p.236$ の (15)) において，データ $(y_1, y_2, \cdots\cdots, y_N)$ を，その背後にある確率変数 $(Y_1, Y_2, \cdots\cdots, Y_N)$ と入れ替え，実数 t に推定量 $\widehat{\theta}$ を代入した

$$\sum_{i=1}^{N} \{Y_i - m(\widehat{\theta} \mid x_i)\} \frac{\mathrm{d}}{\mathrm{d}t} m(t \mid x_i) \Big|_{t=\widehat{\theta}} = 0$$

は，標本空間 Ω に含まれるどのような帰結 ω が実現しても満たされなければならない。

確率変数としての残差 $(\widehat{\varepsilon}_1, \widehat{\varepsilon}_2, \cdots\cdots, \widehat{\varepsilon}_N)$ を

$$\widehat{\varepsilon}_i = Y_i - m(\widehat{\theta} \mid x_i), \quad (i = 1, 2, \cdots\cdots, N)$$

で定める。

この式は

$$\sum_{i=1}^{N} \widehat{\varepsilon}_i \frac{\mathrm{d}}{\mathrm{d}t} m(t \mid x_i) \Big|_{t=\widehat{\theta}} = 0$$

と書くことができる。

この，残差に対して制約を課す方程式を正規方程式という。

注意 **正規方程式と残差の自由度**　正規方程式は残差に対する制約であるので，残差 $(\widehat{\varepsilon}_1, \widehat{\varepsilon}_2, \cdots\cdots, \widehat{\varepsilon}_N)$ を N 変数の確率変数として見たとき，その自由度を減少させる。

すなわち，この場合，残差の自由度は $N-1$ になる。

例 33

正規方程式—均質モデル　例 32 の (41) は正規方程式である。

正規方程式と残差の自由度—単回帰モデル $p.233$ の例 8 では，大きさ 3 の 2 変量のデータ $((2, 3), (4, 5), (6, 10))$ に単回帰モデル

$$\mathrm{E}(Y_1)=\beta_0+2\beta_1, \quad \mathrm{E}(Y_2)=\beta_0+4\beta_1, \quad \mathrm{E}(Y_3)=\beta_0+6\beta_1$$

を考えて，最小 2 乗法でパラメータ β_0，β_1 を推定した。そこでは，パラメータが 2 つあったため，2 つの方程式を連立させた。この推定の**正規方程式**は，
$$\begin{cases} \widehat{\varepsilon_1}+\widehat{\varepsilon_2}+\widehat{\varepsilon_3}=0 \\ 2\widehat{\varepsilon_1}+4\widehat{\varepsilon_2}+6\widehat{\varepsilon_3}=0 \end{cases}$$
のように 2 つの方程式の組である。

正規方程式が 2 つの方程式の組であるから，残差の自由度も 2 つ減らされているはずである。この場合，残差 $(\widehat{\varepsilon_1}, \widehat{\varepsilon_2}, \widehat{\varepsilon_3})$ は 3 変数で，制約がない場合の自由度が 3 であるから，ここから 2 減らすと，残差に残される自由度は $3-2=1$ になる。

練習 32

(1) 例 34 の正規方程式が正しく成り立っていることを示せ。

(2) 残差 $(\widehat{\varepsilon_1}, \widehat{\varepsilon_2}, \widehat{\varepsilon_3})$ の自由度が 1 であることを確認せよ。たとえば，$\widehat{\varepsilon_1}(\omega)=3$ とすると誤差 $\varepsilon_1, \varepsilon_2, \varepsilon_3$ が何であるかにかかわらず，残りの $\widehat{\varepsilon_2}, \widehat{\varepsilon_3}$ の実現値も実数として定まることを示せ。

単回帰モデルについては，一般に次の命題が成り立つ。

命題 4-23　正規方程式—単回帰モデル

大きさ N の 2 変量のデータ $((x_1, y_1), (x_2, y_2), \cdots\cdots, (x_N, y_N))$ の中で変量 $(y_1, y_2, \cdots\cdots, y_N)$ の背後にある確率変数 $(Y_1, Y_2, \cdots\cdots, Y_N)$ の期待値が単回帰モデル

$$\mathrm{E}(Y_1)=\beta_0+\beta_1 x_1, \quad \mathrm{E}(Y_2)=\beta_0+\beta_1 x_2, \quad \cdots\cdots, \quad \mathrm{E}(Y_N)=\beta_0+\beta_1 x_N$$

で表されるとする。ただし，β_0，β_1 は未知のパラメータ，変量 $(x_1, x_2, \cdots\cdots, x_N)$ は説明変数である。

パラメータ β_0，β_1 を最小 2 乗法で推定したときの正規方程式は，残差 $(\widehat{\varepsilon_1}, \widehat{\varepsilon_2}, \cdots\cdots, \widehat{\varepsilon_N})$ を用いて
$$\begin{cases} \displaystyle\sum_{i=1}^{N} \widehat{\varepsilon_i}=0 \\ \displaystyle\sum_{i=1}^{N} x_i\widehat{\varepsilon_i}=0 \end{cases}$$
と書くことができる。

練習 33　命題 4-23 が正しく成り立つことを確認せよ。

最小 2 乗法による推定については，次の命題が成り立つ。

命題 4-24　最小 2 乗法による推定と自由度
　期待値のモデルに含まれる未知のパラメータを最小 2 乗法で推定した場合，残差の自由度は，データの大きさから推定した未知のパラメータの個数だけ減少する。

注意　最小 2 乗法による推定と自由度　命題 4-24 は，直感的には次のように理解できる。自由度の意味から，残差から減らされる自由度の個数は，残差に課される制約の個数に等しい。最小 2 乗法による推定の場合，残差に課される制約は正規方程式である。正規方程式は，未知のパラメータを最小 2 乗法で推定するために，モデルとデータの距離を最も小さくするようなパラメータの値を求めるために作ったものである。すなわち，正規方程式の個数と推定したパラメータの個数は等しくなくてはならない。すなわち

　　　　[残差の自由度の減少数]＝[残差に課される制約の個数]
　　　　　　　　　　　　　　　＝[正規方程式の個数]
　　　　　　　　　　　　　　　＝[推定したパラメータの個数]

がいえる。
　もう少し厳密に理解するには，**線形代数** の方法――すなわち，ベクトルと行列を使った方法――が有用である。[10] の 8.6 節などを参照。

　線形モデルについては，次の注意の事項が成り立つ。

注意　残差の自由度―線形モデル　大きさ N のデータに，$K+1$ 個の未知パラメータをもつ **線形モデル** を考える。これらの未知パラメータを最小 2 乗法で推定したときの **正規方程式** は $p.238$ の (17) から

$$\sum_{i=1}^{N} \widehat{\varepsilon_i}=0, \quad \sum_{i=1}^{N} \widehat{\varepsilon_i} b_{i,1}=0, \quad \sum_{i=1}^{N} \widehat{\varepsilon_i} b_{i,2}=0, \quad \cdots\cdots, \quad \sum_{i=1}^{N} \widehat{\varepsilon_i} b_{i,K}=0$$

のように求められる。これは $K+1$ 個の方程式の組である。$K+1$ 個の制約が課されるので，誤差に IID を仮定すると，残差の組 $(\widehat{\varepsilon_1}, \widehat{\varepsilon_2}, \cdots\cdots, \widehat{\varepsilon_N})$ は $N-K-1$ の **自由度** をもつ。

◆残差の2乗和

p. 278 以降の残差の分布の項で学習したように，ここまでに利用してきた仮定のもとで，期待値の推定量が線形で不偏な場合，残差は正規分布に従う。ただし，p. 281 で学習したように残差の自由度は減少しており，残差同士は互いに独立でない。p. 204 の用語 3-44 のように，互いに独立な標準正規変数の 2 乗和は，χ^2 分布に従うが，残差の性質を考えると，——用語 3-44 の式がそのまま当てはまらないにしても——残差の 2 乗和と χ^2 分布の間に関係があってしかるべきであろう。

例 35

残差の 2 乗和—均質モデル p. 278 の例 29 と同じようにして，残差 $(\widehat{\varepsilon}_1{}^\mathrm{P},\ \widehat{\varepsilon}_2{}^\mathrm{P},\ \cdots\cdots,\ \widehat{\varepsilon}_{87}{}^\mathrm{P})$ について

$$\widehat{\varepsilon}_i{}^\mathrm{P}=\varepsilon_i{}^\mathrm{P}-\frac{1}{87}\sum_{j=1}^{87}\varepsilon_j{}^\mathrm{P},\ \ (i=1,\ 2,\ \cdots\cdots,\ 87)$$

のように誤差 $(\varepsilon_1{}^\mathrm{P},\ \varepsilon_2{}^\mathrm{P},\ \cdots\cdots,\ \varepsilon_{87}{}^\mathrm{P})$ を使って表すことができる。この 2 乗和は，$S_{\widehat{\varepsilon}^\mathrm{P}}{}^2=\sum_{i=1}^{87}\left(\varepsilon_i{}^\mathrm{P}-\frac{1}{87}\sum_{j=1}^{87}\varepsilon_j{}^\mathrm{P}\right)^2$ と書くことができる。これは，誤差が IID に正規分布に従うことを仮定しても，互いに独立にならない 87 個の正規変数の 2 乗和である。やや技巧的であるが，たとえば確率変数 $U_1,\ U_2,\ \cdots\cdots,\ U_{86}$ を

$$U_i=\frac{1}{\sqrt{i(i+1)}}\left(\sum_{j=1}^{i}\varepsilon_j{}^\mathrm{P}-i\varepsilon_{i+1}{}^\mathrm{P}\right),\ \ (i=1,\ 2,\ \cdots\cdots,\ 86)$$

で定め，誤差が IID に正規分布に従うことを仮定すると，これらも IID の正規分布になる。

しかも　　$S_{\widehat{\varepsilon}^\mathrm{P}}{}^2=\sum_{i=1}^{86}U_i{}^2$ …… (42)

が成り立つ。すなわち，87 個の残差の 2 乗和は，86 個の IID の正規変数の 2 乗和に書き直すことができる。

誤差の分散を $(\sigma^\mathrm{P})^2$ とすると，正規変数 $U_1,\ U_2,\ \cdots\cdots,\ U_{86}$ の分散も $(\sigma^\mathrm{P})^2$ である。

したがって，$\dfrac{S_{\widehat{\varepsilon}^\mathrm{P}}{}^2}{(\sigma^\mathrm{P})^2}=\sum_{i=1}^{86}\left(\dfrac{U_i}{\sigma^\mathrm{P}}\right)^2$ は互いに独立な 86 個の標準正規変数の 2 乗和であるので，自由度 86 の χ^2 分布に従う。

練習
34
例 35 について，誤差 $(\varepsilon_1^P, \varepsilon_2^P, \cdots\cdots, \varepsilon_{87}^P)$ が IID に分散が $(\sigma^P)^2$ の正規分布に従うことを仮定し，次の問に答えよ。

(1) 確率変数 U_i の分散が誤差の分散と等しいことを示せ。また，これを誤差の標準偏差で割った $\dfrac{U_i}{\sigma^P}$ が標準正規分布に従うことを確認せよ。

(2) $i \neq j$ のとき，確率変数 U_i，U_j が無相関であることを示せ。

(3) (42) が正しく成り立つことを示せ。（ヒント：展開して，$(\varepsilon_k^P)^2$ の項の係数同士，$\varepsilon_k^P \varepsilon_\ell^P$ の項の係数同士を比較し，等しいことを確かめる。）

均質モデルについては，次の命題が成り立つ。

命題 4-25　残差の 2 乗和―均質モデル

大きさ N のデータ $(y_1, y_2, \cdots\cdots, y_N)$ の背後にある確率変数 $(Y_1, Y_2, \cdots\cdots, Y_N)$ の期待値が均質モデル

$$\mathrm{E}(Y_1)=\mu, \ \mathrm{E}(Y_2)=\mu, \ \cdots\cdots, \ \mathrm{E}(Y_N)=\mu$$

で表されるとする。ただし，μ は未知のパラメータである。さらに，誤差が IID に分散が σ^2 の正規分布に従うことを仮定すると，パラメータ μ を最小 2 乗法で推定して得られる残差 $(\widehat{\varepsilon}_1, \widehat{\varepsilon}_2, \cdots\cdots, \widehat{\varepsilon}_N)$ の 2 乗和を誤差の分散で割った $\dfrac{\sum_{i=1}^{N} \widehat{\varepsilon}_i^2}{\sigma^2}$ は，自由度 $N-1$ の χ^2 分布に従う。

残差の実現値が観察可能であることを考えると，命題 4-25 は，誤差の分散を知るうえで大きなヒントになる。次章の **統計的仮説検定** では，このことを利用する。

注意 残差の 2 乗和―均質モデル　命題 4-25 は，例 35 において，87 を N におき換えるだけで，示すことができる。

　2 乗和の自由度が，残差の個数 N から 1 減らされている理由は，前項で学習したように残差の同時分布の自由度が減少していることによる。同時分布の自由度や，2 乗和の分布の自由度についてより詳しくは，[10] の 8.6 節などを参照。

単回帰モデルの場合，$p.\,284$ の命題 4-23 のように正規方程式は 2 つの方程式の組になるので，残差の自由度は 2 つ減らされるはずである（$p.\,285$ の命題 4-24）。

例 36 残差の 2 乗和—単回帰モデル *p.* 233 の例 8 では，大きさ 3 の 2 変量の
データ $((2, 3),\ (4, 5),\ (6, 10))$ に単回帰モデル

$$\mathrm{E}(Y_1)=\beta_0+2\beta_1,\ \ \mathrm{E}(Y_2)=\beta_0+4\beta_1,\ \ \mathrm{E}(Y_3)=\beta_0+6\beta_1$$

を考えて，最小 2 乗法でパラメータ $\beta_0,\ \beta_1$ を推定した。

例 34 では，残差 $(\widehat{\varepsilon_1},\ \widehat{\varepsilon_2},\ \widehat{\varepsilon_3})$ の自由度が 1 であることを確認した。直前
の注意の議論からは，残差の 2 乗和 $S_{\widehat{\varepsilon}}{}^2=\widehat{\varepsilon_1}{}^2+\widehat{\varepsilon_2}{}^2+\widehat{\varepsilon_3}{}^2$ は 1 つの確率変
数の 2 乗和で書き直せることが考えられる。

実際，*p.* 278 の練習 27 の結果を使うと，この 2 乗和は誤差 $(\varepsilon_1,\ \varepsilon_2,\ \varepsilon_3)$
を使って

$$S_{\widehat{\varepsilon}}{}^2=\left(\frac{\varepsilon_1-2\varepsilon_2+\varepsilon_3}{\sqrt{6}}\right)^2$$

のように書き直すことができる。

練習 35 例 36 の計算が正しいことを確認せよ。また，誤差に IID を仮定したとき，確率変数 $\dfrac{\varepsilon_1-2\varepsilon_2+\varepsilon_3}{\sqrt{6}}$ の分散が誤差の分散と等しくなることを確認せよ。

単回帰モデルについては，次の命題が成り立つ。

命題 4-26 残差の 2 乗和—単回帰モデル

大きさ N の 2 変量のデータ $((x_1,\ y_1),\ (x_2,\ y_2),\ \cdots\cdots,\ (x_N,\ y_N))$ の中で
変量 $(y_1,\ y_2,\ \cdots\cdots,\ y_N)$ の背後にある確率変数 $(Y_1,\ Y_2,\ \cdots\cdots,\ Y_N)$ の期
待値が単回帰モデル

$$\mathrm{E}(Y_1)=\beta_0+\beta_1 x_1,\ \ \mathrm{E}(Y_2)=\beta_0+\beta_1 x_2,\ \ \cdots\cdots,\ \ \mathrm{E}(Y_N)=\beta_0+\beta_1 x_N$$

で表されるとする。ただし，β_0 と β_1 は未知のパラメータ，変量
$(x_1,\ x_2,\ \cdots\cdots,\ x_N)$ は説明変数である。

さらに，誤差が IID に分散が σ^2 の正規分布に従うことを仮定すると，
パラメータを最小 2 乗法による推定で得られる残差 $(\widehat{\varepsilon_1},\ \widehat{\varepsilon_2},\ \cdots\cdots,\ \widehat{\varepsilon_N})$ の

2 乗和を誤差の分散で割った $\dfrac{\displaystyle\sum_{i=1}^{N}\widehat{\varepsilon_i}}{\sigma^2}$ は，自由度 $N-2$ の χ^2 分布に従う。

注意 **残差の2乗和―線形モデル** 大きさNのデータに $K+1$ 個の未知パラメータを もつ線形モデルを考え，誤差が IID に正規分布に従うことを仮定する。$p.285$ の注意によると，この未知パラメータを最小2乗法による推定で得られた残差の 自由度は $N-K-1$ である。

この残差の2乗和を誤差の分散で割った確率変数は，自由度 $N-K-1$ の χ^2 分 布に従う。

◆ 推定量と残差

ここまでで学習してきたように，推定量は確率変数である。また，本節で扱っ てきたように，残差も確率変数として見ることができる。推定量や残差の，確率 変数としての性質は，どちらも誤差によって決められている。やや直感的な言い 方をすると，推定量も残差も，偶然の要素は，同じく誤差にある。

このように考えると，推定量と残差は，誤差を通して互いに強く影響し合って いることが想像できる。しかし，意外かもしれないが，誤差が IID に正規分布 に従うことを仮定すると，推定量と残差は独立である。

例 37 **推定量と残差―均質モデル** $p.245$ の例 13 では，データ

$(0, 0, \cdots\cdots, 60)$ に均質モデルを考えて，最小2乗法で未知パラメータ

μ^{P} の推定量 $\widehat{\mu^{\mathrm{P}}}$ を $\qquad \widehat{\mu^{\mathrm{P}}}=\dfrac{1}{87}\sum\limits_{j=1}^{87} Y_j{}^{\mathrm{P}}$

のように求めた。これは，誤差 $\varepsilon_1{}^{\mathrm{P}}$, $\varepsilon_2{}^{\mathrm{P}}$, $\cdots\cdots$, $\varepsilon_{87}{}^{\mathrm{P}}$ を使うと

$$\widehat{\mu^{\mathrm{P}}}=\mu^{\mathrm{P}}+\frac{1}{87}\sum_{j=1}^{87}\varepsilon_j{}^{\mathrm{P}}$$

と書くことができる。

さらに，$p.278$ の例 29 で示したように，残差 $(\widehat{\varepsilon_1}{}^{\mathrm{P}}, \widehat{\varepsilon_2}{}^{\mathrm{P}}, \cdots\cdots, \widehat{\varepsilon_{87}}{}^{\mathrm{P}})$ は

$$\widehat{\varepsilon_i}{}^{\mathrm{P}}=\varepsilon_i{}^{\mathrm{P}}-\frac{1}{87}\sum_{j=1}^{87}\varepsilon_j{}^{\mathrm{P}}, \quad (i=1, 2, \cdots\cdots, 87)$$

のように表される。

ここで，誤差が IID に正規分布に従うと仮定すると，推定量と残差は， 2変量の正規分布に従う。これらの共分散は

$$\mathrm{Cov}(\widehat{\mu^{\mathrm{P}}}, \widehat{\varepsilon_i}{}^{\mathrm{P}})=\mathrm{Cov}\left(\mu^{\mathrm{P}}+\frac{1}{87}\sum_{j=1}^{87}\varepsilon_j{}^{\mathrm{P}}, \varepsilon_i{}^{\mathrm{P}}-\frac{1}{87}\sum_{j=1}^{87}\varepsilon_j{}^{\mathrm{P}}\right)=0 \ \cdots\cdots \ (43)$$

と計算され，推定量と残差が無相関であることがわかる。互いに無相関 な正規変数は独立なので，推定量と残差が独立であることがわかる。

練習
36 (43) が正しく成り立つことを示せ。

> **命題 4-27 推定量と残差—均質モデル**
>
> 大きさ N のデータ $(y_1, y_2, \cdots\cdots, y_N)$ の背後にある確率変数
> $(Y_1, Y_2, \cdots\cdots, Y_N)$ の期待値が均質モデル
>
> $$\mathrm{E}(Y_1)=\mu, \ \mathrm{E}(Y_2)=\mu, \ \cdots\cdots, \ \mathrm{E}(Y_N)=\mu$$
>
> で表されるとする。ただし，μ は未知のパラメータである。さらに，誤差
> が IID に正規分布に従うと仮定すると，最小2乗法による推定で得られ
> るパラメータの推定量と残差は互いに独立である。

単回帰モデルについては，次の命題が成り立つ。

> **命題 4-28 推定量と残差—単回帰モデル**
>
> 大きさ N の2変量のデータ $((x_1, y_1), (x_2, y_2), \cdots\cdots, (x_N, y_N))$ の中で
> 変量 $(y_1, y_2, \cdots\cdots, y_N)$ の背後にある確率変数 $(Y_1, Y_2, \cdots\cdots, Y_N)$ の期
> 待値が単回帰モデル
>
> $$\mathrm{E}(Y_1)=\beta_0+\beta_1 x_1, \ \mathrm{E}(Y_2)=\beta_0+\beta_1 x_2, \ \cdots\cdots, \ \mathrm{E}(Y_N)=\beta_0+\beta_1 x_N$$
>
> で表されるとする。ただし，β_0 と β_1 は未知のパラメータ，変量
> $(x_1, x_2, \cdots\cdots, x_N)$ は説明変数である。さらに，誤差が IID に正規分布
> に従うと仮定すると，最小2乗法による推定で得られるパラメータの推定
> 量と残差は互いに独立である。

練習
37 $p.\ 289$ の例 37 にならって，単回帰モデルの推定量と残差の共分散を計算し，
命題 4-28 が正しく成り立つことを示せ。

注意 推定量と残差—線形モデル 命題 4-28 の，推定量と残差の独立性は，同じ仮定
のもとで，線形モデル一般に成り立つ。

練習
38 y_i を観測値，Y_i をその背後にある確率変数，μ_i をその期待値，$\widehat{\mu}_i(\omega)$ をその
推定値，$\widehat{\mu}_i$ をその推定量，e_i を実現誤差，ε_i を誤差，$\widehat{e}_i$ を残差の実現値，$\widehat{\varepsilon}_i$
を確率変数としての残差とする。
 (1) 上の記号を，ア) 観察可能な実数，イ) 値が未知の実数，ウ) 確率変数に
  分類せよ。
 (2) 次の ☐ には，$e_i,\ \varepsilon_i,\ \widehat{e}_i,\ \widehat{\varepsilon}_i$ のどれかがはいる。それぞれにどれが入
  るか答えよ。
  ア) $y_i=\mu_i+$☐   イ) $y_i=\widehat{\mu}_i(\omega)+$☐
  ウ) $Y_i=\mu_i+$☐   エ) $Y_i=\widehat{\mu}_i+$☐

7 仮定の妥当性

前節までの議論は，⑤節までに示した4つの仮定のいずれかに依存している。これらの仮定が妥当かどうかは，推定がどれだけ信頼できるかに関わる。

一般に，これらの仮定が何らかの意味で正しいことを，たとえばデータやそのほかの観察から示すことは不可能である。むしろ子細に調査すると，「厳密には正しくない」ことを支持するエビデンスが見つかることが多い。したがって，厳密に正しいかどうかを調べるよりも，大まかな近似として妥当かどうかを考えることに意味があるといえる。

◆ 仮定と誤差

確率変数の存在：$p.\,216$ の仮定 4-1，すなわち，データ $(y_1,\ y_2,\ \cdots\cdots,\ y_N)$ の背後に確率変数 $(Y_1,\ Y_2,\ \cdots\cdots,\ Y_N)$ が存在すること

期待値のモデル：$p.\,223$ の ② 節で考えた期待値のモデルが，その確率変数 $(Y_1,\ Y_2,\ \cdots\cdots,\ Y_N)$ の期待値 $(\mu_1,\ \mu_2,\ \cdots\cdots,\ \mu_N)$ を正確に描写していること

独立性：$p.\,222$ の仮定 4-4 の IID，すなわち **誤差** $(\varepsilon_1,\ \varepsilon_2,\ \cdots\cdots,\ \varepsilon_N)$ が互いに独立に同じ分布に従うこと

正規性，等分散性：$p.\,222$ の仮定 4-5 の **正規性**，すなわち誤差 $(\varepsilon_1,\ \varepsilon_2,\ \cdots\cdots,\ \varepsilon_N)$ は互いに独立に期待値が 0 で，分散 σ^2 の **正規分布** に従うこと（ただし，σ^2 の値は未知である。）

これら4つの仮定は，どれも誤差に対する仮定であると考えることができる。最初の2つは直接は誤差に言及していないが，次のように考えることができる。

1番目の仮定 4-1 は，そもそも $\varepsilon_i = Y_i - \mathrm{E}(Y_i)$ で定められる確率変数が存在することを仮定しているのと同値である。

また，期待値 $\mathrm{E}(Y_i)$ のモデルを $m(\theta \mid x_i)$ とすると，2番目の仮定は，$\varepsilon_i = Y_i - m(\theta \mid x_i)$ で定められる確率変数の期待値が 0 であることを仮定しているのと同値である（$p.\,256$ の命題 4-12，注意参照）。

こうしたことからも誤差に注目することが重要であることがわかる。しかし，私たちは誤差を観察できない。そこで，私たちは誤差の代理として，残差の実現値に注目する。

◆ 確率変数の存在

　私たちは，観測値に含まれている偶然の要素を表現するために確率変数を用いた。しかし，ある観測値がその値に定まったのが偶然なのか，必然なのかは，どちらかというと哲学的な問いであり，答えようがない。

　1つの割り切りとしては，次の注意のように考えることができる。

注意　**確率変数の存在**　観測値が得られる過程に，私たちの知り得ない部分が含まれている場合，偶然が関与していると考えることができる。したがって，観測値の背後に確率変数の存在を仮定することは不自然ではないだろう。たとえば，$p.\,217$ の例 1 では，対面形式の講義の受講生の試験の点数の背後に確率変数の存在を仮定した。ある受講生が，講義を受講し試験に臨み，それが採点されることで，点数が観察されるが，その過程には，外からは知り得ない部分が多く含まれている。こうした場合，観察された点数の背後に確率変数が存在することを仮定することに大きな違和感はないだろう。もし，個々の受講生の個性に注目をしないとしたら，87 人が同じ試験を受けて得られた点数は，同じ試行の 87 回の繰り返しと見なすことも可能である。この場合，**頻度論的解釈**（$p.\,108$ の用語 3-1）で確率を考えることもできる。**ベイズ的解釈**（$p.\,108$ の用語 3-2）においては，もちろん確率を考えることができる。

観測値が得られる過程のすべてが私たちに明らかであるとすると，偶然が関与すると考えることは不自然であるといえる。また現在明らかでなくても，潜在的に明らかになる見通しがあれば，偶然の関与を仮定することは不自然だろう。たとえば，よく知られるように **円周率 π** と **自然対数の底 e** は **無理数** である。しかし，これらの和 $\pi+e$ が **有理数** か無理数かは，2023 年の時点で知られていない。いつか，どちらであるのかが広く知られる日が来るかもしれず，その時には，$\pi+e$ が有理数であるのか無理数であるのかが観察されることになる。しかし，$\pi+e$ が有理数であるか無理数であるかに偶然が関与すると考えることは不自然だろう。ただしこの場合でも，**ベイズ的解釈** で確率を考えることは可能である。

◆ 誤差の独立性

$p.218$ の用語 4-1 の誤差の意味から考えると,誤差 $(\varepsilon_1, \varepsilon_2, \cdots, \varepsilon_N)$ の独立性と,データ $(y_1, y_2, \cdots, y_N)$ の背後にある確率変数 $(Y_1, Y_2, \cdots, Y_N)$ の独立性は同値である。この確率変数 $(Y_1, Y_2, \cdots, Y_N)$ の独立性について考えてみよう。$p.173$ の用語 3-32 によると方程式

$$P(Y_i \leqq x_i, \ Y_j \leqq x_j) = P(Y_i \leqq x_i) P(Y_j \leqq x_j)$$

がすべての実数の組 (x_i, x_j) に対して成り立つならば,確率変数 Y_i,Y_j は独立といえる。しかし,私たちにわかっているのはたった 1 組の観測値 $y_i = Y_i(\omega)$,$y_j = Y_j(\omega)$ だけである。これだけからでは,この方程式が成り立っているかを調べることができない。

> 注意 **誤差の独立性** 誤差のもとになっている確率変数 $(Y_1, Y_2, \cdots, Y_N)$ が独立かどうかは,データ $(y_1, y_2, \cdots, y_N)$ からは調べようがない場合が多い。こうした場合も,前ページの注意と同じように,観測値が得られる過程に注目するとよい。個々の観測値が互いに影響せず定まるとしたら,独立性の仮定は自然だろう。また,個々の観測値が互いにどう影響し合うかに関する情報が利用可能でない場合,便宜的に独立性を仮定することが多い。$p.217$ の例 1 では,たとえば——試験中に答案を見せ合うなどの不正行為がなかったとしても——ある受講生と別の受講生が一緒に勉強するなどして互いに影響し合った可能性は否定できない。しかし,そうした情報が利用可能でない場合に独立性を仮定することも多いといえる。
>
> **時系列データ** については,過去から未来への影響を仮定することが自然で,また,それについて調べることがデータを収集する目的であることも多い。こうした場合には,独立性を仮定することは適当でない。時系列データについては,観測値の系列から独立性について調べるためのさまざまな方法が提案されている。これらの方法については,[3] や [9] などを参照。

◆ 期待値のモデルと誤差の等分散性

$p.256$ の注意からもわかるように,期待値のモデル $m(\theta \mid x_i)$ が期待値 $\mathrm{E}(Y_i)$ を正確に描写しているかどうかは,誤差 $\varepsilon_i = Y_i - m(\theta \mid x_i)$ の期待値に現れる。また,誤差の分散が均質であるかどうかは,その散らばり具合がどれも同じかどうかに現れる。

ただし，私たちは誤差も，その実現値 $\varepsilon_i(\omega)=e_i$ も観察できない。誤差にもっとも近く，観察可能な値は **残差の実現値** $\hat{e}_i$ である。もし，パラメータ θ の推定がよいものであり，$\hat{\theta}(\omega)\approx\theta$ であれば，$\hat{e}_i\approx e_i$ でもあるといえる。ただし，個々の残差の実現値 $\hat{e}_i$ から，誤差 ε_i の期待値について知ることはできない。

注意　**散布図の利用**　期待値のモデルや，誤差の均質性について調べるために有用なのは，横軸を期待値の推定値 $m(\hat{\theta}(\omega)\,|\,x_i)$，縦軸を残差の実現値 $\hat{e}_i$ とした **散布図** を観察することである。期待値の推定値の水準によって，残差の実現値の分布の中心や散らばり具合に大きな違いがみられる場合，期待値のモデルや誤差の均質性の仮定に問題がある可能性がある。

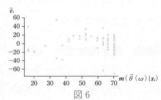
図 6

　図 6 は，*p.* 88 の表 8 のデータに単回帰分布を考えたときの期待値の推定値と残差の散布図である。これを見ると，50 点付近の残差の分布の中心が他の部分よりも高い様子がうかがえる。単回帰モデルのように直線を考えるようなモデルでは，こうした特徴をとらえきれないことがわかる。また，70 点付近には観測値が密集しており，30〜40 点付近よりも分散が小さい様子がうかがえる。こうしたことから，誤差の分散が均質ではない可能性も考えられる。

　なお，この方法は，期待値を一定とする均質モデルでは使うことができない。

◆ 誤差の正規性

　ここでも，誤差が観察できないことから，残差を代理として調べよう。すなわち，残差 $(\hat{e}_1, \hat{e}_2, \cdots\cdots, \hat{e}_N)$ が正規分布の実現値「らしく」見えるかを調べる。

注意　**誤差の正規性**　データの大きさ N が大きいとき，IID の仮定のもとで，実現値のヒストグラムの形状は，それを生み出した確率変数が従う分布の **確率密度関数** に近くなることが知られている（証明は，[10] の 6.9 節などを参照）。残差は誤差そのものでなく，また，前節で学習したように IID でもないが，代理として残差の **ヒストグラム** を観察することは有用である。残差のヒストグラムが概ね単峰で左右に対称に見えれば，正規性の仮定は——厳密なものでなくても——的外れとはいえないだろう。

図 7 は，$p.\,88$ の表 8 のデータに単回帰モデルを考えたときの残差のヒストグラムである。これを見ると，概ね単峰で，左右に対称に近い形状がうかがえる。正規性の仮定は的外れとはいえないことがわかる。

ヒストグラムのほかにも，正規性を調べるために残差の **正規 QQ プロット** (normal QQ plot) と呼ばれるものが利用されることがある。観測値の背後にある確率変数が正規分布であるとき，その実現値の正規 QQ プロットが直線に近くなることが知られている。図 8 は，同じ残差の正規 QQ プロットである。観測値に対応する点が直線に近いことから，ここからも正規性の仮定が概ね妥当であると評価できるだろう。

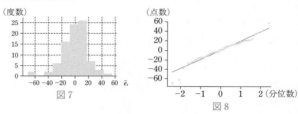

図 7　　　　　　　　　　　図 8

第4章のまとめ

① モデル構築の準備

モデル構築の際に用いられることが多い仮定は，データと確率論をつなぐ役割を果たす。

仮定1　データは，ある確率変数の実現値である。

観測値 y_i の背後にある確率変数を Y_i とすると，$\varepsilon_i = Y_i - \mathrm{E}(Y_i)$ で定められる確率変数 ε_i を誤差という。

仮定2　誤差は，互いに独立である。

仮定3　誤差は，同じ分布に従う。

仮定2と仮定3をあわせて IID という。

仮定4　誤差は，互いに独立に分散が等しい正規分布に従う。

重要用語　誤差，実現値，誤差の期待値，実現誤差

② 期待値のモデル

仮説や見込みを，期待値のモデルの形で表す。以下のような類型がある。

1　均質モデル　　2　単回帰モデル

③ パラメータの推定の考え方

データからパラメータの値を推測する。

推定の代表的な方法には，最小2乗法，最尤推定法がある。

最小2乗法で得られたパラメータの推定値をモデルに代入して得られる値を，期待値の推定値という。

重要用語　パラメータ，真の値，最小2乗推定値，残差

④ 推定値と推定量

推定値を計算する計算式の中のデータを，それが実現する前の確率変数に戻したものを推定量という。

最小2乗法によって得られた推定量を，最小2乗推定量という。

推定値と推定量の関係：推定値は，推定量の実現値である。

推定量が確率変数の線形和で計算されるとき，その推定量を線形な推定量という。

推定量の分布と評価基準

推定量の分布は，直接，観察することはできない。均質モデルや単回帰モデルのような単純なモデルであれば，①節で学習した仮定を導入して，最小 2 乗推定量の分布について，ある程度知ることができる。

最小 2 乗推定量の期待値は，仮定 1 のもとで未知のパラメータの真の値と等しく，このことを不偏性という。

推定量の分散について知るためには，誤差が互いに独立に同じ分布に従う，という仮定を利用する。また，推定量の分布を特定するためには，誤差は互いに独立に期待値 0，分散の正規分布に従う，という仮定を利用する。

主な推定量の評価基準は，次のものがある：不偏性，効率性，一致性。

重要用語　不偏性，効率性，一致性

⑥　**確率変数としての残差**

誤差の分散を知ることで，推定量の性質がより詳しく分かることになる。誤差と関係が深く，観察が可能な残差に注目する。

④節では，モデルの中のパラメータの真の値を，パラメータの推定値と入れ替え期待値の推定値を定めた。ここでは，真の値を推定量と入れ替え期待値の推定量を定める。

期待値の推定値と推定量の関係：期待値の推定値は，期待値の推定量の実現値である。

残差を計算する計算式の中のデータを確率変数に戻すことで，確率変数としての残差を導く。

本節で定義された確率変数としての残差も含めて，残差と呼ぶ。

実質的な確率変数の数を，自由度という。

重要用語　確率変数としての残差，自由度，正規方程式

⑦　**仮定の妥当性**

⑤節までに示した仮定が妥当かどうかは，推定がどれだけ信頼できるかに関わる。仮定の妥当性は，大まかな近似として妥当か，を考えることで把握する。

誤差の均質性を調べるために，散布図を利用するとよい。

誤差の正規性を調べるために，ヒストグラムや QQ プロットを利用するとよい。

重要用語　頻度的解釈，ベイズ的解釈，QQ プロット

章末問題

1. $p.233$ の例 8 を参考に，**最小 2 乗法** の考え方から，$p.235$ の命題 4-5 を導くとき，以下を示せ。

(1) $\dfrac{\partial}{\partial t_0}S^2(t_0,\ t_1)=-2\left(\sum\limits_{i=1}^{N}y_i-t_0N-t_1\sum\limits_{i=1}^{N}x_i\right)$

(2) $\dfrac{\partial}{\partial t_1}S^2(t_0,\ t_1)=-2\left(\sum\limits_{i=1}^{N}x_iy_i-t_0\sum\limits_{i=1}^{N}x_i-t_1\sum\limits_{i=1}^{N}x_i{}^2\right)$

(3) 連立方程式 $\begin{cases}\dfrac{\partial}{\partial t_0}S^2(t_0,\ t_1)=0\\[2mm]\dfrac{\partial}{\partial t_1}S^2(t_0,\ t_1)=0\end{cases}$ を，$t_0,\ t_1$ について解いて整理すると，命題 4-5

(13) が得られる。ただし $\quad N\sum\limits_{i=1}^{N}(x_i-\overline{x})(y_i-\overline{y})=N\sum\limits_{i=1}^{N}x_iy_i-\left(\sum\limits_{i=1}^{N}x_i\right)\left(\sum\limits_{i=1}^{N}y_i\right)$

$$N\sum_{i=1}^{N}(x_i-\overline{x})^2=N\sum_{i=1}^{N}x_i{}^2-\left(\sum_{i=1}^{N}x_i\right)^2$$

が成り立つことを確かめて使ってもよい。

2. 大きさ N のデータ $(y_1,\ y_2,\ \cdots\cdots,\ y_N)$ の背後にある確率変数 $(Y_1,\ Y_2,\ \cdots\cdots,\ Y_N)$ の期待値が **均質モデル** で表されるとする。このモデルの誤差 $(\varepsilon_1,\ \varepsilon_2,\ \cdots\cdots,\ \varepsilon_N)$ が互いに独立に未知の分散 σ^2 の正規分布に従うと仮定する。このような仮定のもとで誤差の分散 σ^2 の **最尤法** による推定量 $\tilde{\sigma}^2$ は $\quad\tilde{\sigma}^2=\dfrac{1}{N}\sum\limits_{i=1}^{N}(Y_i-\overline{Y})^2$

であることが知られている。ただし，$\overline{Y}=\dfrac{1}{N}\sum\limits_{i=1}^{N}Y_i$ である（[10] の 6 章など参照）。
これに関して次の問に答えよ。

(1) 推定量 $\tilde{\sigma}^2$ の期待値を，真の値 σ^2 とデータの大きさ N を用いて表せ。また，この推定量が **バイアス** をもっていることを示せ。

(2) 別の推定量 $\quad\tilde{\sigma}_{\mathrm{ub}}{}^2=\dfrac{1}{N-1}\sum\limits_{i=1}^{N}(Y_i-\overline{Y})^2$

の期待値を同じように計算して整理し，この推定量がバイアスをもたない（不偏推定量である）ことを示せ。

(3) 推定量 $\tilde{\sigma}^2$ の分散を，分散の真の値 σ^2 とデータの大きさ N を用いて表せ。ただし，$\mathrm{E}(\varepsilon_i{}^4)=3\sigma^4$ を利用してもよい。

(4) チェビシェフの不等式を用いて，推定量 $\tilde{\sigma}^2$ が一致性をもつことを示せ。

第 5 章

統計的仮説検定

　記述統計の方法やモデルを利用する方法を使うと，データがもつ傾向や特徴を見出すことができる。ただし，こうした方法で見出した傾向や特徴は，偶然のせいではないか，という批判に脆弱である。私たちが，データの背後に偶然が関与していることを認めるならば，「今回調べた標本は偶々そのような傾向や特徴を見せたが，標本を集めなおして調べると，それらは見つからないのではないか」という批判は当然といえる。

　統計的仮説検定 と呼ばれる手続きを経て，見出された傾向や特徴が **有意** であると判断できれば，こうした批判に対してある程度の耐性を得ることができる。

　本章では，統計的仮説検定の手順，考え方や有意という言葉の意味などを学習していく。

1 2標本 t 検定

2つの標本の違いに興味があるとする。p.82 の第2章の ⑥ 節では、記述統計の方法を用いて2つの標本を比較をする方法をいくつか確認した。また第4章では、データに対して期待値のモデルを考え、そのパラメータを推定することで、その特徴を捉える方法を学習した。本節では、モデルを利用し、統計的仮説検定と呼ばれる手続きにより期待値の違いについて調べる方法を確認する。

◆ 2標本 t 検定の概要

講義形式と学習効果　p.7 の例1のように、私たちの関心が講義形式と学習効果の関係にあるとする。第2章 ⑥ 節では、対面形式、リモート形式の講義の受講生の試験の点数のデータを、それぞれ記述統計の方法で比較をした。そこでは、リモート形式の講義の受講生の標本平均 (66.15) の方が対面形式のもの (59.98) よりも高いというエビデンスを見出した。また、p.230 の例7では、それぞれのデータに均質モデルを考えたが、リモート形式の点数の期待値 μ^{R} の推定値 $\widehat{\mu}^{\mathrm{R}}(\omega) = 66.15$ の方が、対面形式の点数の期待値 μ^{P} の推定値 $\widehat{\mu}^{\mathrm{P}}(\omega) = 59.98$ よりも高いというエビデンスが得られた。

これらのエビデンスは、リモート形式の講義の方が学習効果が高い、という仮説を支持しているといえるだろう。

しかしこれだけでは、これらのエビデンスは偶然得られたものではないか、という批判に反論ができない。p.256 からもわかるように、モデルを用いる方法では、推定値が誤差の影響を受けることが明示的に考慮されている。

したがって、見出されたエビデンスが純粋に誤差だけによるものである可能性は否定できない。

統計的仮説検定を行った結果、エビデンスが **有意** であると判断されると、こうした批判に対してある程度の耐性が得られる。

例1のような場合には **2標本 t 検定** と呼ばれる検定が利用されることが多い。あらかじめ手順をまとめておくと次の通りである。

手順　2標本 t 検定

　大きさ N^A の数値データ A：$(y_1{}^A,\ y_2{}^A,\ \cdots\cdots,\ y_{N^A}{}^A)$ と，大きさ N^B の数値データ B：$(y_1{}^B,\ y_2{}^B,\ \cdots\cdots,\ y_{N^B}{}^B)$ があるとする。それぞれに対して均質モデルを

$$y_i{}^A=\mu^A+e_i{}^A,\quad (i=1,\ 2,\ \cdots\cdots,\ N^A),\quad y_j{}^B=\mu^B+e_j{}^B,\quad (j=1,\ 2,\ \cdots\cdots,\ N^B)$$

のように考える。

　私たちの興味が，$\mu^A=\mu^B$ なのか，$\mu^A<\mu^B$ なのか，にあるとしよう。

(1)　**帰無仮説** H_0 と，**対立仮説** H_1 を

$$H_0:\mu^A=\mu^B,\ H_1:\mu^A<\mu^B$$

　のように定める。

(2)　自由度 N^A+N^B-2 の t 分布の 10 %（0.1），5 %（0.05），1 %（0.01）の右側
　　分位数を求める。これらの分位数を $r_{0.1}$，$r_{0.05}$，$r_{0.01}$ とおくと，

　　$r_{0.1}<r_{0.05}<r_{0.01}$ が成り立つ。

(3)　**検定統計量** の実現値

$$t(\omega)=\cfrac{\overline{y}{}^B-\overline{y}{}^A}{\sqrt{\cfrac{(S^A)^2+(S^B)^2}{N^A+N^B-2}\left(\cfrac{1}{N^A}+\cfrac{1}{N^B}\right)}}$$

　を計算する。

　ただし

$$\overline{y}{}^A=\frac{1}{N^A}\sum_{i=1}^{N^A}y_i{}^A,\quad (S^A)^2=\sum_{i=1}^{N^A}(y_i{}^A-\overline{y}{}^A)^2$$

$$\overline{y}{}^B=\frac{1}{N^B}\sum_{j=1}^{N^B}y_j{}^B,\quad (S^B)^2=\sum_{j=1}^{N^B}(y_j{}^B-\overline{y}{}^B)^2$$

　である。

　なお，この値は **t 値** とも呼ばれる。

(4)　計算された t 値と，分位数を比較する。

- $r_{0.01}<t(\omega)$ であれば，「帰無仮説 H_0 は 1 % **有意** で **棄却** され，対立仮説 H_1 は 1 % **有意** で **支持** される」と結論することができる。

- $t(\omega)<r_{0.01}$ の場合，他の分位数 $r_{0.05}$，$r_{0.1}$ と同じように比較し，結論を得る。

- $t(\omega)<r_{0.1}$ であれば，結論には「帰無仮説 H_0 は（10 % 有意でも）棄却できなかった」あるいは「対立仮説 H_1 は（10 %）有意でなかった」などと記述する。

注意 **統計的仮説検定の考え方** 直感的には，統計的仮説検定の考え方は次のように説明できる。まず，「得られたようなエビデンスが全くの偶然によるものである」という主張を帰無仮説とする。そして帰無仮説が正しい，と仮定してみる。直前の手順でいえば，期待値の推定値が $\widehat{\mu}^A(\omega) < \widehat{\mu}^B(\omega)$ を満たしていたとしても，「本当は $\mu^A = \mu^B$ だが，誤差のせいで $\widehat{\mu}^A(\omega) < \widehat{\mu}^B(\omega)$ となった」と仮定してみる。そのうえで，得られたようなエビデンスが実現する確率を考える。

- この確率が小さかったとしよう。すると，私たちは珍しい事象の実現を目撃したことになる。このとき統計的仮説検定では，「珍しいことが実現した」と考えるのではなく，そのもとになった帰無仮説の方を棄却する。そして，エビデンスは偶然によるものとは考えにくいと結論することができる。

- この確率が小さいとはいえなかったとしよう。このとき，帰無仮説のもとで「当たり前」といえる事象が実現しただけなので，帰無仮説を疑う理由はない。ただしこのことは，帰無仮説が積極的に支持されていることを意味しない。エビデンスが偶然によるものかそうでないかはわからなかった，と結論するほかない。

この中心にあるのは，「珍しい」ことの実現を必要とするような仮説を疑う，という考え方である。そして，私たちは，実現したことを「当たり前」のこととして説明できるような仮説を支持する。

このような考え方は，統計的仮説検定以外でも使われる。

たとえば 1000 本中 10 本が当たりのくじで，主催者の関係者が 10 本の当たりをすべて引いたとしよう。私たちは，「くじは公正に出来ていたが，珍しいことが実現した」と考えるだろうか。主催者が不正を働いた証拠を一切もっていなくても，私たちは結果だけを見て，くじの公平性を疑い，「くじに細工がされていて，関係者が当たりを引くことは決まっていた」可能性を考えるだろう。

このように，私たちは結果だけを見て仮説を疑うことができる。しかし同時に，それだけでは仮説を完全に否定するには不十分であることも私たちは知っている。くじが公平でないことを主催者たちに認めさせるには，別の証拠が必要になるだろう。統計的仮説検定の場合も，仮説が **棄却** されることと，**反証** されることは同じではない。

検定を行うだけであれば，*p.* 301 の手順を知っていれば十分である。また，計算パッケージなどには，この手順をある程度自動的に行う機能が含まれていることが多いので，手順すら知らなくても検定を行うことは可能である。しかし以下では，この手順の意味や，背後にある考え方を確認していく。

◆帰無仮説と対立仮説

最初に **帰無仮説** と **対立仮説** を定める。

> **用語 5-1　帰無仮説と対立仮説**
>
> 統計的仮説検定で使われる仮説のうち，棄却される可能性があるものを帰無仮説という。帰無仮説は，モデルに含まれるパラメータの方程式として記述されることが多い。習慣的に，帰無仮説を指すのに H_0 という記号が使われることが多い。
>
> 統計的仮説検定で使われる仮説のうち，支持される可能性があるものを対立仮説という。対立仮説は，帰無仮説が正しくない状態を表現する仮説で，モデルに含まれるパラメータの不等式として記述されることが多い。習慣的に，対立仮説を指すのに H_1，H_A などの記号が使われることが多い。

講義形式と学習効果—帰無仮説と対立仮説　私たちが，例 1 のような関心をもっているとすると，帰無仮説 H_0 と対立仮説 H_1 は

$$H_0 : \mu^P = \mu^R, \quad H_1 : \mu^P < \mu^R$$

のように定めるのが適当だろう。

注意　**対立仮説の決め方**　対立仮説はふつう，私たちが積極的に実証しようとしている仮説を表すように決める。例 2 の場合，私たちは，記述統計や，パラメータの推定値から，「リモート形式の講義の方が点数の期待値は高いのではないか」という期待をもつことが自然であろう。この期待を実証しようと思えば，対立仮説は $H_1 : \mu^P < \mu^R$ となる。

もし，私たちが「対面形式の講義の方が点数の期待値が高い」という仮説を実証したいのであれば，対立仮説を $H_1 : \mu^P > \mu^R$ とする必要がある。

あるいは，大小関係ではなく，「講義形式によって点数の期待値は異なる」ことを実証したいのであれば対立仮説は $H_1 : \mu^P \neq \mu^R$ とする。

$p. 301$ の手順や，$p. 303$ の例 2 のように対立仮説を定めた場合，検定には，後述するように，分布の右側を利用する。こうした検定を右側検定という。

対立仮説が

$$H_1 : \mu^{\mathrm{P}} > \mu^{\mathrm{R}}$$

の場合，分布の左側を利用することがある。分布の左側を使うような検定を左側検定という。

右側検定と左側検定をあわせて，片側検定と呼ぶことがある。

これに対して，前ページの注意で考えた

$$H_1 : \mu^{\mathrm{P}} \neq \mu^{\mathrm{R}}$$

のような対立仮説では，分布の両側を使う。このような検定を両側検定という。

◆ 有意水準

$p. 302$ の注意では，帰無仮説を棄却する基準として，実現した事象が「珍しい」といえるかどうかを考えた。統計的仮説検定では，「珍しい」といえるような小さい確率をあらかじめ定めておく。

用語 5-3　有意水準

統計的仮説検定で帰無仮説を棄却できるかどうかを判断するために定める，「珍しい」といえるほど小さい確率を有意水準という。

注意　**有意水準**　習慣的に使われる有意水準の値は，10 %（0.1），5 %（0.05），1 %（0.01）の 3 つである。これらのうち 10 % は使われないことも多い。

◆ 検定統計量

統計的仮説検定では，**検定統計量** と呼ばれる確率変数を用いて，帰無仮説が棄却できるかどうかを判断する。このことを確認する前に，仮説と推定量の分布の関係を考えてみよう。

講義形式と学習効果―仮説と推定量の分布 $p.265$ の例 23 で考えたとおり,対面形式の講義の点数の期待値 μ^{P} の推定量 $\widehat{\mu}^{\mathrm{P}}$ は

$$\widehat{\mu}^{\mathrm{P}} \sim \mathrm{N}\left(\mu^{\mathrm{P}}, \frac{(\sigma^{\mathrm{P}})^2}{87}\right)$$

のように正規分布に従う。同じように,リモート形式の講義の点数の期待値 μ^{R} の推定量 $\widehat{\mu}^{\mathrm{R}}$ についても

$$\widehat{\mu}^{\mathrm{R}} \sim \mathrm{N}\left(\mu^{\mathrm{R}}, \frac{(\sigma^{\mathrm{R}})^2}{110}\right)$$

である。また,データ $(Y_1^{\mathrm{P}}, Y_2^{\mathrm{P}}, \cdots\cdots, Y_{87}^{\mathrm{P}})$ とデータ $(Y_1^{\mathrm{R}}, Y_2^{\mathrm{R}}, \cdots\cdots, Y_{110}^{\mathrm{R}})$ が互いに独立であるとすると,これらから計算される推定量 $\widehat{\mu}^{\mathrm{P}}$, $\widehat{\mu}^{\mathrm{R}}$ も互いに独立である。簡単のために 2 つのデータの分散 $(\sigma^{\mathrm{P}})^2$, $(\sigma^{\mathrm{R}})^2$ が等しいとしよう。すなわち,両方のデータの誤差の分散を σ^2 とおく。確率変数 $\widehat{\delta}$ を $\widehat{\delta} = \widehat{\mu}^{\mathrm{R}} - \widehat{\mu}^{\mathrm{P}}$ で定めると,これは

$$\widehat{\delta} \sim \mathrm{N}\left(\mu^{\mathrm{R}} - \mu^{\mathrm{P}}, \left(\frac{1}{87} + \frac{1}{110}\right)\sigma^2\right)$$

のように正規分布に従う。

確率変数 $\widehat{\delta}$ の分布と,例 2 で考えた仮説の間には密接な関係がある。すなわち,帰無仮説 $H_0 : \mu^{\mathrm{P}} = \mu^{\mathrm{R}}$ のもとでは,確率変数 $\widehat{\delta}$ の期待値 $\mu^{\mathrm{R}} - \mu^{\mathrm{P}}$ は 0 になるため,確率変数 $\widehat{\delta}$ の分布は

$$\widehat{\delta} \sim \mathrm{N}\left(0, \left(\frac{1}{87} + \frac{1}{110}\right)\sigma^2\right)$$

であることがわかる。

対立仮説 $H_1 : \mu^{\mathrm{P}} < \mu^{\mathrm{R}}$ のもとではどうだろうか。この仮説のもとでは,確率変数 $\widehat{\delta}$ の期待値 $\mu^{\mathrm{R}} - \mu^{\mathrm{P}}$ は正であることしかわからないが,少なくとも分布の中心が原点より右側にあることがわかる。

もし,$\widehat{\delta}$ の実現値 $\widehat{\delta}(\omega)$ が,その分布の広がりと比べても,大きく右側に位置したとすると,帰無仮説のもとでは「珍しい」ことが起こったといえるだろう。その一方で,対立仮説のもとでは,「当たり前」のこととして説明できる。この実現値は

$$\widehat{\delta}(\omega) = \widehat{\mu}^{\mathrm{R}}(\omega) - \widehat{\mu}^{\mathrm{P}}(\omega) = 66.15 - 59.98 = 6.17$$

のように計算される。これが,帰無仮説のもとでの確率変数 $\widehat{\delta}$ の分布のどの辺りに位置するのかがわかれば,帰無仮説が棄却できるかどうかを判断することができるであろう(図 1)。

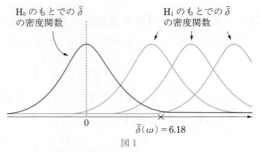

H_0 のもとでの $\widehat{\delta}$
の密度関数

H_1 のもとでの $\widehat{\delta}$
の密度関数

0

$\widehat{\delta}(\omega) = 6.18$

図 1

ただし，この確率変数 $\widehat{\delta}$ の分散

$$\mathrm{V}(\widehat{\delta}) = \left(\frac{1}{87} + \frac{1}{110}\right)\sigma^2$$

は未知のパラメータ σ^2 を含むので，このままでは分布の広がりと実現値 $\widehat{\delta}(\omega) = 6.18$ を比べることができない。

例 3 のように，帰無仮説のもとでと，対立仮説のもとでとで，分布が異なるような確率変数があり，その分布と実現値の位置を比べられれば，帰無仮説が棄却できるかどうかが判断できる。

> **用語 5-4 　検定統計量**
>
> 統計的仮説検定で，帰無仮説を棄却することができるかどうかを判断するために用いる確率変数を検定統計量という。
>
> ある確率変数 U を検定統計量として使うには，次の条件が満たされていることが必要である。
>
> (1) 実現値 $U(\omega)$ がデータから計算できる。
>
> (2) 帰無仮説 H_0 のもとでの分布関数 $P(U \leqq x \mid H_0)$ がわかっている，あるいは近似的に求められる。
>
> (3) 帰無仮説 H_0 のもとでの分布関数 $P(U \leqq x \mid H_0)$ と，対立仮説 H_1 のもとでの分布関数 $P(U \leqq x \mid H_1)$ が異なっていることがわかっている。ただし，対立仮説のもとでの分布関数 $P(U \leqq x \mid H_1)$ 自体は未知でも構わない。

講義形式と学習効果―検定統計量とその実現値 *p.* 303 の例 2 で定めた仮説の検定であれば、例 3 で考えた確率変数 δ が候補として考えられるかもしれない。例 3 で挙げたことと、用語 5-4 を比べると、この確率変数は用語 5-4 の条件 (1) と (3) を満たすことがわかる。ただし、誤差の分散 σ^2 が未知なので、この分布は未知である。したがってこのままでは、条件 (2) を満たさず、検定統計量として用いることはできない。

そこで、誤差の分散 σ^2 を消すために **残差** の 2 乗和を用いる。

p. 287 の命題 4-25 より

$$\frac{\sum\limits_{i=1}^{87}(Y_i{}^{\mathrm{P}}-\widehat{\mu^{\mathrm{P}}})^2}{\sigma^2}\sim\chi^2(87-1)$$

$$\frac{\sum\limits_{j=1}^{110}(Y_j{}^{\mathrm{R}}-\widehat{\mu^{\mathrm{R}}})^2}{\sigma^2}\sim\chi^2(110-1)$$

が成り立つ。

また、これらの 2 乗和が互いに独立であることと、*p.* 204 の用語 3-44 より

$$\frac{\sum\limits_{i=1}^{87}(Y_i{}^{\mathrm{P}}-\widehat{\mu^{\mathrm{P}}})^2+\sum\limits_{j=1}^{110}(Y_j{}^{\mathrm{R}}-\widehat{\mu^{\mathrm{R}}})^2}{\sigma^2}\sim\chi^2(87+110-2)$$

が成り立つ。

ここまでで準備した確率変数 δ と、残差の 2 乗和を用いて t 分布に従う確率変数を作ることを考えてみよう。

まず確率変数 δ をその標準偏差で割ると

$$\frac{\widehat{\delta}}{\sqrt{\left(\dfrac{1}{87}+\dfrac{1}{110}\right)\sigma^2}}\sim\mathrm{N}\left(\frac{\mu^{\mathrm{R}}-\mu^{\mathrm{P}}}{\sqrt{\left(\dfrac{1}{87}+\dfrac{1}{110}\right)\sigma^2}},\ 1\right)$$

である。これを、自由度で割った残差の 2 乗和の和の平方根で割って確率変数 t_{δ} を

$$t_{\delta}=\frac{\widehat{\delta}}{\sqrt{\left(\dfrac{1}{87}+\dfrac{1}{110}\right)\sigma^2}}\times\frac{1}{\sqrt{\dfrac{\sum\limits_{i=1}^{87}(Y_i{}^{\mathrm{P}}-\widehat{\mu^{\mathrm{P}}})^2+\sum\limits_{j=1}^{110}(Y_j{}^{\mathrm{R}}-\widehat{\mu^{\mathrm{R}}})^2}{\sigma^2\times(87+110-2)}}}$$

で定める。

これを整理すると

$$t_{\hat{\delta}} = \frac{\hat{\delta}}{\sqrt{\left(\dfrac{1}{87}+\dfrac{1}{110}\right)\sigma^2}} \times \frac{1}{\sqrt{\dfrac{\displaystyle\sum_{i=1}^{87}(Y_i^{\mathrm{P}}-\widehat{\mu}^{\mathrm{P}})^2 + \sum_{j=1}^{110}(Y_j^{\mathrm{R}}-\widehat{\mu}^{\mathrm{R}})^2}{\sigma^2 \times (87+110-2)}}}$$

$$= \frac{\hat{\delta}}{\sqrt{\dfrac{\displaystyle\sum_{i=1}^{87}(Y_i^{\mathrm{P}}-\widehat{\mu}^{\mathrm{P}})^2 + \sum_{j=1}^{110}(Y_j^{\mathrm{R}}-\widehat{\mu}^{\mathrm{R}})^2}{87+110-2}\left(\dfrac{1}{87}+\dfrac{1}{110}\right)}}$$

のように誤差の分散 σ^2 を消すことができる。

この確率変数 $t_{\hat{\delta}}$ は，用語 5-4 の条件をすべて満たす。まず，実現値 $t_{\hat{\delta}}(\omega)$ については

$$\hat{\delta}(\omega) = \widehat{\mu}^{\mathrm{R}}(\omega) - \widehat{\mu}^{\mathrm{P}}(\omega) = 66.15 - 59.98 = 6.17$$

$$\sum_{i=1}^{87}(Y_i^{\mathrm{P}}(\omega) - \widehat{\mu}^{\mathrm{P}}(\omega))^2 = \sum_{i=1}^{87}(y_i^{\mathrm{P}} - 59.98)^2 = 54569.95$$

$$\sum_{i=1}^{110}(Y_i^{\mathrm{R}}(\omega) - \widehat{\mu}^{\mathrm{R}}(\omega))^2 = \sum_{i=1}^{110}(y_i^{\mathrm{R}} - 66.15)^2 = 77680.37$$

を代入すると $t_{\hat{\delta}}(\omega)=1.65$ のようにデータから計算できるので，用語 5-4 の (1) を満たす。p. 290 の命題 4-27 より，残差の 2 乗和と推定量は互いに独立なことを利用すると，帰無仮説のもとで，確率変数 $t_{\hat{\delta}}$ は自由度 87+110-2 の t 分布に従う。すなわち，帰無仮説のもとでの分布が明らかである。したがって，条件 (2) も満たされる。

また，対立仮説のもとでは，自由度 87+110-2，非心パラメータ

$$\frac{\mu^{\mathrm{R}} - \mu^{\mathrm{P}}}{\sqrt{\left(\dfrac{1}{87}+\dfrac{1}{110}\right)\sigma^2}}$$ の非心 t 分布に従う。この分布の非心パラメータは未

知であるが，少なくとも帰無仮説のもとでの分布とは違う。したがって，用語 5-4 の (3) も満たされている。

このように，確率変数 $t_{\hat{\delta}}$ は用語 5-4 の条件をすべて満たし，検定統計量として使うことができる。また，$t_{\hat{\delta}}(\omega)=1.65$ がその実現値である。

用語 5-5　t 検定

帰無仮説のもとで，t 分布に従う検定統計量を用いる統計的仮説検定を，t 検定という。

用語 5-6　　t 値

帰無仮説のもとで，t 分布に従う検定統計量を用いた場合，データから計算したその実現値を，t 値という。

◆ 棄却域

まず次の例を考えよう。

講義形式と学習効果——「珍しい」といえる大きさ　　例 4 で定めた検定統計量 t_δ は帰無仮説のもとで自由度 $87+110-2$ の t 分布に従うが，その実現値がどのくらいの大きさであれば，帰無仮説のもとで「珍しい」といえるだろうか？

- 「珍しい」といえる確率 (すなわち有意水準) を 10 ％ としてみよう。自由度 $87+110-2=195$ の t 分布の右側 10 ％ 分位数は 1.29 である。すなわち帰無仮説のもとで，検定統計量の実現値が 1.29 よりも大きい確率は 10 ％ である。もし実現値が 1.29 大きければ，それは帰無仮説のもとでは「珍しい」ことが実現したといえる。このとき，帰無仮説は棄却できる。
- 同じように有意水準を 5 ％ とすると，右側分位数は 1.65 であるから，検定統計量の実現値がこの値より大きければ帰無仮説は棄却できる。
- 有意水準が 1 ％ の場合，右側分位数は 2.35 であるから，検定統計量の実現値がこの値より大きければ帰無仮説は棄却できる。

例 5 からわかるように，検定統計量の実現値が数直線上のある区間に含まれると，帰無仮説を棄却することができる。

用語 5-7　棄却域

検定統計量の実現値がそこに含まれると，帰無仮説を棄却できるような，数直線上の区間を棄却域という。

棄却域は，$p.304$ の用語 5-2 で考えた対立仮説の種類によって，次のように定めることができる。

命題 5-1 右側検定の棄却域

検定統計量を U，有意水準を α とする。検定統計量 U の帰無仮説のもとでの右側 α 分位数を r_α とすると，右側検定の棄却域は $\{x \mid r_\alpha < x\}$ である。

例 6
講義形式と学習効果—棄却域　例 5 から，検定統計量 t_δ の棄却域は

- 10 % の有意水準に対しては　　$\{x \mid 1.29 < x\}$
- 5 % の有意水準に対しては　　$\{x \mid 1.65 < x\}$
- 1 % の有意水準に対しては　　$\{x \mid 2.33 < x\}$

である。

命題 5-2 左側検定の棄却域

検定統計量を U，有意水準を α とする。検定統計量 U の帰無仮説のもとでの左側 α 分位数を ℓ_α とすると，左側検定の棄却域は $\{x \mid x < \ell_\alpha\}$ である。

両側検定の場合，有意水準を左右に均等に振り分ける。

命題 5-3 両側検定の棄却域

検定統計量を U，有意水準を α とする。検定統計量 U の帰無仮説のもとでの左側 $\dfrac{\alpha}{2}$ 分位数を $\ell_{\frac{\alpha}{2}}$，右側 $\dfrac{\alpha}{2}$ 分位数を $r_{\frac{\alpha}{2}}$, とすると，両側検定の棄却域は $\{x \mid x < \ell_{\frac{\alpha}{2}},\ r_{\frac{\alpha}{2}} < x\}$ である。

◆ 検定

ここまで準備をしておくと，検定統計量の実現値と棄却域を比べることができる。

用語 5-8 検定

データから，検定統計量の U の実現値 $U(\omega)$ を計算し，それが有意水準 α の棄却域に含まれるかによって帰無仮説 H_0 を棄却するかどうかを次のように判断することを統計的仮説検定，あるいは単に検定という。

- 実現値 $U(\omega)$ が棄却域に含まれているならば，帰無仮説 H_0 は有意水準 α で棄却できる。このとき，データは対立仮説 H_1 を有意水準 α で支持している，と結論できる。
- 実現値 $U(\omega)$ が棄却域に含まれていないならば，帰無仮説は棄却できない。このとき，データはどちらかの仮説を支持しているわけではない。結論には，「帰無仮説は棄却できなかった」，「対立仮説は有意に支持をされなかった」などと書く。

例 7

講義形式と学習効果——検定 *p.* 307 の例 4 のように，検定統計量 t_δ の実現値——すなわち t 値——は $t_\delta(\omega)=1.65$ である。この値は，例 6 で求めた 10 % の有意水準の棄却域に含まれるので，帰無仮説 $H_0:\mu^{\mathrm{P}}=\mu^{\mathrm{R}}$ は有意水準 10 % で棄却できる。

5 % の有意水準については 3 桁の有効数字ではわからないので，分位数と t 値の桁数をそれぞれ増やすと $r_{0.05}=1.6527$，$t_\delta(\omega)=1.6533$ であり，（ぎりぎり）棄却域に含まれることがわかる。

1 % の有意水準では， t 値は棄却域に含まれない。

これらから，帰無仮説は 5 % 有意で棄却できる，と結論できる。

◆ *p* 値

前項で行ったのと同じ判断は，有意水準ごとの分位数を求めなくても， *p* 値と呼ばれる量を用いて行うことができる。

用語 5-9　*p* 値

U を検定統計量，α を有意水準とする。また，検定統計量 U の帰無仮説 H_0 のもとでの確率密度関数を f_0 とし，その実現値を $u=U(\omega)$ とおく。

このとき

- 右側検定の *p* 値 p_r は

$$p_r=P(u<U \mid H_0)=\int_u^\infty f_0(v)\mathrm{d}v$$

で計算される値である。

- 左側検定の p 値 p_ℓ は $\qquad p_\ell = P(U < u \mid H_0) = \displaystyle\int_{-\infty}^{u} f_0(v)\mathrm{d}v$

  で計算される値である。
- 両側検定の p 値 p は，$p_r < p_\ell$ のとき $\qquad p = 2p_r$

  $\qquad\qquad\qquad\qquad\quad p_\ell < p_r$ のとき $\qquad p = 2p_\ell$

  で計算される値である。

　このように定められる p 値を使うと，① 節の $p.301$ の手順で示した 2 標本 t 検定は次のように行うことができる。

手順　2 標本 t 検定（p 値の利用）

　① 節の手順の(3)で計算した検定統計量 t の実現値——すなわち t 値——を $u = t(\omega)$ とおく。この u から，右側検定の p 値 p_r を

$$p_r = P(u < t \mid H_0) = \int_u^\infty f_0(v)\mathrm{d}v$$

によって計算する。ただし，f_0 は自由度 $N^\mathrm{A} + N^\mathrm{B} - 2$ の t 分布の確率密度関数である。p 値 p_r と有意水準 α を比較し，$p_r < \alpha$ であれば，帰無仮説を有意水準 α で棄却することができる。

帰無仮説が棄却できるかどうかの判断を，上の手順のように，p 値と有意水準の比較によって行うことができる理由を述べよ。

講義形式と学習効果——p 値の利用　$p.307$ の例 4 の t 値から求めた p 値は $p_r = 0.0499$ である。これは 0.05 より（わずかに）小さいので，帰無仮説は 5 ％ 有意で棄却できる。

　t 値と分位数を直接比べなくても大小関係がわかる理由は，図をみるとわかりやすい。分位数 $r_{0.05}$ は，その右側の面積が 0.05 になるように定められている。p 値が 0.05 よりも小さいということから，$r_{0.05}$ の位置を確認しなくても，$t_\delta(\omega)$ が $r_{0.05}$ の右側にあることがわかる。

H_0 のもとでの t_δ の密度関数

0.0499（p 値）

$r_{0.1}$　$r_{0.05}$　$t_\delta(\omega)$　$r_{0.01}$

◆ 第Ⅰ種の過誤の確率と有意水準

1 % の有意水準で帰無仮説を棄却できたとしよう。このことは，帰無仮説が**反証**されたことを意味しない。ここまでで学習してきた統計的仮説検定の手順を考えると，もし帰無仮説が正しかったとしても 1 % の確率で「誤って」棄却してしまう。

> **用語 5-10　第Ⅰ種の過誤とその確率**
> 帰無仮説が正しいにもかかわらず，統計的仮説検定の結果これを棄却してしまうことを第Ⅰ種の過誤という。
> また，帰無仮説が正しいという仮定のもとでこれを棄却してしまう確率を第Ⅰ種の過誤の確率という。

統計的仮説検定の手順から，次の命題が成り立つ。

> **命題 5-4　第Ⅰ種の過誤の確率と有意水準**
> 統計的仮説検定の第Ⅰ種の過誤の確率は，その有意水準と常に等しい。

練習 2　統計的仮説検定の手順を考え，統計的仮説検定の第Ⅰ種の過誤の確率と，その有意水準が常に等しいことを示せ。

注意　第Ⅰ種過誤の確率　$p.\,304$ の用語 5-3 では，有意水準を，「珍しい」といえるほど小さい確率，と説明した。有意水準と第Ⅰ種の過誤の確率が等しいことを考えると，用語 5-10 は有意水準のより厳密な定義ともいえる。

◆ 第Ⅱ種の過誤の確率と検出力

第Ⅰ種とは逆の過誤もありうる。

> **用語 5-11　第Ⅱ種の過誤とその確率**
> 帰無仮説が正しくないにもかかわらず，統計的仮説検定の結果これを棄却しないことを第Ⅱ種の過誤という。
> また，ある対立仮説が正しいと仮定したときに，帰無仮説を棄却できない確率が計算できる場合，その確率を第Ⅱ種の過誤の確率という。

注意 **第Ⅱ種の過誤の確率の計算** 第Ⅰ種の過誤の確率と違い,第Ⅱ種の過誤の確率は
ただちに計算ができない。ここまでで考えてきた2標本 t 検定の場合,第Ⅱ種の
過誤の確率の計算の手順は次のように考えられるかもしれない。まず,$p.307$
例4の検定統計量 t_δ について,対立仮説 $H_1 : \mu^P < \mu^R$ のもとでの分布関数
$P(t_\delta \leqq x \mid H_1)$ を求める。そうして,検定統計量 t_δ が棄却域に入らない確率を求
めれば,それが第Ⅱ種の過誤の確率になるだろう。

しかし,このやり方には問題がある。この例4で確認したように,検定統計量
t_δ の対立仮説のもとでの分布は,未知のパラメータを含み明らかでない。ふつ
う第Ⅱ種の過誤の確率を求めるには,未知のパラメータの値を見込みによって決
めた **シナリオ** が必要になる。

例 9 **講義形式と学習効果—第Ⅱ種の過誤の確率** 例4のように,対立仮説
$H_1 : \mu^P < \mu^R$ のもとで検定統計量 t_δ は,自由度 $87+110-2$,非心パラメ
ータ

$$\frac{\mu^R - \mu^P}{\sqrt{\left(\dfrac{1}{87} + \dfrac{1}{110}\right)\sigma^2}}$$

の非心 t 分布に従う。

この分布を定めるには,期待値の差 $\mu^R - \mu^P$ と,誤差の分散 σ^2 の値を定
める必要がある。

期待値の差については,5点を見込んで,$\mu^R - \mu^P = 5$ としてみよう。誤
差の分散については,残差の標本分散

$$\frac{1}{87+110}\left(\sum_{i=1}^{87}(\widehat{e_i}^P)^2 + \sum_{j=1}^{110}(\widehat{e_j}^R)^2\right) = 671.32$$

を使うことにしよう。

この期待値の差が5,誤差分散の値が671.32という **シナリオ** を,シナ
リオ S_1 と呼ぶことにしよう。シナリオ S_1 のもとで,非心パラメータは

$$\frac{5}{\sqrt{\left(\dfrac{1}{87} + \dfrac{1}{110}\right) \times 671.32}} = 1.35$$

である。図2は,シナリオ S_1 のもとでの検定統計量 t_δ の確率密度関数
と,帰無仮説 H_0 のもとでの確率密度関数(すなわち,t 分布の密度関
数)を比較したものである。

図の一番左の縦棒は，有意水準10％の t 値 1.29 の位置を表す。シナリオ S_1 が正しいときに有意水準10％で帰無仮説 H_0 を棄却できない確率，すなわちシナリオ S_1 のもとでの有意水準10％の第II種の過誤の確率は，非心 t 分布の分布関数を用いて

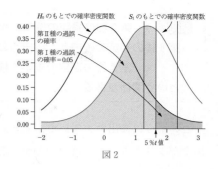

図2

$$P(t_\delta \leqq 1.29 \mid S_1) = 0.48$$

のように求められる。同じように，有意水準5％と1％についても，第II種の過誤の確率は

$$P(t_\delta \leqq 1.65 \mid S_1) = 0.62, \quad P(t_\delta \leqq 2.33 \mid S_1) = 0.84$$

のように求められる。ただし，1.65，2.33 はそれぞれ有意水準5％，1％の t 値である。

ここからもわかるように，有意水準——すなわち第I種の過誤の確率——が低いほど，第II種の過誤の確率は高くなる。なお，例7では，帰無仮説は5％有意で棄却できた。もし，期待値の差 $\mu^R - \mu^P$ の値が5程度であるとすると，棄却できなかった確率も 0.62 あったことになる。

実は，例9のように検定を行い，帰無仮説が棄却できることがわかった後に第II種の過誤の確率を計算することにあまり大きな意味はない。第II種の過誤の確率は，検定統計量として使える確率変数の候補が複数あるときに，どちらがよいかを判断するために使われることがある。すなわち，同一のシナリオと有意水準のもとで，第II種の過誤の確率がより小さいような確率変数の方が，検定統計量としてはよりよいと考えることができる。このときに，**検出力**と呼ばれる量を用いることがある。

用語 5-12　検出力
統計的仮説検定において，対立仮説 H_1 に含まれるあるシナリオ S_1 が正しいときに，検定統計量 U を用いて帰無仮説 H_0 を棄却できる確率を，その検定統計量の検出力という。

命題 5-5 **第Ⅱ種の過誤の確率と検出力**

第Ⅱ種の過誤の確率と，検出力の間には

第Ⅱ種の過誤の確率＋検出力＝1

という関係がある。

このように検出力を定めておくと，検定統計量の候補が複数あったときに，検出力がより大きい方を選ぶことができる。

◆ 標本の大きさと検出力

2 標本 t 検定の場合，標本を大きくすると検出力も大きくなる傾向が知られている。

例 10

講義形式と学習効果—標本の大きさと検出力 例 9 のシナリオ S_1 を固定したまま，標本の大きさ（すなわち，受講生の数）が変化した場合，有意水準 5 ％ の検出力がどのように変化するか見てみよう。

図 3 は，例 9 の場合と，受講生の数が 1.2 倍になった場合，1.5 倍になった場合の，検定統計量の確率密度関数を比較したものである。

帰無仮説 H_0 のもとでの確率密度関数のグラフは 1 本の曲線に見える。しかし，3 つの場合すべてについて自由度が異なるので，これは 3 本の互いに近い曲線が重なっているものである。

このことから，もとの受講生の数

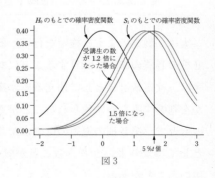

図 3

が，対面形式 87 人，リモート形式 110 人程度の場合，受講生の数が 1.2 倍や 1.5 倍になっても，帰無仮説のもとでの分布に変化がほとんどないことがわかる。実際，5 ％ 分位数を比較すると，もとの場合で 1.6527，1.2 倍の場合で 1.6540，1.5 倍の場合で 1.6501 である。標本が大きくなると，分位数がわずかに減少することがわかる。

シナリオ S_1 のもとでの分布をみると，標本が大きくなると頂点が右に移動する様子がわかる。検出力を比較すると，もとの場合で 0.38，1.2 倍の場合で 0.43，1.5 倍の場合で 0.50 である。標本が大きくなると大きく増加することがわかる。

注意 **標本の大きさと検出力** *p.* 28 のコラムでは，標本が大きいほど，統計的仮説検定ではっきりとした結論が得られやすい，と説明した。これは，標本が大きいほど検出力が高くなる傾向があり，帰無仮説を棄却しやすいことを指している。この事実から，標本の大きさに関して次のように考えることができる。

- 統計的仮説検定を行い，十分に小さい有意水準で帰無仮説を棄却できたとしよう。このとき，標本の大きさは十分であると考えられる。このとき我々は第 I 種の過誤を犯しているかもしれないが，そのリスクは有意水準で把握されており，我々はその有意水準を十分に小さいと考えていることになる。
- 統計的仮説検定を行い，帰無仮説が棄却できなかったとしよう。このとき，標本の大きさが十分でなかった可能性を考えることができる。なぜならば，帰無仮説が棄却できなかったのは検出力が十分でなかったことによるかもしれないからである。可能ならば事例をさらに集めて標本を大きくすることで検出力を大きくすれば，帰無仮説が棄却できるようになる可能性がある。

◆ 仮定の妥当性と ad hoc な方法

ここまでで考えてきた 2 標本 t 検定は，前章で確認をした均質モデルを利用している。したがって，第 4 章 ⑦ 節で考えた仮定に依存している。

講義形式と学習効果—仮定 対面形式の講義の受講生の点数のデータに対しては，次の仮定をおいている。

確率変数の存在：データ $(0, 0, \cdots\cdots, 60)$ の背後に 87 変数の確率変数 $(Y_1{}^{\mathrm{P}}, Y_2{}^{\mathrm{P}}, \cdots\cdots, Y_{87}{}^{\mathrm{P}})$ が存在すること。

期待値のモデル：均質モデルが，この確率変数の期待値を正確に描写していること。

すなわち

$$\mathrm{E}(Y_1{}^{\mathrm{P}})=\mathrm{E}(Y_2{}^{\mathrm{P}})=\cdots\cdots=\mathrm{E}(Y_{87}{}^{\mathrm{P}})=\mu^{\mathrm{P}}$$

が成り立つこと。ただし，μ^{P} は未知のパラメータである。

誤差の独立性：誤差 $\varepsilon_1{}^{\mathrm{P}}, \varepsilon_2{}^{\mathrm{P}}, \cdots\cdots, \varepsilon_{87}{}^{\mathrm{P}}$ が互いに独立であること。

誤差の正規性，標本内の等分散性：誤差 $\varepsilon_1{}^{\mathrm{P}}$, $\varepsilon_2{}^{\mathrm{P}}$, ……, $\varepsilon_{87}{}^{\mathrm{P}}$ が互いに独立に，期待値 0，分散 $(\sigma^{\mathrm{P}})^2$ の正規分布に従うこと。ただし，$(\sigma^{\mathrm{P}})^2$ は未知のパラメータである。

同じように，リモート形式の講義の受講生の点数のデータに対しては，次の仮定をおいている。

確率変数の存在：データ $(0, 2, ……, 55)$ の背後に 110 変数の確率変数 $(Y_1{}^{\mathrm{R}}, Y_2{}^{\mathrm{R}}, ……, Y_{110}{}^{\mathrm{R}})$ が存在すること。

期待値のモデル：均質モデルが，この確率変数の期待値を正確に描写していること。

すなわち

$$\mathrm{E}(Y_1{}^{\mathrm{R}})=\mathrm{E}(Y_2{}^{\mathrm{R}})=……=\mathrm{E}(Y_{110}{}^{\mathrm{R}})=\mu^{\mathrm{R}}$$

が成り立つこと。ただし，μ^{R} は未知のパラメータである。

誤差の独立性：誤差 $\varepsilon_1{}^{\mathrm{R}}$, $\varepsilon_2{}^{\mathrm{R}}$, ……, $\varepsilon_{110}{}^{\mathrm{R}}$ が互いに独立であること。

誤差の正規性，標本内の等分散性：誤差 $\varepsilon_1{}^{\mathrm{R}}$, $\varepsilon_2{}^{\mathrm{R}}$, ……, $\varepsilon_{110}{}^{\mathrm{R}}$ が互いに独立に，期待値 0，分散 $(\sigma^{\mathrm{R}})^2$ の正規分布に従うこと。ただし，$(\sigma^{\mathrm{R}})^2$ は未知のパラメータである。

さらに私たちは，例 3 で次の仮定をおいた。

標本間の等分散性：2 つのデータの誤差は互いに等しい。

すなわち

$(\sigma^{\mathrm{P}})^2=(\sigma^{\mathrm{R}})^2=\sigma^2$ である。ただし，σ^2 は未知のパラメータである。

第 4 章 ⑦ 節で確認したように，これらの仮定のうち，確率変数の存在と誤差の独立性については定性的に検討をするほかない。期待値のモデルと，誤差の正規性，標本内の等分散性については，それぞれの標本について残差のヒストグラムを観察することが考えられる。

すなわち，期待値のモデルが確率変数の期待値を正確に表し，すべての誤差が分散の等しい正規分布に従うとすると，残差のヒストグラムの形状は正規分布の確率密度関数のグラフに似たものになるはずである。

また，標本間の等分散性については，残差の標本分散あるいは標本標準偏差を比較することが考えられる。残差の標本分散が大きく異なるならば，標本間の等分散性の仮定は妥当とはいえないだろう。

講義形式と学習効果—残差の観察　図 4 は対面形式の講義とリモート形式の講義の 2 つのデータそれぞれの残差のヒストグラムである。

どちらにも左端に集中が見られるが，これは正規分布の特徴と著しく異なる。

なおこの左端の集中は，いうまでもなく，もとの点数のヒストグラム（*p*. 83 の図 12）で見られた，5 点以下の受講生に対応する。

対面形式のデータの残差については，それを除くと正規分布に近いといえるだろう。

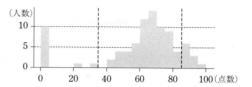

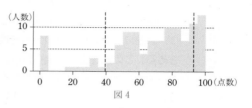

図 4

対面形式の講義のデータの残差の標本標準偏差は 25.04 で，リモート形式のものは 26.57 であった。両者は大きく異なるとはいえない。

注意　**仮定の妥当性**　残差を子細に観察すると，例 12 のように，私たちが利用した仮定が妥当とはいえないようなエビデンスが見つかることがある。

一般に，現実を観察して得られたデータが，私たちが利用する仮定と完全に整合的であることはむしろ例外的と考えられる。

このように，モデルの利用や，統計的仮説検定はある程度の不整合をほぼ常に抱えている。統計的仮説検定は，データに対する見方の 1 つであって，常に正しい結果を与えるわけではないことは認識しておくべきであろう。

なお，データと仮定の不整合に対処する方法は概ね次の 2 つの方向に分類できる。

- より弱い仮定のもとで利用可能な検定を利用する。2 標本 *t* 検定の代替としては，**順位和検定** が用いられることがある。本書で詳しくは触れないが，順位和検定は，確率変数の存在と誤差の独立性のみを仮定する。

- データに対する私たちの見方の方を ad hoc に変える。たとえば，使う
  仮定を改変したり追加することができる。例 12 の場合，p. 83 で考え
  たように，受講生を中断者（5 点以下の受講生）と，継続者（6 点以上の
  受講生）に分類して，
- 学習効果は継続者のみにあらわれる。

という仮定を追加することが考えられる。

この仮定のもとでは，私たちは 6 点以上の受講生のみを調べればよいことに
なる。ただし，このように仮定を改変したり追加した場合，新しい仮定が妥
当なものかを検討する必要がある。

　データに対する見方を変えるには，説明変数を導入（あるいは追加）した
り，誤差に正規分布以外の分布を仮定することなど，モデルを改変する場合
もある。このとき工夫を凝らせば，データと整合性の高いモデルを構築でき
る可能性がある。しかし，複雑なモデルは，パラメータの推定や，検定統計
量の分布の導出が困難な場合が多い。

例 13　**講義形式と学習効果—Ad hoc な方法**　直前の注意で導入した仮定によ
り，6 点以上の受講生——すなわち，p. 84, p. 85 の継続者——のみを
調べてみよう。記述統計量については，p. 85 の表 7 にまとめた通りで
ある。ここから，期待値の推定値が $\widehat{\mu}^{\mathrm{P}}=67.65$，$\widehat{\mu}^{\mathrm{R}}=71.25$ であること
がわかる。データ全体から推定した場合よりも，両者の差が小さいこと
がわかる。このデータから計算した t 値は 1.33，p 値は 0.09 で，帰無仮
説は 10 ％の有意水準で棄却できるものの，5 ％の有意水準では棄却でき
ない。

◆ **2 標本 F 検定**

　ここまでの知識を使うと，分散に関する 2 標本検定を構成することができる。

例 14　**講義形式と学習効果— 2 標本 F 検定**　例 13 のように受講生のうち継続者
に注目すると，点数の分散にも差がみられる。p. 85 の表 7 では，対面
形式の講義の受講生の点数の標本標準偏差は 14.01 で，リモート形式の
ものが 20.13 であった。このように，両者では散らばりの違いが大きい
といえる。

$p.317$ の例 11 で挙げたように，ここまで行ってきた t 検定では，標本間の等分散性を仮定した。これが妥当でない可能性について，統計的仮説検定で調べてみよう。対面形式の講義の点数の残差を $\widehat{\varepsilon}_1{}^{\mathrm{P}}, \widehat{\varepsilon}_2{}^{\mathrm{P}}, \cdots\cdots, \widehat{\varepsilon}_{77}{}^{\mathrm{P}}$ としよう。ただし，もとのデータから継続者のみを取り出して，番号を 1 から 77 まで振り直したものとする。この残差について，$p.287$ の命題 4-25 より，2 乗和を誤差の分散 $(\sigma^{\mathrm{P}})^2$ で割った確率変数

$$(V^{\mathrm{P}})^2 = \frac{\sum_{i=1}^{77} (\widehat{\varepsilon}_i{}^{\mathrm{P}})^2}{(\sigma^{\mathrm{P}})^2}$$

は，自由度 $77-1$ の χ^2 分布に従う。

同じように，リモート形式の講義の継続者の点数の残差 $\widehat{\varepsilon}_1{}^{\mathrm{R}}, \widehat{\varepsilon}_2{}^{\mathrm{R}}, \cdots\cdots, \widehat{\varepsilon}_{102}{}^{\mathrm{R}}$ についても，2 乗和を誤差の分散 $(\sigma^{\mathrm{R}})^2$ で割った確率変数

$$(V^{\mathrm{R}})^2 = \frac{\sum_{j=1}^{102} (\widehat{\varepsilon}_j{}^{\mathrm{R}})^2}{(\sigma^{\mathrm{R}})^2}$$

は，自由度 $102-1$ の χ^2 分布に従う。

これらの確率変数が互いに独立であるとすると，その比

$$F = \frac{(V^{\mathrm{P}})^2/(77-1)}{(V^{\mathrm{R}})^2/(102-1)}$$

は，$p.207$ の用語 3-47 より自由度 $(77-1, 102-1)$ の F 分布に従う。

確率変数 F を整理すると

$$F = \frac{\sum_{i=1}^{77} (\widehat{\varepsilon}_i{}^{\mathrm{P}})^2}{\sum_{j=1}^{102} (\widehat{\varepsilon}_j{}^{\mathrm{R}})^2} \frac{(102-1)(\sigma^{\mathrm{R}})^2}{(77-1)(\sigma^{\mathrm{P}})^2}$$

である。

ここで，未知の定数 r を $r = \dfrac{(\sigma^{\mathrm{R}})^2}{(\sigma^{\mathrm{P}})^2}$ によって定め，確率変数 F_0 を

$$F_0 = \frac{\sum_{i=1}^{77} (\widehat{\varepsilon}_i{}^{\mathrm{P}})^2}{\sum_{j=1}^{102} (\widehat{\varepsilon}_j{}^{\mathrm{R}})^2} \frac{(102-1)}{(77-1)}$$

によって定めると，確率変数 F と F_0 の間には $F_0 = \dfrac{F}{r}$ という関係がある。

統計的仮説検定の帰無仮説 H_0 を標本間の等分散
$$H_0 : (\sigma^{\mathrm{P}})^2 = (\sigma^{\mathrm{R}})^2$$
とすると，これは $r=1$ と同値である。

また，対立仮説を
$$H_0 : (\sigma^{\mathrm{P}})^2 < (\sigma^{\mathrm{R}})^2$$
とすると，これは $1<r$ と同値である。

このとき，確率変数 F_0 は $p.306$ の用語 5-4 の条件をすべて満たすので，検定統計量として用いることができる。確率変数 F_0 は帰無仮説のもとで F 分布に従う。対立仮説のもとでは，F 分布に従う確率変数を 1 よりも大きい値 r で割ったものであるから，分布は原点の方向に歪んだものになる。

データから得られる残差の 2 乗和から確率変数 F_0 の実現値を求めると，$F_0(\omega)=0.49$ である。

ここから得られる p 値は
$$P(F_0 \leqq 0.49 \,|\, H_0)=0.0005$$
で，帰無仮説は 1 ％ 有意で棄却することができる。すなわち，標本間の等分散性は 1 ％ 有意で棄却される。

$p.320$ の例 13 で行った t 検定は，標本間の等分散を仮定したものである。なお，本書で詳しくは触れないが，標本間で分散が異なる場合，2 標本 t 検定の代わりに **ウェルチの t 検定** と呼ばれる近似的な方法が使われることがある。

用語 5-13　F 検定

帰無仮説のもとで検定統計量が F 分布に従うような統計的仮説検定を，F 検定という。

2 単回帰モデルの t 検定

前節では，2つの標本に均質モデルを当てはめた場合について t 検定を考えた。t 検定は均質モデルだけでなく，他の線形モデルを当てはめた場合にも広く使われるものである。ここでは，2変量のデータに単回帰モデルを考えた場合の t 検定を確認しよう。

◆ 単回帰モデルの傾きのパラメータ

私たちが，2変量のデータに単回帰モデルを考える目的は，多くの場合2つの変量の間に関係があるかどうかを調べることであろう。すなわち，我々が単回帰モデルを考える場合には，モデルに含まれる傾きのパラメータが0なのか，そうでないのかが問題になることが多い。

例15

架空の例──講義の出席率と試験の点数　$p.88$ の第2章 7 節では，ある架空の講義の受講生87人の講義への出席率と試験の点数のデータ（$p.88$ の表8）について，散布図を観察し（$p.90$ の例31），標本相関係数を計算した（$p.100$ の例38）。

そこでは，出席率と点数の間に正の相関が見られたが，これについて単回帰モデルを用いて調べてみよう。

表8のデータについて，出席率を説明変数，試験の点数を被説明変数とすると，それぞれ

$$(x_1{}^{\mathrm{P}},\ x_2{}^{\mathrm{P}},\ \cdots\cdots,\ x_{87}{}^{\mathrm{P}}),\ (y_1{}^{\mathrm{P}},\ y_2{}^{\mathrm{P}},\ \cdots\cdots,\ y_{87}{}^{\mathrm{P}})$$

として単回帰モデル

$$y_i{}^{\mathrm{P}}=\beta_0+\beta_1 x_i{}^{\mathrm{P}}+e_i{}^{\mathrm{P}},\ (i=1,\ 2,\ \cdots\cdots,\ 87)$$

を考えることができる。

このモデルのパラメータ β_1 の値が正であれば，出席率と試験の点数が大小を共にする傾向──すなわち正の相関──を表現することができる。ただし，パラメータ β_1 の値が0である場合には，両者の間に，少なくとも直線で表されるような関係は存在しないことになる。

$p.235$ の命題4-5の(13)によってパラメータ β_0, β_1 を推定すると，

$$\begin{cases} \widehat{\beta_0}(\omega)=16.64 \\ \widehat{\beta_1}(\omega)=0.54 \end{cases}$$ である。

パラメータ β_1 の推定値が正であることから，試験の点数の期待値と出席率の間に正の相関がある可能性がうかがわれる。しかし，第4章で学習したように，この推定値は誤差の影響を受けている。すなわち，本当は $\beta_1=0$ であるが，誤差によって推定値が正になった可能性も存在している。

◆ 単回帰モデルの t 検定

2変量のデータに単回帰モデルを考えた場合，次のように t 検定を構成できる。

手順　単回帰モデルの t 検定

大きさ N の2変量のデータ $((x_1, y_1), (x_2, y_2), \cdots\cdots, (x_N, y_N))$ に対して単回帰モデルを

$$y_i = \beta_0 + \beta_1 x_i + e_i, \quad (i=1, 2, \cdots\cdots, N)$$

のように考える。

私たちの興味が，$\beta_1=0$，$\beta_1>0$ のいずれかであるのかにあるとしよう。

(1) 帰無仮説 H_0 と，対立仮説 H_1 を $H_0 : \beta_1=0$，$H_1 : \beta_1>0$ のように定める。

(2) 自由度 $N-2$ の t 分布の 10%，5%，1% の右側分位数 $r_{0.1}$，$r_{0.05}$，$r_{0.01}$ をそれぞれ求める。

(3) 検定統計量の実現値——すなわち t 値——

$$t(\omega) = \frac{\widehat{\beta}_1(\omega)}{\sqrt{\dfrac{S_e{}^2}{(N-2)S_x{}^2}}}$$

を計算する。ただし，$S_e{}^2$ は残差の2乗和

$$S_e{}^2 = \sum_{i=1}^{N} \widehat{e}_i{}^2$$

$$= \sum_{i=1}^{N} \{y_i - \widehat{\beta}_0(\omega) - \widehat{\beta}_1(\omega)x_i\}^2$$

で，$S_x{}^2$ は

$$S_x{}^2 = \sum_{i=1}^{N} (x_i - \overline{x})^2, \quad \overline{x} = \frac{1}{N}\sum_{j=1}^{N} x_j \text{ である。}$$

(4) 分位数と t 値を比較し，p.301 の手順の(4)と同じように判断をする。あるいは p 値を求め，p 値を用いた2標本の t 検定の手順と同じように，p 値と有意水準を比較する。

例
16

架空の例—講義の出席率と試験の点数　例 15 の単回帰モデルについて，直前の手順の t 検定を行ってみよう。データから t 値を計算すると，22.00 である。右側 1 ％ 分位数は 2.37 なので，帰無仮説は 1 ％ 有意で棄却できる。

注意　**単回帰モデルの t 検定と 2 標本 t 検定**　2 標本の場合の手順と，単回帰モデルの場合の手順を比べると，異なるように見えるのは，検定統計量であろう。2 標本の場合は期待値の差の推定量 $\widehat{\mu}^{\mathrm{B}} - \widehat{\mu}^{\mathrm{A}}$ が正規分布に従うことを利用し，単回帰モデルの場合は傾きパラメータの推定量 $\widehat{\beta}_1$ が正規分布に従うことを利用している。次項で示すが，これらは本質的には同じものであると捉えることもできる。ここでも，p. 290 の命題 4-28 より，単回帰モデルにおいても残差の 2 乗和と推定量は互いに独立であることを利用している。

◆ 2 標本 t 検定と単回帰モデル

　1 節では 2 標本 t 検定の手順で表されるこの検定の背後にある考え方を確認した。ここでは，2 標本 t 検定が，単回帰モデルの t 検定の一種として捉えることができることを確認しよう。

　まずデータ A：$(y_1^{\mathrm{A}},\ y_2^{\mathrm{A}},\ \cdots\cdots,\ y_{N^{\mathrm{A}}}^{\mathrm{A}})$ とデータ B：$(y_1^{\mathrm{B}},\ y_2^{\mathrm{B}},\ \cdots\cdots,\ y_{N^{\mathrm{B}}}^{\mathrm{B}})$ をつなげて，$(y_1^{\mathrm{A}},\ y_2^{\mathrm{A}},\ \cdots\cdots,\ y_{N^{\mathrm{A}}}^{\mathrm{A}},\ y_1^{\mathrm{B}},\ y_2^{\mathrm{B}},\ \cdots\cdots,\ y_{N^{\mathrm{B}}}^{\mathrm{B}})$ とする。$N = N^{\mathrm{A}} + N^{\mathrm{B}}$ として，このつなげて作ったデータを改めて $(y_1,\ y_2,\ \cdots\cdots,\ y_N)$ と表記しなおすと

$$y_i = \begin{cases} y_i^{\mathrm{A}}, & (i = 1,\ 2,\ \cdots\cdots,\ N^{\mathrm{A}}) \\ y_{i-N^{\mathrm{A}}}^{\mathrm{B}}, & (i = N^{\mathrm{A}}+1,\ N^{\mathrm{A}}+2,\ \cdots\cdots,\ N) \end{cases}$$

である。このつなげたデータに対して

$$y_i = \beta_0 + \beta_1 d_i + e_i,\quad (i = 1,\ 2,\ \cdots\cdots,\ N) \quad \cdots\cdots\ (1)$$

のような単回帰モデルを考える。ただし，$\beta_0,\ \beta_1$ は未知のパラメータで，e_i は実現誤差，説明変数 d_i は

$$d_i = \begin{cases} 0, & (i = 1,\ 2,\ \cdots\cdots,\ N^{\mathrm{A}}) \\ 1, & (i = N^{\mathrm{A}}+1,\ N^{\mathrm{A}}+2,\ \cdots\cdots,\ N) \end{cases} \quad \cdots\cdots\ (2)$$

で定められる **ダミー変数** と呼ばれる種類の変数である。すなわち，データの中の i 番目の値 y_i が，データ A に由来するものであれば，ダミー変数 d_i の値は 0 で，データ B に由来するものであれば 1 になるように定める。

線形モデルで利用される説明変数のうち，とる値が 0 か 1 に限られているよ
うなものをダミー変数という。

注意　**ダミー変数**　ダミー変数は，カテゴリカルな情報を，線形モデルに導入するため
に利用される。前ページの (2) で定められるダミー変数 d_i は，i 番目の値がデ
ータ A 由来のものか，データ B 由来のものか，という情報をモデルに取り入れる
ために利用されている。

このように定めたモデルにおいて，$\beta_0 = \mu^A$，$\beta_1 = \mu^B - \mu^A$ と考えると，2 標本
t 検定の手順で考えたモデルと同値であることがわかる。

この手順の (1) で考えた帰無仮説 H_0 と対立仮説 H_1 は，$H_0 : \beta_1 = 0$，
$H_1 : \beta_1 > 0$ と書くことができる。

最小 2 乗法 により未知のパラメータ β_0, β_1 を推定すると

$$\begin{cases} \widehat{\beta_0}(\omega) = \bar{y} - \widehat{\beta_1}\bar{d} \\[2mm] \widehat{\beta_1}(\omega) = \dfrac{\displaystyle\sum_{i=1}^{N}(d_i - \bar{d})(y_i - \bar{y})}{\displaystyle\sum_{i=1}^{N}(d_i - \bar{d})^2} \quad \cdots\cdots \ (3) \end{cases}$$

のように与えられる（$p.235$ の命題 4-5）。ただし，$\bar{y} = \dfrac{1}{N}\displaystyle\sum_{i=1}^{N}y_i$，$\bar{d} = \dfrac{1}{N}\displaystyle\sum_{i=1}^{N}d_i$ で
ある。(3) の推定値の右辺を整理すると

$$\begin{cases} \widehat{\beta_0}(\omega) = \bar{y}^A, \\[2mm] \widehat{\beta_1}(\omega) = \bar{y}^B - \bar{y}^A \end{cases} \quad \cdots\cdots \ (4)$$

が得られる。

練習
3
(3) を整理すると，(4) が得られることを示せ。

結局，ダミー変数を使った単回帰モデルの t 検定と，2 標本 t 検定の手順は同
じものである。

第5章のまとめ

① 2標本 t 検定

統計的仮説検定を行うことで，得られたエビデンスは偶然によるものではない
か，という批判にある程度の耐性が得られる。

大きさ N^A，N^B の2標本 t 検定の手順

(0) 均質モデル　　　 $y_i{}^A = \mu^A + e_i{}^A$，　$(i=1, 2, \cdots\cdots, N^A)$

　　　　　　　　　　 $y_j{}^B = \mu^B + e_j{}^B$，　$(j=1, 2, \cdots\cdots, N^B)$

　のように考える。

(1) 帰無仮説 $H_0 : \mu^A = \mu^B$ と対立仮説 $H_1 : \mu^A < \mu^B$ を定める。

(2) 自由度 $N^A + N^B - 2$ の t 分布の 10 %，5 %，1 % の右側分位数 $r_{0.1}$，
　$r_{0.05}$，$r_{0.01}$ を求める。

(3) 検定統計量の実現値 $t(\omega)$ を計算する。

(4) 計算された検定統計量の値と，分位数を比較する。

重要用語　統計的仮説検定，有意，片側検定，両側検定，有意水準，検定統計
　　　　　量，t 値，棄却域，p 値，第Ⅰ種の過誤，第Ⅱ種の過誤，検出力，F
　　　　　検定

② 単回帰モデルの t 検定

単回帰モデルの t 検定は，2つの変量の間にある関係があるかどうか調べるた
めに行われる。

大きさ N の2変量データ $((x_1, y_1), (x_1, y_1), \cdots\cdots, (x_N, y_N))$ の2標本 t 検
定の手順

(0) 単回帰モデル　　 $y_i = \beta_0 + \beta_1 x_i + e_i$，　$(i=1, 2, \cdots\cdots, N)$

　のように考える。

(1) 帰無仮説 $H_0 : \beta_1 = 0$ と対立仮説 $H_1 : \beta_1 > 0$ を定める。

(2) 自由度 $N-2$ の t 分布の 10 %，5 %，1 % の右側分位数 $r_{0.1}$，$r_{0.05}$，
　$r_{0.01}$ を求める。

(3) 検定統計量の実現値 $t(\omega)$ を計算する。

(4) 計算された検定統計量の値と，分位数を比較する。あるいは，p 値と有意水準を比較する。

重要用語　ダミー変数

章末問題

1. 2つの標本から得られた，大きさ6のデータA
$$(y_1{}^A,\ y_2{}^A,\ y_3{}^A,\ y_4{}^A,\ y_5{}^A,\ y_6{}^A)=(2,\ 4,\ 6,\ 4,\ 5,\ 3)$$
と，大きさ2のデータB　　$(y_1{}^B,\ y_2{}^B)=(0,\ 2)$
が与えられたとする。データAに対して均質モデル
$$y_i{}^A=\mu^A+e_i{}^A,\ (i=1,\ 2,\ 3,\ 4,\ 5,\ 6)$$
を，データBに対しても同じように均質モデル　　$y_i{}^B=\mu^B+e_i{}^B,\ (i=1,\ 2)$
を考える。このとき，帰無仮説を $H_0:\mu^A=\mu^B$，対立仮説を $H_1:\mu^A>\mu^B$ として2標本 t 検定を次の手順で実行せよ。ただし，このモデルの誤差は互いに独立に，分散が σ^2 の正規分布に従うと仮定する。

(1) パラメータ μ^A の推定値 $\hat{\mu}^A(\omega)$ が標本平均値 $\overline{y}^A$ であることを確認し，その値を計算せよ。パラメータ μ^B の推定値 $\hat{\mu}^B(\omega)$ についても同様に計算せよ。

(2) 推定量の差 $\hat{\mu}^A-\hat{\mu}^B$ はどのような分布に従うか答えよ。このとき，その分布のパラメータを $\mu^A,\ \mu^B,\ \sigma^2$ を用いて表せ。

(3) $\dfrac{\hat{\mu}^A-\hat{\mu}^B}{\sqrt{\left(\dfrac{1}{6}+\dfrac{1}{2}\right)\sigma^2}}$ で定められる確率変数はどのような分布に従うか答えよ。このとき，その分布のパラメータを $\mu^A,\ \mu^B,\ \sigma^2$ を用いて表せ。
さらに，帰無仮説のもとでのパラメータの値を求めよ。

(4) データAのすべての値について，残差
$$\hat{e}_1{}^A=y_1{}^A-\overline{y}^A,\ \hat{e}_2{}^A=y_2{}^A-\overline{y}^A,\ \hat{e}_3{}^A=y_3{}^A-\overline{y}^A,$$
$$\hat{e}_4{}^A=y_4{}^A-\overline{y}^A,\ \hat{e}_5{}^A=y_5{}^A-\overline{y}^A,\ \hat{e}_6{}^A=y_6{}^A-\overline{y}^A$$
の値を計算せよ。データBについても同様に $\hat{e}_1{}^B=y_1{}^B-\overline{y}^B,\ \hat{e}_2{}^B=y_2{}^B-\overline{y}^B$ の値を計算せよ。

(5) 確率変数としての残差を $\hat{\varepsilon}_1{}^A,\ \hat{\varepsilon}_2{}^A,\ \hat{\varepsilon}_3{}^A,\ \hat{\varepsilon}_4{}^A,\ \hat{\varepsilon}_5{}^A,\ \hat{\varepsilon}_6{}^A,\ \hat{\varepsilon}_1{}^B,\ \hat{\varepsilon}_2{}^B$ としたとき，
$\dfrac{\sum\limits_{i=1}^{6}(\hat{\varepsilon}_i{}^A)^2}{\sigma^2}+\dfrac{(\hat{\varepsilon}_1{}^B)^2+(\hat{\varepsilon}_2{}^B)^2}{\sigma^2}$ で定められる確率変数が従う分布はどのような分布であるか答えよ。このとき，パラメータの値を求めよ。

(6) 確率変数 t を　　$t=\dfrac{\hat{\mu}^A-\hat{\mu}^B}{\sqrt{\left(\dfrac{1}{6}+\dfrac{1}{2}\right)\sigma^2}\sqrt{\dfrac{\sum\limits_{i=1}^{6}(\hat{\varepsilon}_i{}^A)^2+(\hat{\varepsilon}_1{}^B)^2+(\hat{\varepsilon}_2{}^B)^2}{(6+2-2)\sigma^2}}}$

で定めたとき，これはどのような分布に従うか，帰無仮説と対立仮説のもとで，それぞれについて答えよ。

(7) (6)で定めた確率変数 t の実現値を求めよ。ただし，$\sqrt{3}=1.73$ としてよい。

(8) (6)で求めた確率変数 t の帰無仮説のもとでの分布の10%，5%，1%右側分位

数が，それぞれ 1.44，1.94，3.14 であるとする。このとき，帰無仮説は何%の有意水準で棄却できるか答えよ。

2. 変量 x，y をもつ 2 変量のデータが表のように与えられているとする。すなわち，$x_1=1$，$x_2=3$，$x_3=5$，$y_1=0$，$y_2=2$，$y_3=7$ とする。このとき次の問いに答えよ。

No.	x	y
1	1	0
2	3	2
3	5	7

(1) 表のデータの散布図をかけ。また，変量 x，y の標本平均 $\overline{x}$，$\overline{y}$ をそれぞれ計算し，散布図に $(\overline{x}, \overline{y})$ の位置を示せ。

(2) 変量 x，y の値それぞれについて偏差 $x_1-\overline{x}$，$x_2-\overline{x}$，$x_3-\overline{x}$，$y_1-\overline{y}$，$y_2-\overline{y}$，$y_3-\overline{y}$，および偏差の積の和 $S_{xy}=\sum_{i=1}^{3}(x_i-\overline{x})(y_i-\overline{y})$，変量 x の偏差の 2 乗和 $S_x{}^2=\sum_{i=1}^{3}(x_i-\overline{x})^2$ を，それぞれ計算せよ。

(3) 表のデータに，変量 x を説明変数とする単回帰モデル
$$y_i=\beta_0+\beta_1 x_i+e_i, \quad (i=1, 2, 3)$$
を考える。このとき，パラメータ β_1 の推定値 $\widehat{\beta}_1(\omega)$ が，(2)の計算結果を用いて $\widehat{\beta}_1(\omega)=\dfrac{S_{xy}}{S_x{}^2}$ で与えられることを確認し，その値を求めよ。

同様に，パラメータ β_0 の推定値 $\widehat{\beta}_0(\omega)$ が $\widehat{\beta}_0(\omega)=\overline{y}-\widehat{\beta}_1(\omega)\overline{x}$ で与えられることを確認し，その値を計算せよ。

さらに，推定した回帰直線 $y=\widehat{\beta}_0(\omega)+\widehat{\beta}_1(\omega)x$ を (1) の散布図に重ねてかけ。

(4) 考えている単回帰モデルの誤差 ε_1，ε_2，ε_3 が互いに独立に，期待値 0，分散 σ^2 の正規分布に従うとする。このとき，推定量 $\widehat{\beta}_1$ は正規分布に従うことを確認し，その期待値と分散をパラメータ β_1 と σ^2 を用いて表せ。

(5) 推定した回帰モデルの残差 $\widehat{e}_1=y_1-\widehat{\beta}_0(\omega)-\widehat{\beta}_1(\omega)x_1$，$\widehat{e}_2=y_2-\widehat{\beta}_0(\omega)-\widehat{\beta}_1(\omega)x_2$，$\widehat{e}_3=y_3-\widehat{\beta}_0(\omega)-\widehat{\beta}_1(\omega)x_3$，残差の 2 乗和 $S_e{}^2=\sum_{i=1}^{3}\widehat{e}_i{}^2$ を，それぞれ計算せよ。

(6) 確率変数としての残差を $\widehat{\varepsilon}_1$，$\widehat{\varepsilon}_2$，$\widehat{\varepsilon}_3$ で表したとき，その 2 乗和 $S_{\widehat{\varepsilon}}{}^2=\sum_{i=1}^{3}\widehat{\varepsilon}_i{}^2$ を誤差の分散で割った確率変数 $\dfrac{S_{\widehat{\varepsilon}}{}^2}{\sigma^2}$ は χ^2 分布に従う。命題 4-26 を用いてその自由度を求めよ。

(7) 確率変数 $t=\dfrac{\widehat{\beta}_1}{\sqrt{\dfrac{\sigma^2}{S_x{}^2}\dfrac{S_{\widehat{\varepsilon}}{}^2}{\sigma^2(3-2)}}}$ は，帰無仮説 $H_0: \beta_1=0$ のもとでどのような分布に従うか答えよ。このとき，確率変数 t の実現値 $t(\omega)$ の値を求めよ。ただし，$\sqrt{3}=1.73$ としてよい。

(8) (7)で求めた分布の，10%，5%，1% の右側分位数がそれぞれ 3.08，6.31，31.82 であるとする。このとき，対立仮説 $H_1: \beta_1>0$ に対して，帰無仮説 $H_0: \beta_1=0$ は何%の有意水準で棄却できるか，あるいは棄却できないか答えよ。

用語英訳表

重回帰モデル
（multiple regression model）
線形モデル（linear model）
導出（derive）
推定（estimate）
真の値（true value）
最小2乗法
（least squares estimation）
最小2乗推定値
（least squares estimate）
期待値の推定値
（estimate of mean）
残差（residual）
決定係数
（coefficient of
determination）
推定量（estimator）
線形な推定量
（linear estimator）
不偏性（unbiasedness）
一般化線形モデル
（generalised linear model）
バイアス（bias）
効率的（efficient）
一致性（consistency）
確率変数としての残差
（residual as a random
variable）
自由度（degrees of freedom）
正規方程式（normal equation）

第5章　統計的仮説検定

統計的仮説検定
（statistical hypothesis
testing）
有意（significant）
2標本 t 検定
（two samples t-test）
帰無仮説（null hypothesis）
対立仮説
（alternative hypothesis）
検定統計量（test statistic）
t 値（t-value）
右側検定（right-tailed test）
左側検定（left-tailed test）
片側検定（one-sided test）
両側検定（two-sided test）
t 検定（t-test）
棄却域（rejection region,
critical region）
p 値（p-value）
第 I 種の過誤（type I error）
第 I 種の過誤の確率
（probability of type I error）
第 II 種の過誤（type II error）
第 II 種の過誤の確率
（probability of type II
error）
検出力（power）
順位和検定（rank sum test）
ウェルチの t 検定
（Welch's t test）
F 検定（F-test）

参考文献

[1] Phil R Bell1, Nicolás E Campione, W. Scott Persons IV, Philip J. Currie, Peter L. Larson, Darren H. Tanke, and Robert T. Bakker. Tyrannosauroid integument reveals conflicting patterns of gigantismand feather evolution. *Biology Letters*, Vol. 13, pp. 1–5, 2017.

[2] Chris Chatfield. *Problem Solving*. Chapman & Hall, 1995.

[3] Chris Chatfield. *The Analysis of Time Series*. Chapman & Hall, 2003.

[4] Paul H. P. Hanel and Katia C. Vione. Do student samples providean accurate estimate of the general public? *PLOS ONE*, Vol. 11, No. 5, 2016.

[5] P. McCullagh and J. A. Nelder. *Generalized Linear Models*. Chapman and Hall, second edition edition, 1989.

[6] Attilio Meucci. *Risk and Asset Allocation*. Springer, 2007.

[7] Kevin P Murphy. *Machine Learning*. The MIT Press, 2012.

[8] M. E. J. Newman. Power laws, pareto distributions and zipf's law. *Contemporary Physics*, Vol. 46, pp. 323-351, 2005.

[9] Ruey S. Tsay. *Analysis of Financial Time Series*. John Wiley &Sons, 2010.

[10] 丸茂幸平『基礎から学ぶ実証分析』，新世社，2021 年

[11] 木下是雄『理科系の作文技術』，中央公論新社，1981 年

[12] 加藤文元『微分積分』，数研出版，2019 年

[13] 細貝亮『RDD による世論調査の現状と課題』，マス・コミュニケーション研究，No. 94, pp. 13-22, 2019.

答 の 部

各章ごとに，練習問題と章末問題の答の数値，図などを示した。証明は省略し「略」とした。なお，省略した証明も含め，本書の姉妹書『チャート式シリーズ 大学教養 統計学』の中では詳しく解説されている。

第0章　なぜ統計学を学ぶのか

章末問題

1　考えている仮説と関係のない事例の集合からは，どのようなエビデンスが得られようとどの仮説も反証できず，意味がないから。

2　目的1　データがもつ特徴や傾向を見出すこと。

目的1のための方法：記述統計の方法，モデルの推定

目的2　それが偶然によるものといえそうかを調べること。

目的2のための方法：統計的仮説検定

3　通常，得られたエビデンスと整合的な仮説は複数存在するため，現在挙げられたもの以外にも将来的に得られたエビデンスと整合的な仮説が考え出される可能性があり，それを予見するのは不可能であるから。また，挙げられた仮説が現在利用可能なエビデンスと整合的であったとしても，将来的に新たな観察によって挙げられた仮説と矛盾するようなエビデンスが得られる可能性があるから。

4　新しい方法の利点

・複雑な構造をもつデータも扱うことができる。

次の条件が揃っている場合，新しい方法の方が適当であるといえる。

・巨大なデータ処理することが可能である。

・私たちの興味が予測や判断にあるが，データを処理する過程を理解する必要がない。

新しい方法の欠点

・十分な成果を得るには，ふつう巨大なデータが必要である。

また，計算の過程を人間が理解することはできない。

伝統的な方法の利点

・モデルの構築も人の手によって行われるので，計算の過程を理解しやすい。必要なデータの大きさは，新しい方法のものよりも小さい。

次の条件が揃っている場合，伝統的な方法を使用するとよい。

・処理可能なデータの大きさが限られている。

・データの処理方法の理解が重要である。

伝統的な方法の欠点

・モデルの構築が人の手によるので，複雑な構造をもつデータを扱うことが難しい。

第1章　標本とデータ

1　クロスセクショナルなデータ

練習1　(1)　5　(2)　重さ，糖度，キズの有無　(3)　観測値が数値である項目：重さ，糖度　観測値がカテゴリカルである項目：キズの有無

練習2　(1)　(a)　クロスセクショナルなデータとして扱うと，時間的順序が失われる。

(b)　クロスセクショナルなデータとして扱うと，時間的順序が失われる。

(c)　クロスセクショナルなデータとして扱うと，時間的順序が失われる。

(d)　クロスセクショナルなデータとして扱っても失われる情報はない。

(e)　クロスセクショナルなデータとして扱っても失われる情報はない。

以上から，クロスセクショナルなデータとして扱うべきでないものは　　(a)，(b)，(c)

(2) （例）　ある時点における日本の年齢別人口

2 仮説と標本

練習 3　（例）　(1)　国勢調査　(2)　海水浴場の水質調査
　　　　　　(3)　ある学校の来年度入学者の性別比の予想

練習 4　（例）　家計調査における，日本国内の全世帯（母集団）と選定された約 9000 世帯（標本）
　　　　　　会社標本調査における，内国普通法人（母集団）と選定された標本法人（標本）
　　　　　　労働力調査における，日本国内に移住している全人口（母集団）と選定された約 4 万世帯員（標本）

練習 5　標本調査：（例）　家計調査，会社標本調査，労働力調査
　　　　　　悉皆調査（全数調査）：（例）　国勢調査，従業員満足度調査，企業の入社試験

練習 6　(1)　過去 10 年間に発生した飼い猫の落下事故の状況の集合。
　　　　　　(2)　獣医に聞き取った，過去 10 年間に発生した飼い猫の落下事故の状況の集合。
　　　　　　(3)　(a), (c), (d), (e)　(4)　(a)

練習 7　（例）　薬物治療群（介入群）と非薬物治療群（対照群）
　　　　　　栄養介入群（介入群）と通常栄養管理対照群（対照群）
　　　　　　運動介入群（介入群）と健康教育群（対照群）

章末問題

1 (1) (a)　クロスセクショナルなデータとして扱うと，時間的順序に関する情報が失われる。
　　(b)　クロスセクショナルなデータとして扱っても失われる情報はない。
　　(c)　クロスセクショナルなデータとして扱うと，時間的順序に関する情報が失われる。
　　(d)　クロスセクショナルなデータとして扱っても失われる情報はない。
　　(e)　クロスセクショナルなデータとして扱うと，時間的順序に関する情報が失われる。
　(2)　（例）　100 m 離れた地点Ａと地点Ｂの間から 1 m おきに土壌を採取し pH 値を記録したもの。

2 (1)　（例）　興味の対象：施設の保護猫の体毛の色や模様と性格の関係。
　　代理となる標本：Web 上で猫を飼っている人に飼い猫の体毛の色や模様と性格の関係についてアンケートを取って回答が得られた事例の集合。
　(2)　（例）　飼い猫と保護施設の猫ではそもそも性格が違う可能性がある。
　　また，アンケートに回答した人のうち，保護施設でなくブリーダーなどから定まった品種の猫を購入した人が多い可能性がある。

3　適当でない。
　　得られたエビデンスは，数学に注力しなくてもその大学に合格ができる場合が多いことを示している。

4 (1)　[1]　単純無作為抽出法　　[2]　層化抽出法　　[3]　系統抽出法
　(2)　[1] については，考え方が単純で客観性が高く，工業製品の品質管理などに利用した場合に説得力が大きいこと。

5 (1)　母集団のもつ傾向や特徴を推定すること。　(2)　母集団全体を調査しないから。

6 (1)　患者を介入群と対照群に分け，介入群の患者には「効果がある可能性がある」と説明し，対照群の患者には「効果がない」と説明した上で，両方に対して効果がないと考えられる薬を処方する実験を行えばよい。
　(2)　介入群の患者に対して医師が患者に虚偽の説明をする必要がある。

7 （例）　1 　有酸素運動を行った多くの人の中性脂肪の量が低下した
　　　　 2 , 4 　有酸素運動は中性脂肪の量を低下させる効果がある
　　　　 3 　有酸素運動に中性脂肪の量を低下させる効果は全くないが，中性脂肪の量は時間の経過とともに自然に低下する
　　　　 5 　比較
　　　　 6 　有酸素運動を行った人の標本の方が，有酸素運動を行わなかった人の標本と比べ中性脂肪の量が低下した人の割合が高かった

2 数値データ―分布を知る―

練習 1

ビン	度数
0 以上 10 以下	8
11 ～ 20	1
21 ～ 30	3
31 ～ 40	3
41 ～ 50	11
51 ～ 60	15
61 ～ 70	12
71 ～ 80	17
81 ～ 90	20
91 ～ 100	20
計	110

練習 2　個々の観測値がビンの中のどこに位置するかの情報が失われている。

練習 3　(1)　(a)　(1)，(3)　(b)　(5)

(2)　(2)～(4) の 4 つのヒストグラムはすべてビンの幅が異なり，それによって 1 つのビンの度数の最大値が異なるが，ヒストグラムの縦軸はその度数の最大値に応じて設定されるから。

(3)　ビンの幅が著しく異なるようなヒストグラムをもとにデータを考察するとき，度数が必ずしも観測値の集中度合を表すわけではないということに注意が必要である。

練習 4　(1)　8

(2)　（例）

ビン	度数
0 以上 13 未満	8
13 以上 26 未満	2
26 以上 38 未満	4
38 以上 51 未満	12
51 以上 63 未満	16
63 以上 76 未満	17
76 以上 88 未満	22
88 以上 100 以下	29
計	110

(3)　（例）

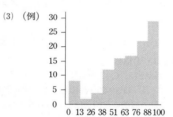

データが双峰性をもっていることが読み取れる。

3 数値データ―真ん中の指標―

練習 5　450（分）　**練習 6**　5　**練習 7**　$\dfrac{7277}{110} = 66.15454\cdots\cdots$

練習 8　（例）　世界の河川を標本とする長さの記録，日本の市町村を標本とする人口の記録，ある国の国民を標本とする所得額の記録。

練習 9　42（kg）　**練習 10**　11 通りの値がありうる。

練習 11　(1)　A 町 280（円），B 町 275（円）　(2)　A 町 278（円），B 町 245（円）

(3)　（例）　B 町のデータには外れ値と判断される可能性のある 100 円という価格が含まれているため，代表値として中央値が適していると考えられる。

練習 12　(1)　中央値 2.675（t），標本平均値 2.82（t）

(2)　誤っている数値 1.61 t，正しい数値 2.81 t

練習 13　(1)　データに 0 が含まれるとき，データに含まれる 0 以外の値に関わらず幾何平均は 0 となることが不都合である。

(2)　データに負の値が含まれるとき，データに含まれる値のすべての積が負の値となることがある。そこで，b を負の実数，N を正の偶数とすると，次を満たすような実数 a が存在しないことが不都合である。

$$a^N = b$$

練習 14　(1)　標本平均値 43（kg），幾何平均 $\sqrt[8]{10172318044560}$（kg）

(2)　(1) で求めた幾何平均について

$$\sqrt[8]{10172318044560}=42.25980524611371\cdots\cdots$$

また，中央値は 42 kg，標本平均値は 43 kg である。

よって，標本平均値，幾何平均，中央値は大きく異なっていないから，いずれも代表値として適していると考えられる。

練習 15 (1) $3+6+9+12+15+18+21+24+27+30$

(2) $8+16+32+64$　(3) $\dfrac{1}{3}+\dfrac{1}{5}+\dfrac{1}{7}+\cdots\cdots+\dfrac{1}{2n+1}$

練習 16 (1) $\displaystyle\sum_{k=1}^{n}k^3$　(2) $\displaystyle\sum_{k=1}^{n}3^{k-1}$　(3) $\displaystyle\sum_{k=1}^{n}(-1)^{k-1}\cdot k$　(4) $\displaystyle\sum_{k=1}^{n}k(k+2)$

練習 17 $\displaystyle\sum_{k=1}^{50}y_{2k-1}$

練習 18 略　**練習 19** 略

練習 20 $\displaystyle\sum_{i=1}^{3}x_iy_i=\left(\sum_{i=1}^{3}x_i\right)\left(\sum_{i=1}^{3}y_i\right)$ $\cdots\cdots$ （＊）とする。

（成り立つような例）

数列 $\left\{x_i\right\}_{i=1}^{3}$ を $x_1=0,\ x_2=0,\ y=0$，数列 $\left\{y_i\right\}_{i=1}^{3}$ を $y_1=1,\ y_2=1,\ y_3=1$ でそれぞれ定める。

（成り立たない例）

数列 $\left\{x_i\right\}_{i=1}^{3}$ を $x_1=1,\ x_2=1,\ y=1$，数列 $\left\{y_i\right\}_{i=1}^{3}$ を $y_1=1,\ y_2=1,\ y_3=1$ でそれぞれ定める。

4 **数値データ—散らばりの指標—**

練習 21 (1) 6　(2) 観測値 5，6，7 の順に -1，0，1

練習 22 (1) 0　(2) 0　(3) (2)のデータに比べて，明らかに(1)のデータの方が散らばっているにも関わらず，(1)，(2)の偏差の平均値はどちらも 0 で等しいから。

練習 23 (1) $\dfrac{26}{3}$　(2) $\dfrac{2}{3}$　(3) (2)のデータに比べて，明らかに(1)のデータの方が散らばっているが，(1)，(2)の標本分散はそれを反映している可能性があると考えられる。

練習 24 (1) 13（回）　(2) 平均値：変化しない。分散：小さくなる。　(3) 小さくなる。

練習 25 データに含まれる観測値がすべて同一であるという性質をもつときである。(例)　$(1,\ 1,\ 1)$

練習 26 0.8131

練習 27 (1)　x のデータ：標本平均値，標本分散，標本標準偏差の順に 7，8，$2\sqrt{2}$

y のデータ：標本平均値，標本分散，標本標準偏差の順に 7，2，$\sqrt{2}$

(2)　x のデータの標本標準偏差の方が y の標本標準偏差に比べて大きいから，データの標本平均値からの散らばりの度合いは x のデータの方が大きい。

練習 28 観測値 0 の偏差，偏差値の順に $-\dfrac{5218}{87}=-59.974011494\cdots\cdots$，

$$50-\dfrac{260900\sqrt{35934478434}}{206519991}=26.052087949\cdots\cdots$$

観測値 100 の偏差，偏差値の順に $\dfrac{3482}{87}=40.022988505\cdots\cdots$，

$$50+\dfrac{174100\sqrt{35934478434}}{206519991}=65.980572970\cdots\cdots$$

練習 29 データに含まれる観測値がすべて同一であるという性質をもつときである。(例)　$(1,\ 1,\ 1)$

練習 30 $\dfrac{8}{3}$　標本標準偏差は平均絶対偏差と同じ単位をもつため，平均絶対偏差と比較する意味があるのは標本標準偏差である。

練習 31 (1) 最大値：100，最小値：0　(2) 最大値：100，最小値：0

(3) 差異はない。

5 数値データ─対数値を見る─

練習32 略

6 2つの数値データの比較

練習33 (1) ① 本学部で開講している科目Aは，20XX年度は対面形式で講義が行われ，その翌年度はリモート形式で講義が行われた

② 対面・リモートそれぞれの形式の詳細については，各年度のシラバスを参照。

③ この科目の，20XX年度の対面形式の全受講生の試験の点数を記録したものと，翌年のリモート形式の全受講生の試験の点数を記録したものの記述統計量の比較を報告する。

④ 下の表3は，主な記述統計量の比較である。

⑤ これを見ると，データRの標本平均値の方がデータPのものよりも6点程度高いことがわかる。

⑥ 標本標準偏差を比較すると，データPの方が小さいが，差はわずかである。

⑦ 下の図は両方のデータのヒストグラムの比較である。

⑧ これを見ると，両方のデータについて，5点以下のビンにデータの集中が見られる。

⑨ その割合は，データPで11％，データRで7％である。

⑩ リモート形式の講義の方がこうした受講生の割合は小さい。

⑪ 継続した受講生に着目した記述統計量を比較すると，下の表4の通りである。

⑫ ただし，継続した受講生の標本標準偏差を比較するとデータRのものの方が大きく，リモート形式の方が点数の散らばりが大きいことがわかる。

⑬ 特に，リモート形式では継続した受講生のうち単位取得に至っていない受講生の割合が7％であり，これは対面形式の3％の2倍以上の水準である。

⑭ その一方で，リモート形式の講義は点数の散らばりが対面形式のものよりも大きく，単位取得に至らない受講生の割合も大きい。

(2) ① 下の表1，以下データPとする。

② 下の表2，以下データQとする。

③ ここでは便宜的に6点以上の受講生は，最後まで講義の受講を継続したものとみなし，「継続した受講生」と呼ぶことにする。

(3) ① このことは，リモート形式の講義の方が高い学習効果をもっている可能性があることをうかがわせる。

② 5点以下のビンへのデータの集中の理由としては，履修登録をしたものの実質的に履修しなかったり，途中で受講を断念したりする受講生が一定数いた可能性があることが考えられる。

③ また，これらのヒストグラムでは，6点以上の受講生の分布の様子が2つのデータで大きく異なるように見える。

④ ここでも標本平均値はデータRの方が大きく，リモート形式の方が学習効果が高い可能性があることがうかがえる。

⑤ このことは，講義についてこられる受講生とそうでない受講生の差が，リモート形式では大きいことを示唆している。

⑥ 以上から，いわゆる学習効果を試験の点数の標本平均値で測るとすれば，リモート形式の講義の方が高い学習効果をもつといえる。

⑦ よって，リモート形式の講義は，ついてこられない受講生を多く生む可能性があり，こうした受講生への対応が必要であるといえる。

⑧ 講義形式に関わらず，履修登録をしたものの実質的に履修していない受講生が1割程度い

る可能性がある。

⑨ これらの受講生に対する対応としては，受講するかどうかを適切に判断できるよう，シラバスの記述を改善するなどの対策が考えられる。

7 2変量の数値データ―分布を知る―

練習34 2つの数値データとは，2つのクロスセクショナルなデータから1つずつの数値項目を取り出してそれぞれ作った2つのデータである。

2変量の数値データとは，1つのクロスセクショナルなデータから2つの数値項目を取り出して作ったデータである。

練習35 ③

8 2変量の数値データ―相関―

練習36 (1) $-\dfrac{19300}{261}$, $-\dfrac{5218}{87}$

(2) $\dfrac{1580}{261}$, $\dfrac{3482}{87}$

練習37 2番目の受講生の出席率と標本平均値の偏差と，点数と標本平均値の偏差の積は

$\dfrac{109786720}{22707}>0$ である。

散布図上での観測値 $\left(\dfrac{20}{3},\ 0\right)$ の位置は出席率の偏差と点数の偏差の積が正の領域に入ることがわかる。

3番目の受講生の出席率と標本平均値の偏差と，点数と標本平均値の偏差の積は $\dfrac{5501560}{22707}>0$ である。

散布図上での観測値 $\left(\dfrac{260}{3},\ 100\right)$ の位置は出席率の偏差と点数の偏差の積が正の領域に入ることがわかる。

練習38 (1) 変量 x の標本平均値：4，変量 y の標本平均値：6 (2) 変量 x の偏差：-2，変量 y の偏差 -3，偏差の積：6

(3) 2番目の観測値について，変量 x の偏差：0，変量 y の偏差 -1，偏差の積：0

3番目の観測値について，変量 x の偏差：2，変量 y の偏差：4，偏差の積：8 (4) $\dfrac{14}{3}$

練習39 (1) 標本分散：$\dfrac{8}{3}$，標本標準偏差：$\dfrac{2\sqrt{6}}{3}=1.632993161\cdots\cdots$ (2) $\dfrac{\sqrt{78}}{3}=2.4943920288\cdots\cdots$

(3) $\dfrac{7\sqrt{13}}{26}=0.970725343\cdots\cdots$

章末問題

1 略 2 略

3 略

4 (1) 略 (2) $a=s_x{}^2$, $b=s_{xy}$, $c=s_y{}^2$ (3) $D=4s_{xy}{}^2-4s_x{}^2s_y{}^2$, $D\leqq0$ (4) 略

第3章 確率論の概要

1 確率とは

練習1 (1)

2 事象の確率

練習2 $E^{\mathrm{L}}=\left\{(u,\ v)\in\mathrm{R}^2\ \middle|\ 0\leqq u\leqq1,\ 0\leqq v\leqq\dfrac{1}{2}\right\}$

$$E^U = \left\{ (u,\ v) \in \mathbb{R}^2 \ \middle|\ 0 \leq u \leq 1,\ \frac{1}{2} < v \leq 1 \right\}$$

練習3 略

練習4 (1) $\mathscr{A} = \{\varnothing,\ \{1,\ 3,\ 5\},\ \{2,\ 4,\ 6\},\ \{1,\ 2,\ 3,\ 4,\ 5,\ 6\}\}$

    (2) $\mathscr{A} = \{\varnothing,\ \{2\},\ \{5\},\ \{1,\ 3\},\ \{2,\ 5\},\ \{4,\ 6\},$

              $\{1,\ 2,\ 3\},\ \{1,\ 3,\ 5\},\ \{2,\ 4,\ 6\},\ \{4,\ 5,\ 6\},$

              $\{1,\ 2,\ 3,\ 5\},\ \{1,\ 3,\ 4,\ 6\},\ \{2,\ 4,\ 5,\ 6\},$

              $\{1,\ 2,\ 3,\ 4,\ 6\},\ \{1,\ 3,\ 4,\ 5,\ 6\},\ \{1,\ 2,\ 3,\ 4,\ 5,\ 6\}\}$

練習5 (1) 略 （例） $P(\varnothing)=0,\ P(E^S)=\dfrac{1}{3},\ P(E^F)=\dfrac{2}{3},\ P(\Omega)=1$

    (2) Ω を標本空間として，σ-加法族が $\{\varnothing,\ \Omega\}$ であるならば，公理から $P(\varnothing)=0,\ P(\Omega)=1$ と
    定まる。一方，σ-加法族が $\varnothing$，Ω 以外の事象を要素とするとき，その事象に割り当てられる確
    率は公理のみからは定まらない。

練習6 略　**練習7** 略

③ 確率変数とその分布

練習8 (1) 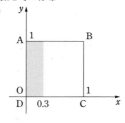   (2) $\{(u,\ v) \in \Omega \mid 0.2 < Y^M(u,\ v) \leq 0.3\}$

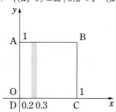

    (3) $\{(u,\ v) \in \Omega \mid Y^M(u,\ v) = 0.3\}$

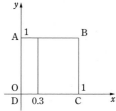

練習9 $P(\{(u,\ v) \in \Omega \mid 0.2 < Y^M(u,\ v) \leq 0.3\}) = P(0.2 < Y^M \leq 0.3) = 0.1$

    $P(\{(u,\ v) \in \Omega \mid Y^M(u,\ v) = 0.3\}) = P(Y^M = 0.3) = 0$

練習10 略　**練習11** 略

練習12 線分の長さに比例するように事象に確率を割り当てるとすると，領域で表される事象に確率を
    割り当てることができなくなってしまう。
    事象の包含関係と確率の公理から，平面上のある領域で表される事象に割り当てられる確率は，
    その内側に互いに重ならないように引くことのできる線分の確率の総和よりも小さくならない。
    どんなに小さな面積をもつ領域で表される事象であっても，その内側には互いに重ならないよう
    な線分を何本でも引くことが可能である。
    その1本1本の線分に正の確率の値が割り当てられるとすると，領域で表される事象に割り当て
    られる確率は1を超えてしまい，確率の公理を満たさない。

練習13 $F_Y^{-1}(\alpha)$ が存在しないのは，分布関数が次の特徴をもつときである。$\beta \in \mathbb{R}$，$\gamma \in \mathbb{R}$ が存在して，

$F_Y(\beta)=F_Y(\gamma)$ となる。この特徴には，分布関数に単射性がないということであり，確率変数 Y の分布に対して，実現する確率が 0 となる事実の領域があるという意味がある。このとき，$P(\beta<Y\leqq\gamma)=0$ という分布であることがわかる。

練習 14 (1)

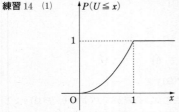

(2) $x<0$ のとき $\dfrac{\mathrm{d}}{\mathrm{d}x}P(U\leqq x)=0$

$0\leqq x\leqq1$ のとき $\dfrac{\mathrm{d}}{\mathrm{d}x}P(U\leqq x)=2x$

$1<x$ のとき $\dfrac{\mathrm{d}}{\mathrm{d}x}P(U\leqq x)=0$

よって $\dfrac{\mathrm{d}}{\mathrm{d}x}P(U\leqq x)=\begin{cases}0 & (x<0)\\2x & (0\leqq x\leqq1)\\0 & (1<x)\end{cases}$

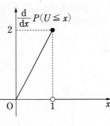

(3) 確率変数 U の実現値は，0.9 付近に位置しやすそうである。

練習 15 [2] から得られる。

練習 16 $\displaystyle\int_{-\infty}^{\infty}xf_U(x)dx=\int_{-\infty}^{0}xf_U(x)dx+\int_{0}^{1}xf_U(x)dx+\int_{1}^{\infty}xf_U(x)dx$

$\displaystyle=0+\int_{0}^{1}x\cdot2x\,dx+0=\int_{0}^{1}2x^2\,dx=\left[\dfrac{2}{3}x^3\right]_{0}^{1}=\dfrac{2}{3}$

練習 17 [4] から成り立つ。

4 確率変数の変換

練習 18 略

練習 19 $P(Y^{\mathrm{M}}\leqq x)=\begin{cases}0 & (x<0)\\x & (0\leqq x\leqq1)\\1 & (1<x)\end{cases}$ であるから

$P(Z^{\mathrm{M}}\leqq z)=\begin{cases}0 & (z<-600)\\\dfrac{z+600}{1000} & (-600\leqq z\leqq400)\\1 & (400<z)\end{cases}$

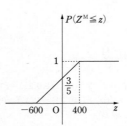

練習 20 略

練習 21 (1) 略

(2) $\dfrac{\mathrm{d}}{\mathrm{d}z}P(Z^{\mathrm{M}}\leqq z)=\begin{cases}0 & (z<-600,\ 400<z)\\\dfrac{1}{1000} & (-600\leqq z\leqq400)\end{cases}$

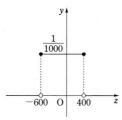

練習 22　-100

5　分散と標準偏差

練習 23　$\dfrac{1}{12}$

練習 24　(1)　略

(2)　$\dfrac{1}{12}$

練習 25　$\dfrac{250000}{3}$　　**練習** 26　略　　**練習** 27　略

練習 28　略

6　多変数の確率変数

練習 29　略

練習 30　[1]　$x_1<0$ のとき　　0　　[2]　$0 \leqq x_1 \leqq 1$ のとき　　x_1　　[3]　$1<x_1$ のとき　　1

練習 31　略

練習 32　略

練習 33

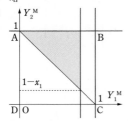

境界線は，直線 $Y_2{}^M=1$ $(0<Y_1{}^M \leqq x_1)$ と直線 $Y_1{}^M=x_1$ $(1-x<Y_2{}^M \leqq 1)$ を含み，直線 $Y_2{}^M=-Y_1{}^M+1$ $(0 \leqq Y_1{}^M \leqq x_1)$ を含まない。

練習 34　条件付き密度関数　$2x_1$，条件付き期待値　$\dfrac{2}{3}$

練習 35　事象 E に対して，$P(E)>0$ が成り立たないから。

練習 36　$P(Y_1{}^M \leqq x_1 \mid Y_2{}^M=0.8)=\begin{cases} 0 & (x_1<0) \\ x_1 & (0 \leqq x_1 \leqq 1) \\ 1 & (1<x_1) \end{cases}$

練習 37　$f_{Y_1{}^M}(x_1 \mid Y_2{}^M=0.8)=\begin{cases} 0 & (x_1<0,\ 1<x_1) \\ 1 & (0 \leqq x_1 \leqq 1) \end{cases}$

練習 38　(1)　独立である。　(2)　独立でない。　(3)　独立であることはありえない。

練習 39　独立である。

練習 40　(1)　[1]　$x<0$ のとき　　0　　[2]　$0 \leqq x \leqq 1$ のとき　　$\dfrac{1}{2}x^2$

[3] $1<x\leqq 2$ のとき　　$-\dfrac{1}{2}x^2+2x-1$　[4] $2<x$ のとき　　1

(2) [1] $x<0$ のとき　　(a)

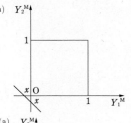

(b) 0

[2] $0\leqq x\leqq 1$ のとき　　(a)
境界線を含む。

(b) $\dfrac{1}{2}x^2$

[3] $1<x\leqq 2$ のとき
境界線のうち，$Y_2{}^{M}=-Y_1{}^{M}+x(x-1\leqq Y_1{}^{M}\leqq 1)$
は含まず，その他は含む。

(b) $-\dfrac{1}{2}x^2+2x-1$

(a)

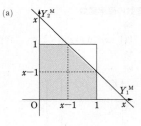

[4] $2<x$ のとき　　(a)
境界線を含む。

(b) 1

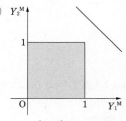

練習 41 (1) $\dfrac{\mathrm{d}}{\mathrm{d}x}P(W^{M}\leqq x)=\begin{cases}0 & (x<0)\\ x & (0\leqq x\leqq 1)\\ -x+2 & (1<x\leqq 2)\\ 0 & (2<x)\end{cases}$

(2) [1] $x<0$ のとき　　0　[2] $0\leqq x\leqq 1$ のとき　　x　[3] $1<x\leqq 2$ のとき　　$-x+2$
[4] $2<x$ のとき　　0

練習 42 (1) 1 (2) $Y_1{}^{M}$, $Y_2{}^{M}$ ともに　　$\dfrac{1}{2}$　和　　1

練習 43 略

練習 44 $\{(u_1,\ u_2)\in\mathbb{R}^2\,|\,u_1=0,\ 0\leqq u_2\leqq 1\}$　　ビー玉が辺 CD 上に落ちたときは，ビー玉を投げ直すと
いうルールに変更。

練習 45 (1) $0 \leqq x_1 \leqq 1$ のとき　　1 < x のとき

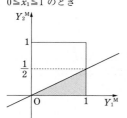 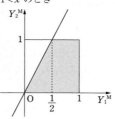 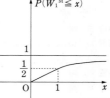

(2) $0 \leqq x \leqq 1$ のとき　　1 < x のとき

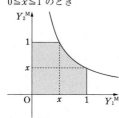 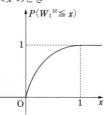

練習 46　確率密度関数とグラフはそれぞれ

$$\frac{\mathrm{d}}{\mathrm{d}x}P(W_1{}^{\mathrm{M}} \leqq x) = \begin{cases} 0 & (x < 0) \\ \dfrac{1}{2} & (0 \leqq x \leqq 1) \\ \dfrac{1}{2x^2} & (1 < x) \end{cases}$$

$$\frac{\mathrm{d}}{\mathrm{d}x}P(W_2{}^{\mathrm{M}} \leqq x) = \begin{cases} 0 & (x \leqq 0,\ 1 < x) \\ -\log x & (0 < x \leqq 1) \end{cases}$$

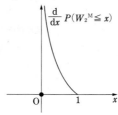

練習 47　$W_1{}^{\mathrm{M}},\ W_2{}^{\mathrm{M}}$ の順に　(1)　∞,　$\dfrac{1}{4}$　(2)　∞,　$\dfrac{1}{4}$

練習 48　0

練習 49　(1)　略　(2)　0

練習 50　(1)　略　(2)　0　(3)　$\mathrm{V}(Y_1 + Y_2) = \mathrm{V}(Y_1) + \mathrm{V}(Y_2)$

練習 51　略

練習 52　略

練習 53　略

7　**正規分布とその他のパラメトリックな分布**

練習 54　(1)　[1]　$a > 0$ のとき　　$P(Z \leqq y) = P\left(Y \leqq \dfrac{y-b}{a}\right)$

[2]　$a<0$ のとき　　$P(Z \leqq y)=1-P\left(Y<\dfrac{y-b}{a}\right)$

　　(2)　略

練習 55　略

練習 56　$(a_{1,0},\ a_{1,1},\ a_{2,0},\ a_{2,1},\ a_{2,2})=(1,\ 2,\ 3,\ 2,\ 1),\ (1,\ -2,\ 3,\ -2,\ 1)$,
　　　　　　　　　　　　　　　　　$=(1,\ 2,\ 3,\ 2,\ -1),\ (1,\ -2,\ 3,\ -2,\ -1)$

練習 57　略

練習 58　略

章末問題

1　略

2　(1)　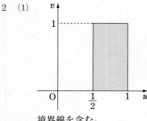　(2)

　　　　境界線を含む。　　　　　　境界線を含む。

　　(3)　略

3　(1)　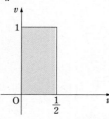　(2)　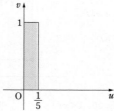

　　　　境界線のうち，線分 $u=\dfrac{1}{2}$,　　境界線のうち，線分 $u=\dfrac{1}{5}$,

　　　　$0 \leqq v \leqq 1$ は除き，その他は　　$0 \leqq v \leqq 1$ は除き，その他は

　　　　含む。　　　　　　　　　　　含む。

　　(3)　略

4　略

5　(1)　略　(2)　略

6　(1)　略　(2)　略

7　(1)　(1)　[I]　$x_1 \leqq 0$ のとき　　0

　　[II]　$0<x_1 \leqq 1$ のとき

　　　　[1]　$x_2 \leqq -x_1$ のとき　　0　[2]　$-x_1<x_2 \leqq 0$ のとき　　$\dfrac{1}{2}(x_1+x_2)^2$

　　　　[3]　$0<x_2 \leqq x_1$ のとき　　$\dfrac{1}{2}(x_1{}^2+2x_1 x_2-x_2{}^2)$　[4]　$x_1<x_2$ のとき　　$x_1{}^2$

　　[III]　$1<x_1$ のとき

　　　　[1]　$x_2 \leqq -1$ のとき　　0　[2]　$-1<x_2 \leqq 0$ のとき　　$\dfrac{1}{2}(x_2+1)^2$

[3] $0<x_2\leqq1$ のとき $\dfrac{1}{2}(-x_2{}^2+2x_2+1)$ [4] $1<x_2$ のとき 1

(2) 独立でない。

(3) Y_1, Y_2 の順に $\dfrac{2}{3}$, 0

(4) 無相関である。

8 略 (2) $\mathrm{E}(Y_1{}^2)-2\mathrm{E}(Y_1Y_2)t+\mathrm{E}(Y_2{}^2)t^2$

9 (1) $f_{Z_1,Z_2}(u_1,\ u_2)=\phi(u_1)\phi(u_2)$

(2) 略, (3) 略, (4) 略

第4章　モデルとパラメータの推定

■ モデル構築の準備

練習1 略

③ パラメータ推定の考え方

練習2 略

練習3 (1) $134-36t_0-172t_1+24t_0t_1+3t_0{}^2+56t_1{}^2$

(2) $t_0=-1$, $t_1=\dfrac{7}{4}$ (3)

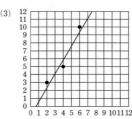

(4) β_1 の最小2乗推定値 $\dfrac{7}{4}$, β_0 の最小2乗推定値 -1

練習4 略

④ 推定値と推定量

練習5 略

練習6 略

練習7 (1) $a_1=a_2=\cdots\cdots=a_{87}=\dfrac{1}{87}$

(2) $b_1=\dfrac{4}{3}$, $b_2=\dfrac{1}{3}$, $b_3=-\dfrac{2}{3}$, $c_1=-\dfrac{1}{4}$, $c_2=0$, $c_3=\dfrac{1}{4}$

(3) $d_j=\dfrac{1}{N}-\dfrac{\left(x_j-\dfrac{1}{N}\displaystyle\sum_{i=1}^{N}x_i\right)\dfrac{1}{N}\displaystyle\sum_{i=1}^{N}x_i}{\displaystyle\sum_{i=1}^{N}\left(x_i-\dfrac{1}{N}\displaystyle\sum_{i=1}^{N}x_i\right)^2}$ $(j=1,\ 2,\ \cdots\cdots,\ N)$

$e_j=\dfrac{\left(x_j-\dfrac{1}{N}\displaystyle\sum_{i=1}^{N}x_i\right)}{\displaystyle\sum_{i=1}^{N}\left(x_i-\dfrac{1}{N}\displaystyle\sum_{i=1}^{N}x_i\right)^2}$ $(j=1,\ 2,\ \cdots\cdots,\ N)$

⑤ 推定量の分布と評価基準

練習8 期待値の線形性 $\dfrac{1}{87}\displaystyle\sum_{i=1}^{87}\mathrm{E}(Y_i{}^{\mathrm{P}})$ 均質モデルの仮定 $\dfrac{1}{87}\displaystyle\sum_{i=1}^{87}\mu_{\mathrm{P}}$

練習9 略

練習10 略

練習 11 略

練習 12 略

練習 13 ε_i, δ_i は誤差とする。

(1) $\widehat{\beta}_0 = \beta_0 + \dfrac{4\varepsilon_1 + \varepsilon_2 - 2\varepsilon_3}{3}$, $\widehat{\beta}_1 = \beta_1 + \dfrac{-\varepsilon_1 + \varepsilon_3}{4}$

(2) $\widehat{\beta}_1 = \beta_1 + \dfrac{\displaystyle\sum_{i=1}^{N}\left(x_i - \dfrac{1}{N}\sum_{i=1}^{N}x_i\right)\delta_i}{\displaystyle\sum_{i=1}^{N}\left(x_i - \dfrac{1}{N}\sum_{i=1}^{N}x_i\right)^2}$,

$\widehat{\beta}_0 = \beta_0 + \dfrac{1}{N}\left\{\displaystyle\sum_{i=1}^{N}\delta_i - \dfrac{\displaystyle\sum_{i=1}^{N}\left(x_i - \dfrac{1}{N}\sum_{i=1}^{N}x_i\right)\delta_i}{\displaystyle\sum_{i=1}^{N}\left(x_i - \dfrac{1}{N}\sum_{i=1}^{N}x_i\right)^2}\sum_{i=1}^{N}x_i\right\}$

練習 14 略

練習 15 略

練習 16 $V(\widehat{\beta}_1) = \dfrac{1}{16}\{\sigma^2 + \sigma^2\} = \dfrac{1}{8}\sigma^2$

練習 17 略

練習 18 (1) $\widehat{\beta}_0 \sim N\left(\beta_0,\ \dfrac{7}{3}\sigma^2\right)$, $\widehat{\beta}_1 \sim N\left(\beta_1,\ \dfrac{\sigma^2}{8}\right)$

(2) $Cov(\widehat{\beta}_0,\ \widehat{\beta}_1) = -\dfrac{1}{2}\sigma^2$ (3) 略

練習 19 略

練習 20 略

練習 21 (1) 略 (2) 略 (3) 略 (4) $c_1 = c_2 = \cdots\cdots = c_N = 0$

練習 22 略

6 **確率変数としての残差**

練習 23 期待値 $E(Y_1)$ の推定量 $\widehat{\beta}_0 + 2\widehat{\beta}_1 = \dfrac{5Y_1 + 2Y_2 - Y_3}{6}$

期待値 $E(Y_2)$ の推定量 $\widehat{\beta}_0 + 4\widehat{\beta}_1 = \dfrac{Y_1 + Y_2 + Y_3}{3}$

期待値 $E(Y_3)$ の推定量 $\widehat{\beta}_0 + 6\widehat{\beta}_1 = \dfrac{-Y_1 + 2Y_2 + 5Y_3}{6}$

練習 24 略

練習 25 略 **練習 26** 略

練習 27 (1) $\widehat{\varepsilon_1} = \dfrac{Y_1 - 2Y_2 + Y_3}{6}$, $\widehat{\varepsilon_2} = \dfrac{-Y_1 + 2Y_2 - Y_3}{3}$, $\widehat{\varepsilon_3} = \dfrac{Y_1 - 2Y_2 + Y_3}{6}$

(2) $\widehat{\varepsilon_1} = \dfrac{\varepsilon_1 - 2\varepsilon_2 + \varepsilon_3}{6}$, $\widehat{\varepsilon_2} = \dfrac{-\varepsilon_1 + 2\varepsilon_2 - \varepsilon_3}{3}$, $\widehat{\varepsilon_3} = \dfrac{\varepsilon_1 - 2\varepsilon_2 + \varepsilon_3}{6}$

練習 28 略 **練習 29** 略

練習 30 正規分布の再生性

練習 31 $\widehat{\varepsilon_1} \sim N\left(0,\ \dfrac{\sigma^2}{6}\right)$, $\widehat{\varepsilon_2} \sim N\left(0,\ \dfrac{2}{3}\sigma^2\right)$, $\widehat{\varepsilon_3} \sim N\left(0,\ \dfrac{\sigma^2}{6}\right)$

練習 32 略

練習 33 略

練習 34 略 **練習 35** 略 **練習 36** 略 **練習 37** 略

練習 38 (1) ア) $y_i,\ \widehat{\mu}_i(\omega),\ \widehat{e}_i$ イ) $\mu_i,\ e_i$ ウ) $Y_i,\ \widehat{\mu}_i,\ \widehat{\varepsilon}_i,\ \varepsilon_i$

(2) ア) e_i イ) $\widehat{e}_i$ ウ) ε_i エ) $\widehat{\varepsilon}_i$

章末問題

1 略

2 (1) $\mathrm{E}(\tilde{\sigma}^2)=\dfrac{1}{N}\displaystyle\sum_{i=1}^{N}\left(\sigma^2-\dfrac{\sigma^2}{N}\right)=\left(1-\dfrac{1}{N}\right)\sigma^2$

  (2) 略 (3) $\mathrm{V}(\tilde{\sigma}^2)=\dfrac{2\sigma^4}{N}-\dfrac{2\sigma^4}{N^2}$ (4) 略

第5章　統計的仮説検定

◼ 2 標本 t 検定

練習1　確率密度関数の性質の命題より，確率密度関数は非負であるから，その積分値（すなわち，確率の値）の大小関係から，分位数の順序大小関係が定まることによる。

練習2　略

② 単回帰モデルの t 検定

練習3　略

章末問題

1 (1) $\mu^{\mathrm{A}}(\widehat{\omega})=4$, $\mu^{\mathrm{B}}(\widehat{\omega})=1$

  (2) $\widehat{\mu}^{\mathrm{A}}-\widehat{\mu}^{\mathrm{B}}\sim\mathrm{N}\left(\widehat{\mu}^{\mathrm{A}}-\widehat{\mu}^{\mathrm{B}},\ \dfrac{\sigma^2}{6}+\dfrac{\sigma^2}{2}\right)$

  (3) $\dfrac{\widehat{\mu}^{\mathrm{A}}-\widehat{\mu}^{\mathrm{B}}}{\sqrt{\left(\dfrac{1}{6}+\dfrac{1}{2}\right)\sigma^2}}\sim\mathrm{N}\left(\dfrac{\widehat{\mu}^{\mathrm{A}}-\widehat{\mu}^{\mathrm{B}}}{\sqrt{\left(\dfrac{1}{6}+\dfrac{1}{2}\right)\sigma^2}},\ 1\right)$

  (4) $e_1{}^{\bar{A}}=-2$, $e_2{}^{\bar{A}}=0$, $e_3{}^{\bar{A}}=2$, $e_4{}^{\bar{A}}=0$, $e_5{}^{\bar{A}}=1$, $e_6{}^{\bar{A}}=-1$
     $e_1{}^{\bar{B}}=-1$, $e_2{}^{\bar{B}}=1$

  (5) 自由度 6 の χ^2 分布に従う。

  (6) 確率変数 t は，帰無仮説のもとで自由度 6 の χ^2 分布に従う。また，対立仮説のもとでは，自由度
     6，非心パラメータ $\dfrac{\mu^{\mathrm{A}}-\mu^{\mathrm{B}}}{\sqrt{\left(\dfrac{1}{6}+\dfrac{1}{2}\right)\sigma^2}}$ の非心 t 分布に従う。

  (7) 2.595

  (8) 帰無仮説は 5 % の有意水準で棄却できる。

2 (1)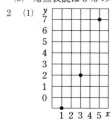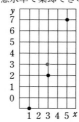

  (2) $x_1-\bar{x}=-2$
     $x_2-\bar{x}=0$
     $x_3-\bar{x}=2$
     $y_1-\bar{y}=-3$
     $y_2-\bar{y}=-1$
     $y_3-\bar{y}=4$
     $S_{xy}=14$
     $S_x{}^2=8$

(3) $\widehat{\beta}_1(\omega) = \dfrac{7}{4}$, $\widehat{\beta}_0(\omega) = -\dfrac{9}{4}$

(4) 期待値 β_1, 分散 $\dfrac{\sigma^2}{8}$

(5) $\widehat{e}_1 = \dfrac{1}{2}$, $\widehat{e}_2 = -1$, $\widehat{e}_3 = \dfrac{1}{2}$

   $S_e{}^2 = \dfrac{3}{2}$

(6) 1

(7) 4.03

(8) 帰無仮説は 10 % の有意水準で棄却できる。

索　引

第 1 刷　2023 年 11 月 1 日　発行

●カバーデザイン　株式会社麒麟三隻館
●カバーイラスト　占部浩
●見返し写真　後　Douglas Sacha/gettyimages

ISBN978-4-410-15519-2

数研講座シリーズ
大学教養
統計学

著　者　丸茂幸平
発行者　星野　泰也
発行所　数研出版株式会社

〒101-0052　東京都千代田区神田小川町 2 丁目 3 番地 3
　　　〔振替〕00140-4-118431
〒604-0861　京都市中京区烏丸通竹屋町上る大倉町205番地
　　　〔電話〕代表（075）231-0161

ホームページ　https://www.chart.co.jp
印刷　創栄図書印刷株式会社

231001

統計的仮説検定

新薬が従来の薬よりも高い効果をもつのかどうか
を調べるために，患者を対象にした試験を行うこ
とがある。

ある患者に対して，新薬を投与した場合と従来の
薬を投与した場合の両方の効果を比較できれば，
少なくともその患者に対してはどちらの方がより
高い効果をもつのがわかるだろう。

しかし，同じ患者を対象にした試験から複数の薬
それぞれの効果を知ることは難しい。

実際には，患者の集団を2つに分け，片方に新薬
を，もう片方に従来の薬を投与する方法がとられ
ることが多い。

得られた結果は統計的仮説検定という手順を経て
解釈される。